21世纪高等院校教材

计算机密码应用基础

四川大学数学学院 组编

朱文余 孙 琦 编著

科学出版社

北 京

内 容 简 介

本书是在四川大学密码学公共选修课所用的讲义基础上编写而形成的. 内容涉及密码学中几大“核心”领域，包括分组密码、香农理论、序列密码、公钥密码以及他们的应用，其中还涉及必要的数学知识.

本书可供高等院校计算机系、无线电系、数学系等专业用作密码学教材或参考书，也可供从事计算机科学、通信理论、密码学等工作的科技人员参考.

图书在版编目（CIP）数据

计算机密码应用基础/朱文余，孙琦编著. —北京：科学出版社，2000. 8

（21世纪高等院校教材）

ISBN 978-7-03-008436-1

Ⅰ. 计…　Ⅱ. ①朱…　②孙…　Ⅲ. 电子计算机-密码-高等学校-教材　Ⅳ. TP309. 7

中国版本图书馆CIP数据核字（2000）第06013号

责任编辑：林　鹏/责任校对：陈玉凤

责任印制：徐晓晨/封面设计：陈　敬

科学出版社出版

北京东黄城根北街16号

邮政编码：100717

http://www.sciencep.com

北京九州迅驰传媒文化有限公司 印刷

科学出版社发行　各地新华书店经销

*

2000年8月第　一　版　　开本：B5（720×1000）

2019年1月第十次印刷　　印张：13

字数：231 000

定价：49.00元

（如有印装质量问题，我社负责调换）

前　言

密码学是一门古老的科学，大概自人类社会出现战争时便产生了密码，以后逐渐形成一门独立的学科. 在密码学形成和发展的历程中，科学技术的发展和战争的刺激起了积极的推动作用. 电子计算机一出现便被用于密码破译. 电子计算机对密码学的发展产生了巨大的影响和推动. 除了计算机通信的数据传输需要保密之外，计算机的操作系统和数据库的安全保密也很重要，由此产生了计算机密码学.

密码学的研究方式由过去的单纯秘密进行转向公开和秘密两条战线同时进行. 自古以来，密码主要用于军事、政治、外交等要害部门，因而密码学的研究本身也是秘密地进行的. 密码学的知识和经验主要由军事、政治、外交等保密机关掌握，不便公开发表，这是过去密码学的书籍一向很少的原因. 然而由于微电子学、计算机科学的发展，使得计算机和通信网络的应用进入了人们的日常生活和工作领域；出现了电子转账、电子邮政、办公室自动化等必须确保数据安全的系统，使得民间和商业界对数据安全保密的需要大大增加，于是在民间产生了一批不从属于保密机关的密码学者，他们可以毫无顾忌地发表文章，互相竞争，公开地进行密码学研究. 事实证明，正是这种公开地研究和秘密地研究相结合的局面促成了今天密码学的空前繁荣.

当前，信息安全已成为国家和民族的头等大事. 因为，没有信息安全，就没有完全意义上的国家安全. 90 年代进入了互联网时代，每个用户都可以连接遍布世界每个角落的上网计算机，满足人们交往、学习、消费、娱乐等各种社会需要. 因此，现代的信息安全除了涉及到国家安全外，也涉及个人权益、企业生存和金融风险防范等. 可以说，信息安全与国家、与单位、与个人都息息相关. 信息安全的核心是密码技术和管理. 因此，当前在大学开设密码学的基础课程是非常必要的. 四川大学从 1997 年秋季开始，每学期开设密码基础课（每周 3 学时），作为一门公共选修课，本书是在为开设这门课所编写的讲义基础上形成的. 全书共七章，现将各章主要内容，扼要介绍如下：

第一章介绍密码学的基本概念以及一些简单密码体制与它的破译.

第二章介绍了分组密码及其应用.

第三章包含密码学的香农方法以及完全保密体制的概念及论证.

第四章涉及近代密码体制中序列密码和移位寄存器，以及简单的非线性序列.

第五章讲述了 RSA 公钥密码体制、素性测试和因子分解的数论背景以及有关 RSA 的一些安全性讨论，最后讨论了 RSA 在有限域 F_p 上多项式上的推广.

第六章讨论了其它一些公钥密码体制，包括离散对数公钥密码体制、概率公钥体制、椭圆曲线公钥体制、圆锥曲线公钥体制以及双密钥公钥密码体制.

第七章介绍了数字签名，包括利用公钥体制和私钥体制获得数字签名，还介绍了数字签名标准 DSS.

本书较难的内容用“＊”号标志，在教学时可以删去. 书后所列参考文献，是我们在编写本书时参考较多的书和文章. 限于编者水平，不当之处，望读者批评指正. 最后，感谢龚奇敏研究员和我校数学学院张明志教授对本书提出了许多宝贵意见；98 级数论博士生罗家贵、任德斌参加了本书的校对工作，在此一并致谢.

目　　录

第一章　简单密码体制及分析 …… 1

§1.1　密码学的基本概念 …… 1

§1.2　一些简单密码体制与它的破译 …… 3

1.2.1　置换密码 …… 4

1.2.2　单表代替密码 …… 5

1.2.3　单表代替密码的统计分析 …… 11

1.2.4　多表代替密码 …… 14

1.2.5　对 Vigenere 密码的分析 …… 15

1.2.6　代数密码 …… 19

1.2.7　Hill 加密算法 …… 20

1.2.8　关于 Hill 密码的已知明文攻击 …… 24

习题 …… 25

第二章　分组密码 …… 27

§2.1　DES 数据加密标准 …… 27

2.1.1　DES 加密算法 …… 27

2.1.2　DES 加密的一个例子 …… 35

§2.2　FEAL 密码 …… 39

§2.3　IDEA 密码系统 …… 44

§2.4　分组密码的应用技术 …… 48

习题 …… 52

第三章　香农理论 …… 54

§3.1　密码体制的概率分布 …… 54

§3.2　熵 …… 55

§3.3　条件熵 …… 58

§3.4　多余度和唯一解码量 …… 60

§3.5　完全保密体制 …… 63

习题 …… 66

第四章　序列密码和移位寄存器 …… 68

§4.1　引言 …… 68

§4.2　序列密码的一般原理 …… 69

§4.3　线性移位寄存器 …… 70

§4.4 线性移位寄存器的一元多项式表示 …… 73
§4.5 m 序列的伪随机性 …… 78
§4.6 m 序列密码的破译 …… 81
§4.7 非线性序列 …… 84
习题 …… 91
第五章 RSA 公钥密码体制 …… 93
§5.1 概论 …… 93
§5.2 计算复杂性理论 …… 95
5.2.1 算法复杂性 …… 95
5.2.2 问题复杂性和 NP 完全问题 …… 96
§5.3 必备的数论知识 …… 98
5.3.1 同余方程和中国剩余定理 …… 98
5.3.2 欧几里得算法 …… 101
5.3.3 Wilson 定理 …… 105
5.3.4 欧拉函数 …… 106
5.3.5 平方剩余和 Jacobi 符号 …… 108
§5.4 RSA 公钥系统 …… 113
5.4.1 RSA 加密算法 …… 113
5.4.2 RSA 安全性讨论 …… 116
§5.5 RSA 公钥密码体制的一种改进方案 …… 118
5.5.1 RSA 公钥密码体制的一种潜在弱点 …… 118
5.5.2 RSA 公钥体制改进方案 …… 120
5.5.3 RSA 改进方案的安全性分析 …… 123
5.5.4 改进方案举例 …… 125
§5.6 大素数的产生 …… 125
§5.7 因数分解 …… 128
5.7.1 Fermat 因数分解法 …… 129
5.7.2 连分数因数分解法 …… 132
5.7.3 用圆锥曲线分解整数 …… 138
5.7.4 $P-1$ 方法 …… 141
§5.8 对 RSA 体制中小指数的攻击 …… 142
§5.9 Rabin 密码体制 …… 143
§5.10 RSA 在有限域 F_p 上多项式上的推广 …… 145
5.10.1 F_p 上的多项式 …… 145
5.10.2 RSA 在 F_p 上的多项式上的推广 …… 147
习题 …… 149

第六章　其它公钥密码体制 …… 151
§6.1　背包公钥系统 …… 151
§6.2　群论中有关概念和结果 …… 154
§6.3　离散对数公钥密码体制 …… 155
§6.4　离散对数问题的算法 …… 156
§6.5　概率公钥体制 …… 162
§6.6　关于 F_q 上的椭圆曲线 …… 166
§6.7　E（F_q）中密码体制与明文嵌入方法 …… 172
§6.8　有限域 F_p 上圆锥曲线的公钥密码系统 …… 175
§6.9　双密钥公开钥密码体制 …… 179
§6.10　公钥密码系统的应用 …… 181
习题 …… 186
第七章　数字签名 …… 188
§7.1　利用公开密钥密码获得数字签名 …… 189
§7.2　利用传统密码获得数字签名 …… 190
§7.3　美国数字签名标准 DSS …… 194
§7.4　不可否认的签名协议 …… 196
习题 …… 198
参考文献 …… 200

第一章　简单密码体制及分析

§1.1　密码学的基本概念

密码学以研究秘密通信为目的,研究对传输信息采取何种秘密的变换,以防止第三者对信息的截取.密码学包含两个相互对立的分支,密码编制学和密码分析学.前者是研究把信息(明文)变换成为没有密钥不能解密或很难解密的密文的方法;后者是研究分析破译密码的方法.它们彼此目的相反,相互对立,但在发展中又相互促进.

在密码学中,需要变换的原消息称为明文消息.明文经过变换成为另一种隐蔽的形式,称为密文消息.完成变换的过程称作加密,其逆过程(即由密文恢复出明文的过程)称作解密.对明文进行加密时所采用的一组规则称作加密算法.对密文进行解密时所采用的一组规则称作解密算法.加密和解密操作通常在密钥的控制下进行,并有加密密钥和解密密钥之分.因为数据以密文的形式存储在计算机文件中,或在数据通信网络中传输,因此即使数据被未授权者非法窃取,或因系统故障和操作人员误操作而造成数据泄露,未授权者也不能理解它的真正含义,从而达到数据保密的目的.同样,未授权者也不能伪造合理的密文,因而不能篡改数据,从而达到确保数据真实性的目的.

一个密码系统,通常简称为密码体制,由五个部分组成:

(1)明文空间 M,它是全体明文的集合.

(2)密文空间 C,它是全体密文的集合.

(3)密钥空间 K,它是全体密钥的集合.其中每一个密钥 K 均由加密密钥 K_e 和解密密钥 K_d 组成,即 $K=(K_e,K_d)$.

(4)加密算法 E,它是一族由 M 到 C 的加密变换,对于每一个具体的 K_e,则 E 便确定出一个具体的加密函数 f,f 把 M 加密成密文 C,$C=f(M,K_e)$.

(5)解密算法 D,它是一族由 C 到 M 的解密变换,对于每一个确定的 K_d,则 D 便确定出一个具体的解密函数 f^{-1},使得 $M=f^{-1}(C,K_d)$.

对于每一确定的密钥 $K=(K_e,K_d)$,$C=E(M,K_e)$,$M=D(C,K_d)=D(E(M,K_e),K_d)$.或记为 $C=E_{K_e}(M)$,$M=D_{K_d}(C)$.

如果一个密码体制的 $K_e=K_d$,或由其中一个很容易推出另一个,则称为单钥密码体制或对称密码体制或传统密码体制.否则,称为双密钥密码体制或非对称密码体制.进而,如果在计算上 K_d 不能由 K_e 推出,这样将 K_e 公开也不

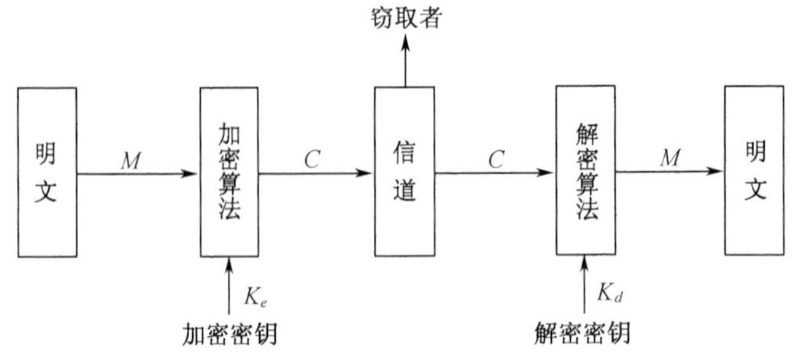

图 1－1

会损害K_d的安全,于是便可以将 K_e公开.这种密码体制称为公钥密码体制.

根据对明文的划分与密钥的使用方法不同可将密码体制分为分组密码和序列密码体制.

设 M 为明文,分组密码将 M 划分为一系列明文块$M_1,M_2,\cdots,M_n$,通常每块包含若干字符,并且对每一块 M_i 都用同一个密钥K_e 进行加密,即 $C=(C_1,C_2,\cdots,C_n)$.其中

$$C_i = E(M_i,K_e),\quad i = 1,2,\cdots,n.$$

而序列密码将 M 划分为一系列的字符或位$m_1,m_2,\cdots,m_n$,并且对于这每一个 m_i 用密钥序列$K_e=(K_{e_1},K_{e_2},\cdots,K_{e_n})$的第 i 个分量K_{e_i}来加密,即 $C=(C_1,C_2,\cdots,C_n)$,其中

$$C_i = E(m_i,K_{e_i}),\quad i = 1,2,\cdots,n.$$

分组密码一次加密一个明文块,而序列密码一次加密一个字符或一个位.两种密码在计算机系统中都有广泛应用.

如果能够根据密文确定出明文或密钥,或者能够根据明文-密文对确定出密钥,则我们说这个密码是可破译的.否则,我们说这个密码是不可破译的.

密码分析者攻击密码的方法主要有以下三种.

(1)穷举攻击.所谓穷举攻击就是指密码分析者用试遍所有密钥的方法来破译密码.穷举攻击所花费的时间等于尝试次数乘以一次解密(加密)所需的时间.显然可以通过增大密钥量或加大解密(加密)算法的复杂性来对抗穷举攻击.当密钥量增大时,尝试的次数必然增大.当解密(加密)算法的复杂性增大时,完成一次解密(加密)所需的时间增大.从而使穷举攻击在实际上不能实现.

(2)统计分析攻击.所谓统计分析攻击是指密码分析者通过分析密文和明文的统计规律来破译密码.统计分析攻击在历史上为破译密码作出过极大的贡献.许多古典密码都可以通过分析密文字母和字母组的频率而破译.对抗统

计分析攻击的方法是设法使明文的统计特性不带入密文.这样,密文不带有明文的痕迹,从而使统计分析攻击成为不可能.

(3)数学分析攻击.所谓数学分析攻击是指密码分析者针对加密算法的数学依据通过数学求解的方法来破译密码.为了对抗这种数学分析攻击,应选用具有坚实数学基础和足够复杂的加密算法.

此外,根据密码分析者可利用的数据来分类,可将破译密码的类型分为以下三种:

(1)仅知密文攻击.所谓仅知密文攻击是指密码分析者仅根据截获的密文来破译密码.

(2)已知明文攻击.所谓已知明文攻击是指密码分析者根据已经知道的某些明文-密文对来破译密码.例如,密码分析者可能知道从用户终端送到计算机的密文数据以一个标准词"Login"开头.又例如,加密成密文的计算机程序特别容易受到这种攻击.这是因为诸如"begin"、"end"、"if"、"then"、"else"等词有规律地在密文中出现,密码分析者可以合理地猜测它们.近代密码学认为,一个密码仅当它能够经得起已知明文攻击时才是可取的.

(3)选择明文攻击.所谓选择明文攻击是指密码分析者能够选择明文并获得相应的密文.这是对密码分析者最有利的情况.计算机文件系统和数据库特别容易受到这种攻击,因为用户可随意选择明文,并得到相应的密文文件和密文数据库.

密码编制学的任务是寻求生成高强度密码的有效算法,满足对消息进行加密或认证的要求.密码分析学的任务是破译密码或伪造认证密码,窃取机密信息或进行诈骗破坏活动.对一个保密系统采取截获密文进行分析的方法进行进攻,称为被动进攻;非法入侵者采用删除、更改、添加、重放、伪造等手段向系统注入假消息的进攻是主动进攻.进攻与反进攻、破译与反破译是密码学中永无止境的矛与盾的竞技.

一个密码,如果无论密码分析者截获了多少密文和用什么方法进行攻击都不能被攻破,则称为是绝对不可破译的.绝对不可破译的密码在理论上是存在的.但是,如果能够利用足够的资源,那么任何实际的密码都是可破译的.因此,对我们更有实际意义的是在计算上不可破译的密码.如果一个密码不能被密码分析者根据可利用的资源所破译,则称为在计算上是不可破译的.

§1.2 一些简单密码体制与它的破译

先通过一些实例介绍加密和脱密是如何进行的,以增加感性认识.

密码学的基本任务是,使通常称为 A 和 B 的两个人在不安全的信道上进行通信,而他们的敌人不能理解他们正在通信的内容. 比如,这个信道可能是电话线或计算机网. A 打算发送给 B 的消息,我们称为“明文”,它能够是英文文本,数字数据或任何其它东西——它的构造是完全任意的. A 用预先确定的密钥加密明文,同时在信道上发送产生的密文,在信道上通过截听而能看到密文的敌人不能确定明文是什么,但知道加密密钥的 B 能解密密文从而重构明文.

A 和 B 利用一个特定的密码体制将使用下列协议,首先他们选择一个随机密钥 $k \in K$,当他们在同一个地方能够完成这件事的同时,不能让他们的敌人观测到,或另一种方法,当他们在不同的地方而能进入一个安全信道来完成. 然后假设 A 在不安全信道上打算发送给 B 报文,我们假设这个报文是下列串 $M = m_1 m_2 \cdots m_n$,对每一个 m_i 通过预先确定的密钥 k 和加密规则 e_k 来加密,这里 A 计算 $c_i = e_k(m_i)$, $1 \leqslant i \leqslant n$,同时结果的密文串为 $C = c_1 c_2 \cdots c_n$. C 在信道上发送,当 B 接收到 C 后,他使用解密规则 d_k 来解密,获得原来的明文 M.

很明显,每一个加密规则 e_k 必定是一个单射函数(一对一),否则无法完成解密.

例如:如果 $c = e_k(x_1) = e_k(x_2)$. 这里 $x_1 \neq x_2$, B 无法知道 C 将解密成 x_1 还是 x_2,注意,如果 $M = C$,它要求每一个加密函数是一个置换,即如果明文和密文集是相同的,那么每一个加密函数刚好重排(置换)明文集的元素.

1.2.1 置换密码

把明文中的字母重新排列,字母本身不变,但其位置改变了,这样编成的密码称为置换密码.

最简单的置换密码是把明文顺序倒过来,然后截成固定长度的字母组作密文.

例 1.1 明文为 this cryptosystem is not secure. 密文为 e r u c 、e s t o、n s i m、e t s y、s o t p、y r c s、i h t.

另一种置换密码是把明文按某一顺序排成一个矩阵,然后按某一顺序选出矩阵中的字母以形成密文,最后截成固定长度的字母组.

例 1.2 明文为 this cryptosystem is not secure.

排成矩阵:

t h i s c r
y p t o s y
s t e m i s
n o t s e c

u r e

选出顺序:按列

密文:t y s n u   h p t o r   i t e t e   s o m s   c s i e   r y s c.

由此可以看出,改变矩阵的大小和选出顺序可以得到不同形式的密码.

置换密码比较简单,它经不起已知明文攻击,但是,把它与其它密码相结合,可以得到十分有效的密码.

1.2.2 单表代替密码

在介绍单表代替密码体制之前,介绍一点必备的数论知识是必要的.

在正整数里,整数 1 只能被 1 除尽.其他整数至少可被两个整数除尽,一个是 1,另一个是这个数本身.只能被 1 和该数自身除尽的数称为素数.不是 1 且非素数的整数称为合数.

定义 1.1 任给两个整数 a、b,其中 $b\neq0$,如果存在一个整数 q 使得等式 $a=bq$ 成立,我们就说 b 整除 a,记作 $b|a$,此时我们把 b 叫做 a 的因数,把 a 叫做 b 的倍数.如果不存在整数 q 使 $a=bq$ 成立,我们就说 b 不整除 a,记作 $b\nmid a$.

定理 1.1 设 a,b 是两个整数,其中 $b>0$,则存在两个唯一的整数 q 及 r,使得

$$a=bq+r,\quad 0\leqslant r<b \tag{1}$$

成立.

证明 作整数序列

$$\cdots,-3b,-2b,-b,0,b,2b,\cdots$$

则 a 必在上述序列的某两项之间,即存在一个整数 q 使得

$$qb\leqslant a<(q+1)b$$

成立.令 $a-qb=r$,则(1)成立.

设 q_1,r_1 是满足(1)的另一对整数,因为

$$bq_1+r_1=bq+r,$$

于是

$$b(q-q_1)=r_1-r,$$

故

$$b\,|\,q-q_1\,|=|\,r_1-r\,|.$$

由于 r 及 r_1 都是小于 b 的非负整数,所以上式右边是小于 b 的.如果 $q\neq q_1$,则上式左边大于或等于 b,这是不可能的.因此

$$q=q_1,r=r_1.$$ □

定义 1.2 设 $a_1,a_2,\cdots,a_n$ 是 n 个不全为零的整数.若整数 d 是它们之中每一个的因数,那么 d 就叫做 $a_1,a_2,\cdots,a_n$ 的一个公因数.这时,它们的公因数只有有限个.整数 $a_1,a_2,\cdots,a_n$ 的公因数中最大的一个叫最大公因数,记作 $(a_1,a_2,\cdots,a_n)$ 或 $\gcd\{a_1,a_2,\cdots,a_n\}$.若 $(a_1,a_2,\cdots,a_n)=1$,我们称 $a_1,a_2,\cdots,a_n$ 互素.我们有下面的定理.

定理 1.2 设 a,b,c 是任意三个不全为零的整数,且 $a=bq+c$,其中 q 是整数,则

$$(a,b)=(b,c).$$

证明 因为 $(a,b)\mid a$, $(a,b)\mid b$,所以 $(a,b)\mid c$.因而 $(a,b)\leqslant(b,c)$.同理可得 $(b,c)\leqslant(a,b)$,于是得到

$$(a,b)=(b,c). \qquad \square$$

我们先讨论两个正整数的最大公因数的求法,即辗转相除法,并借此推出最大公因数的若干性质.

任给整数 $a>0,b>0$,由带余数的除法,有下列等式:

$$\begin{aligned}
a &= bq_1+r_1, 0<r_1<b,\\
b &= r_1q_2+r_2, 0<r_2<r_1,\\
&\cdots\cdots\\
r_{n-2} &= r_{n-1}q_n+r_n, 0<r_n<r_{n-1},\\
r_{n-1} &= r_nq_{n+1}+r_{n+1}, r_{n+1}=0.
\end{aligned} \tag{2}$$

因为 $b>r_1>r_2>r_3>\cdots$,故经有限次带余除法后,总可以得到一个余数是零,即(2)中 $r_{n+1}=0$.

现在我们证明

定理 1.3 若任给整数 $a>0,b>0$,则 (a,b) 就是(2)式中最后一个不等于零的余数,即 $(a,b)=r_n$.

证明 由定理 2 即得

$$r_n=(0,r_n)=(r_n,r_{n-1})=\cdots=(r_2,r_1)=(r_1,b)=(a,b). \qquad \square$$

从(2)式中 $r_n=r_{n-2}-r_{n-1}q_n$, $r_{n-1}=r_{n-3}-r_{n-2}q_{n-1}$,得

$$\begin{aligned}
r_n &= r_{n-2}-(r_{n-3}-r_{n-2}q_{n-1})q_n\\
&= r_{n-2}(1+q_nq_{n-1})-r_{n-3}q_n.
\end{aligned}$$

再将 $r_{n-2}=r_{n-4}-r_{n-3}q_{n-2}$ 代入上式,如此继续下去,最后可得 $r_n=sa+tb$,其中 s,t 是两个整数.于是有

定理 1.4 若任给整数 $a>0,b>0$,则存在两个整数 s,t 使得

$$(a,b)=sa+tb.$$

推论 a 和 b 的公因数是 (a,b) 的因数.

另外,显然有$(a_1,a_2,\cdots,a_n)=(|a_1|,|a_2|,\cdots,|a_n|)$.所以只需对正整数讨论它们的最大公因数.

定理 1.5 若 $a|bc$,$(a,b)=1$,则 $a|c$.

证明 若 $c\neq 0$,由$(a,b)=1$知存在两个整数 s,t 使

$$sa+tb=1,$$

故

$$sac+tbc=c.$$

由 $a|bc$,知 $a|c$;若 $c=0$,结论显然成立. □

定理 1.6 若 p 是素数,a 是任一整数,则有 $p|a$ 或$(p,a)=1$.

证明 因为$(p,a)|p$,所以$(p,a)=1$ 或$(p,a)=p$,后者即 $p|a$. □

定理 1.7 若 p 是素数,$p|ab$,则 $p|a$ 或$p|b$.

证明略.

定理 1.8(整数的唯一分解定理) 任一大于 1 的整数能表成素数的乘积,即对于任一整数 $a>1$,有

$$a=p_1p_2\cdots p_n,p_1\leqslant p_2\leqslant\cdots\leqslant p_n,\tag{3}$$

其中 $p_1,p_2,\cdots,p_n$ 是素数.并且若

$$a=q_1q_2\cdots q_m,q_1\leqslant q_2\leqslant\cdots\leqslant q_m,\tag{4}$$

其中 $q_1,q_2,\cdots,q_m$ 是素数,则 $m=n$,$p_i=q_i$ $(i=1,2,\cdots,n)$.

证明 首先我们用数学归纳法证明(3)式成立.当 $a=2$ 时,(3)式显然成立.假定对于一切小于 a 的正整数(3)式都成立.此时,若 a 是素数,则(3)式对 a 成立;若 a 是合数,则有两个正整数 b,c 满足条件

$$a=bc,1<b\leqslant c<a,$$

由归纳法假设,b 和 c 分别能表成素数的乘积,故 a 能表成素数的乘积,即(3)式成立.

下面证明唯一性.若对于 a 同时有(3),(4)两式成立,则

$$p_1p_2\cdots p_n=q_1q_2\cdots q_m,\tag{5}$$

由定理 1.7 知有 p_k,q_j 使得 $p_1|q_j$,$q_1|p_k$,但 q_j,p_k 都是素数,所以

$$p_1=q_j,q_1=p_k.$$

又 $p_k\geqslant p_1$,$q_j\geqslant q_1$,故同时有 $q_1\geqslant p_1$ 和 $p_1\geqslant q_1$,因而 $p_1=q_1$,由(5)式得

$$p_2\cdots p_n=q_2\cdots q_m,$$

同理可得 $p_2=q_2$,$p_3=q_3$,依次类推,最后得

$$m=n,p_n=q_n.$$ □

唯一分解定理告诉我们,任一大于 1 的整数能够唯一地写成

$$a=p_1^{\alpha_1}p_2^{\alpha_2}\cdots p_k^{\alpha_k},\alpha_i>0\quad(i=1,\cdots,k),\tag{6}$$

其中 $p_i < p_j\ (i < j)$是素数.

(6)式叫做 a 的标准分解式.

定义 1.3 设 $a_1, a_2, \cdots, a_n$ 是n 个整数,n 大于等于2,若 m 是这n 个数中每一个数的倍数,则 m 就叫做这n 个数的一个公倍数.在 $a_1, a_2, \cdots, a_n$ 的一切公倍数中最小的正数叫做最小公倍数.记作$[a_1, a_2, \cdots, a_n]$或 $\mathrm{lcm}\{a_1, a_2, \cdots, a_n\}$.

因为乘积$|a_1| \cdot |a_2| \cdots |a_n|$就是 $a_1, a_2, \cdots, a_n$ 的一个公倍数,故最小公倍数是存在的.

由于任何正整数都不是零的倍数,故讨论整数的最小公倍数时,总假定这些整数都不是零.

和最大公因数一样,显然有$[a_1, a_2, \cdots, a_n] = [|a_1|, |a_2|, \cdots, |a_n|]$,所以只需对正整数讨论它们的最小公倍数.

定义 1.4 给定一个正整数 m,如果用 m 去除两个整数a 和b 所得的余数相同或$m \mid (a-b)$,即 $a-b=km$,其中 k 为整数,我们就称 a, b 对模m 同余,记作 $a \equiv b\ (\mathrm{mod}\, m)$.如果余数不同,我们就称 a, b 对模m 不同余,记作 $a \not\equiv b(\mathrm{mod}\, m)$.

由同余的定义出发,立即可得以下一些性质.

(1)$a \equiv a\ (\mathrm{mod}\, m)$(反身性);

(2)若 $a \equiv b(\mathrm{mod}\, m)$,则 $b \equiv a(\mathrm{mod}\, m)$(对称性);

(3)若 $a \equiv b(\mathrm{mod}\, m)$,$b \equiv c(\mathrm{mod}\, m)$,则 $a \equiv c(\mathrm{mod}\, m)$(递推性).

定理 1.9 如果 $a \equiv b(\mathrm{mod}\, m)$,$\alpha \equiv \beta(\mathrm{mod}\, m)$,则有

(1)$ax + \alpha y \equiv bx + \beta y(\mathrm{mod}\, m)$,其中 x, y 为任给的整数;

(2)$a\alpha \equiv b\beta(\mathrm{mod}\, m)$;

(3)$a^n \equiv b^n(\mathrm{mod}\, m)$,其中 $n>0$;

(4)$f(a) \equiv f(b)\ (\mathrm{mod}\, m)$,其中$f(x)$为任意给定的一个整系数多项式.

证明 (1)因为$m \mid (a-b)$,$m \mid (\alpha-\beta)$,故有

$$m \mid [x(a-b) + y(\alpha-\beta)] = (ax+\alpha y) - (bx+\beta y),$$

即

$$ax + \alpha y \equiv bx + \beta y(\mathrm{mod}\, m).$$

(2)由$m \mid [\alpha(a-b) + b(\alpha-\beta)] = a\alpha - b\beta$ 可得结论.

(3)由(2)可证.

(4)由(1)和(3)可证. □

现在,我们举几个例子来说明以上性质的应用.

例 1.3 一个整数 $n>0$ 被 9 整除的充分必要条件是 n 的各位数字(十进制)的和被 9 整除.这是因为,如果

$$n = a_0 + 10a_1 + 10^2 a_2 + \cdots + 10^k a_k,$$

由 $10^i \equiv 1 \pmod 9$ $(i=1,\cdots,k)$ 和定理 9 的(4)便得

$$n \equiv a_0 + a_1 + \cdots + a_k \pmod 9.$$

例 1.4 证明 $641 \mid F_5 = 2^{2^5} + 1$.

证明 因为 $2^8 = 256$,

所以 $$2^{16} = 65536 \equiv 154 \pmod{641},$$
$$2^{32} \equiv (154)^2 = 23716 \equiv 640 \equiv -1 \pmod{641},$$

所以 $$641 \mid 2^{2^5} + 1.$$

下面构造一个密文字母表,然后用密文字母表中的字母或字母组来代替明文字母表的字母或字母组,各字母或字母组的相对位置不变,但其本身改变了,这样编成的密码称为单表代替密码.

设 $A = \{a_0, a_1, \cdots, a_{n-1}\}$ 为含 n 个字母的明文字母表,$B = \{b_0, b_1, \cdots, b_{n-1}\}$ 是含 n 个字母的密文字母表,定义一个由 A 到 B 的一一映射.

$f: A \rightarrow B, f(a_i) = b_i$.

设明文 $M = (m_0, m_1, \cdots, m_{c-1})$,则相应的密文 $C = (f(m_0), f(m_1), \cdots, f(m_{c-1}))$,可见,单表代替密码的密钥就是映射 f 或密文字母表 B.

下面介绍几种典型的单表代替密码:

(1)加法密码:$f(a_i) = a_j, j \equiv i + k \pmod n, 0 < k < n$.

加法密码实际是每一字母向前推移 k 位,不同的 k 可得不同的密文,若令 26 个字母分别对应于整数 0~25,如下表 1-1 所示:

表 1-1

a	b	c	d	e	f	g	h	i	j	k	l	m	n	o	p	q	r	s	t
0	1	2	3	4	5	6	7	8	9	10	11	12	13	14	15	16	17	18	19
u	v	w	x	y	z														
20	21	22	23	24	25														

则加法密码变换实际是 $c \equiv m + k \pmod{26}$.其中 $0 < k < 26$,m 是明文对应的数据,c 是与明文对应的密文数据,k 是加密用的参数,也称做为密钥.

例如,明文为 data security 对应于数据序列为

3 0 19 0 18 4 2 20 17 8 19 24

$k=5$ 时得密文序列

8 5 24 5 23 9 7 25 22 13 24 3

对应的密文为

i f y f x j h z w n y d

(2)乘法密码：$f(a_i)=a_j, j\equiv ik(\mathrm{mod}n).(k,n)=1$.

若令26个字母如表1-1对应，则乘法密码变换实际是 $c\equiv mk(\mathrm{mod}\ 26)$. 其中$(k,26)=1$，$m$ 是明文对应的数据，c 是与明文对应的密文数据，k 是加密用的参数，也称做为密钥.

例如 明文为 data security 对应于数据序列为

3 0 19 0 18 4 2 20 17 8 19 24

$k=5$ 时得密文序列

15 0 17 0 12 20 10 22 7 14 17 16

对应的密文为

p a r a m u k w h o r q

(3)仿射密码：乘法密码与加法密码相结合便构成仿射密码.

$f(a_i)=a_j, j\equiv ik_1+k_0(\mathrm{mod}n)(k_1,n)=1, 0<k_0<n$.

仿此可构造更复杂的多项式密码：

$f(a_i)=a_j, j\equiv i^t k_t+i^{t-1}k_{t-1}+\cdots+ik_1+k_0(\mathrm{mod}n)$,

其中$(k_i,n)=1, i=1,\cdots,t, 0<k_0<n$.

若令26个字母如表1-1对应，则仿射密码变换实际是 $c\equiv k_1 m+k_0(\mathrm{mod}\ 26)$，其中$(k_1,26)=1, 0<k_0<26$. m 是明文对应的数据，c 是与明文对应的密文数据，k_1, k_0 是加密用的参数，也称做为密钥. 同理多项式密码也可作相应的变换.

(4)密钥词组代替密码.

用一词组或短语作密钥，去掉密钥中的重复字母，把结果作为矩阵的第一行，其次从明文字母表中补入其余字母，最后按某一顺序从矩阵中取出字母构成密文字母表.

例1.5 设密钥词组为 red star，明文字母表和密文字母表均由26个英文字母构成，则构成矩阵如下：

r e d s t a
b c f g h i
j k l m n o
p q u v w x
y z

若选出顺序按列则得明文字母和密文字母对应如下：

明文： a b c d e f g h i j k l m n o
密文： r b j p y e c k q z d f l u s

明文：　p q r s t u v w x y z

密文：　g m v t h n w a i o x

若明文为 data security,则对应的密文为

p r h r　t y j n v q h o

1.2.3　单表代替密码的统计分析

对于单表代替密码,加法密码和乘法密码的密钥量比较小,可利用穷举密钥的方法进行破译.仿射密码、多项式密码的密钥量也只有成百上千,这一数目对于古代密码分析者企图用穷举全部密钥的方法破译密码,可能会造成一定困难,然而对于应用计算机来说,这就是微不足道了.

本质上,密文字母表实际上是明文字母表的一种排列,设明文字母表含 n 个字母,则共有 $n!$ 种排列,对于明文字母表为英文字母表的情况,可能的密文字母表有 $26!\approx 4\times 10^{26}$.由于密钥词组代替密码的密钥词组可以随意地选择,故这 26! 种不同的排列中的大部分被用作密文字母表是完全可能的,即使使用计算机企图用穷举一切密钥的方法来破译密钥词组代替密码也是不可能的.那么,密钥词组代替密码是不是牢不可破呢？其实不然,因为穷举并不是攻击密码的唯一方法,这种密码仅在传递短的消息时是保密的,一旦消息足够长,密码分析者便可利用统计分析的方法迅速将其攻破.

任何自然语言都有许多固有的统计特性,如果明文语言的这种统计特性在密文中有所反应,则密码分析者便可通过分析明文和密文的统计规律而密码破译,许多著名的古典密码均可用统计分析的方法破译.

随便阅读一篇英文文献,立刻就会发现,e 出现最多,如果进行认真统计,并且所统计的文献的篇幅足够长,便可发现各个字母出现的相对频率十分稳定.而且,只要文献不特别专门化,对不同的文献进行统计所得的频率大体相同.

极高频率字母组：　e

次高频率字母组：　t a o n i r s h

中等频率字母组：　d l u c m

低频率字母组：　p f y w g b v

甚低频率字母组：　j k q x z

经过大量的统计,可得出英文字母出现的频率如表 1-2 所示.

不仅单字母以相当稳定的频率出现,而且双字母组(相邻的两个字母)和三字母组(相邻的三个字母)同样如此,出现频率最高的 30 个双字母组依次为

th he in er an re ed on es st en at to nt ha nd ou ea ng as or ti is et it ar te se hi of

表 1-2

a	b	c	d	e	f	g	h	i	j
0.0856	0.0139	0.0279	0.0378	0.1304	0.0289	0.0199	0.0528	0.0627	0.0013
k	l	m	n	o	p	q	r	s	t
0.0042	0.0339	0.0249	0.0707	0.0797	0.0199	0.0012	0.0677	0.0607	0.1045
u	v	w	x	y	z				
0.0249	0.0092	0.0149	0.0017	0.0199	0.0008				

出现频率最高的 20 个三字母组依次是

the ing and her are ent tha nth was eth for dth hat she ion int his sth ers ver

特别值得注意的是,the 的频率几乎是排在第二位的 ing 的 3 倍,这对于破译密码是很有帮助的.此外,统计资料还表明:

英文单词以 e,s,d,t 为结尾字母的超过一半.

英文单词以 t,a,s,w 为起始字母的约占一半.

以上所有这些统计数据,是通过非专业性文献中的字母进行统计得到的.对于密码分析者来说这些都是十分有用的信息.除此之外,密码分析者的文学、历史、地理等方面的知识对于破译密码也是十分重要的要素.

字母和字母组的统计数据对于密码分析者来说是十分重要的.因为它们可以提供有关密钥的许多信息.例如,由于字母 e 比其它字母的频率都高得多,如果是单表代替密码,那么可以预计大多数密文都将包含一个频率比其它字母都高的字母,当出现这种情况时,猜测这个字母所对应的明文字母为 e.进一步比较密文和明文的各种统计数据及其分布模式,便可确定出密钥,从而攻破单表代替密码.

下面举例说明一般单表代替密码的统计分析过程.

密文:

YKHLBA JCZ SVIJ JZB LZVHI JCZ VHJ DR IZXKHLBA VSS RDHEI DR YVJV LBXSKYLBA YLALJVS IFZZXC CVI LEFHDNZY EVBTRDSY JCZ FHLEVHT HZVIDB RDH JCLI CVI WZZB JCZ VYNZBJ DR ELXHDZSZXJHDBLXI JCZ XDEF-SZQLJT DR JCZ RKBXJLDBI JCVJ XVB BDP WZ FZHRD-HEZY WT JCZ EVXCLBZ CVI HLIZB YHVEVJLXVSST VI V HZIKSJ DR JCLI HZXZBJ YZNZSDFEZBJ LB JZXCBDSDAT EVBT DR JCZ XLFCZH ITIJZEI JCVJ PZHZ DBXZ XDBI-LYZHZY IZXKHZ VHZ BDP WHZVMVWSZ

首先统计密文的单字母频数,并将字母分组.

单字母频数:

a	b	c	d	e	f	g	h	i	j	k	l	m	n	o	p	q	r	s	t	u	v	w	x	y	z
5	24	19	23	12	7	0	24	21	29	6	20	1	3	0	3	1	11	14	9	0	27	5	17	12	45

字母分组:

极高频率字母组: z

次高频率字母组: j v b h d i l c

中等频率字母组: x s e y r

低频率字母组: t f k a w n p

甚低频率字母组: m q g o u

由于密文太少,故统计结果与明文统计数据不尽相同,尽管如此,已足以破译该密文.

因为密文中有一个极高频率字母 Z,它一定是明文字母 e.在英语中只有一个单字母单词 a,因此可断定密文字母 V 对应于明文字母 a.密文中三字母单词 JCZ 的频率最高,因此它一定就是 the,密文字母 J 对应于明文字母 t,密文字母 C 对应于明文字母 h.密文字母 J 的频率处于第二位,进一步证明其对应明文字母为 t.考察二字母单词 VI,因为已知 V 对应于 a,根据英语知识,只能是 an、as、am、at.首先它不是 an,否则因其后有冠词 a 而语法不通.又因 J 对应于 t,故又不是 at,只能是 as 或 am.明文字母 m 属低频字母,而密文字母 I 属高频字母,因此密文字母 I 对应于 s,于是 VI 的明文为 as.在三字母单词 VHZ 中,V 的明文为 a,Z 的明文为 e,根据英语知识它只能是 are 或 age,因为 H 在密文中属高频字母,g 在明文中属低频字母,故 H 的明文为 r.仿此分析三字母单词 JZB,可知密文字母 B 对应于 n,JZB 的明文为 ten.分析四字母单词 WZZB,可知密文字母 W 对应于 b.分析四字母单词 JCLI,可知密文字母 L 对应于 i.由密文 WT 可知 T 对应于 y.由密文 HZVIDB 可知 D 对应于明文 o.由二字母单词 DR 出现频率很高可知 R 对应于明文 f.由密文 BDP 可知 P 对应于明文 w.由 DBXZ 可知 X 对应于明文 c.由密文 EVBT 可知 E 对应于明文 m.由密文 IFZZXC 可知 F 对应于明文 p.由密文 FZHRDHEZY 可知密文 Y 对应于明文 d.由密文 VSS 可知,明文只可能为 all 或 add,因为 Y 已对应于明文 d,故 S 对应于明文 l.由密文 JZXCBDSDAT 可知 A 对应于明文 g.由密文 YKHLBA 可知 K 对应于明文 u.由密文 LEFHDNZY 可知 N 对应于明文 v.由密文 WHZVMVWSZ 可知 M 对应于明文 k.由密文 XDEFSZQLJT 可知 Q 对应于明文 x.至此整个密文全部译出.

during the last ten years the art of securing all forms of data including digital speech has improved manyfold the primary reason for this has been the advent of microelectronics the complexity of the function that can now be performed by the machine has risen dramatically as a result of this recent development in technology many of the cipher system that were once considered secure are now breakable

从以上例子可以看出破译单表代替密码的过程大致是,首先统计密文的各种统计特征,如果密文量比较多,则完成这步后便可确定大部分密文字母.其次是分析双字母、三字母密文组,最后分析字母较多的密文,在这一过程中大胆使用猜字法,如果猜对一个或几个词,就会大大加快破译过程.

密码破译是十分复杂和需要极高技巧的劳动,可以利用计算机完成部分工作,但像利用猜字法破译密码这种高智能活动,目前计算机尚不能胜任.可以预计,随着人工智能和计算机科学的发展,计算机在密码破译中将会胜任更多的智能性工作.

1.2.4 多表代替密码

单表代替密码很容易被破译,明文中一个字母与密文中一个字母一一对应,明文中字母的统计特性在密文中反应出来.提高代替密码强度的一个办法是采用多个密文字母表,使明文中的每一个字母都有多种可能代替.

构造 d 个密文字母表

$B_j=(b_{j0},b_{j1},\cdots,b_{jn-1}),j=0,1,\cdots,d-1$.定义 d 个映射

$$f_j:A\rightarrow B_j,$$
$$f_j(a_i)=b_{ji}.$$

设明文 $M=(m_0,m_1,\cdots,m_{d-1},m_d,\cdots)$,则相应的密文为 $C=(f_0(m_0),f_1(m_1),\cdots,f_{d-1}(m_{d-1}),f_0(m_d),\cdots)$.由于加密过程中用到多个密文字母表,故称为多表代替密码.多表代替密码的密钥就是这 d 个映射或密文字母表.

最有名的多表代替密码要算 16 世纪法国密码学者 Vigenere 使用过的 Vigenere 密码.Vigenere 密码使用 26 个密文字母表,像加法密码一样,它们是依次把明文字母表循环移位 0,1,…,25 位的结果,选用一个词组或短语作密钥,以密钥字母控制使用哪一个密文字母表.

若 $K=k_1k_2\cdots k_m,M=m_1m_2\cdots m_n,C=c_1c_2\cdots c_n$ 其中 $c_i\equiv m_i+k_i(\bmod 26)$,至于密钥 k 可以通过周期性地延长,周而复始,反复以至无穷.即 $k_{i+lm}=k_i$,l 为正整数.

使用前面已描述过的映射 $A\leftrightarrow 0,B\leftrightarrow 1,\cdots,Z\leftrightarrow 25$.Vigenere 密码每次加

密 m 个字母.

举一个小例子如下:

例 1.7 假设 $m=6$,密钥字是 cipher,密钥 k 相对应的数字为 $k=(2,8,15,7,4,17)$,假设明文是串 thiscryptosystem. 我们转换这些明文元素到模 26 的剩余,以长度为 6 的组写下它们,然后加上模 26 的密钥字,过程如下:

明文:	19	7	8	18	2	17	24	15	19	14	18	24	18	19	4	12
密钥:	2	8	15	7	4	17	2	8	15	7	4	17	2	8	15	7
密文:	21	15	23	25	6	8	0	23	8	21	22	15	20	1	19	19

这样密文串为 vpxzgiaxivwpubtt.

为了解密,我们能够使用相同的密钥,但我们将用模 26 的减来代替模 26 的加法.

观察到 Vigenere 密码中长度为 m 的可能密钥字的个数是 26^m,甚至对于一个小的 m 值,穷举密钥空间将需要大的时间,例如,$m=5$,密钥空间超过 1.1×10^7,这个已经大到足以阻止手工的穷举密钥搜索(但不能阻止计算机).

在 Vigenere 密码中密码字长度是 m,一个字母能够映射成 m 个可能字母中的一个(假设密钥字包含 m 个不同的字母),这样的密码体制称为多表密码体制,一般情况下对多表密码体制的密码分析比单表困难.

1.2.5 对 Vigenere 密码的分析

这一节我们将描述分析 Vigenere 密码的一些方法. 第一步是确定密钥字的长度,我们记为 m,这里有正在使用的两个技术,第一个是所谓的 Kasiski 测试,第二个是使用重合指数.

Kasiski 测试首先是 F. Kasiski 在 1863 年描述的,它是基于下述观察,两个相同的明文段将加密成相同的密文段,这两个明文段在明文中的位置间距为 x,$x\equiv0(\bmod m)$. 反过来,如果我们观察到两个相同的比如说长度至少为 3 的密文段,那么,我们就有一个好机会:它们实际上对应了相同明文串.

Kasiski 测试过程如下:我们搜索长度至少为 2 的相同的一对密文段,记下这两段开始点的距离;如果我们获得了几个这样的距离 $d_1,d_2,\cdots$,那么我们就可假设 m 能整除这些 d_i 的最大公因子.

获得 m 值的进一步证据是通过重合指数,这个概念是 W. Friedman 在 1920 年定义的,如下:

定义 1.5 假设 $C=c_1c_2\cdots c_n$ 是 n 个字符的串,C 的重合指数记为 IC(C),定义为 C 中两个随机元素相同的概率. 假设我们用 $n_A,n_B,\cdots,n_Z$ 分别记 $A,B,\cdots,Z$ 在 C 中出现的频数,我们能以 C_n^2 种方式来选择 C 中的两个元素. 其中有 $C_{n_A}^2$ 种方法来选择两个元素都是 A,有 $C_{n_B}^2$ 种方法来选择两个元

素都是B,…,有$C_{n_Z}^2$种方法来选择两个元素都是Z,因此,我们有公式

$$\mathrm{IC}(C)=\frac{\sum_{\xi=A}^{Z}n_\xi(n_\xi-1)}{n(n-1)}.$$

现在假设X是英文文献,于是根据表1-2的统计结果,两个随机元素都是a的概率为$(0.0856)^2=0.0073274$,同时出现b的概率为$(0.0139)^2=0.001932$…同时出现z的概率为$(0.0008)^2=0.00000064$.

若用p_1表示X中a出现的概率,p_2表示X中b出现的概率,…,p_{26}表示X中Z出现的概率,那么$\mathrm{IC}(X)=\sum_{i=1}^{26}p_i^2=0.0687$.

如若对随机产生的英文字母序列Y进行讨论,任一字母被选上的概率为1/26,在Y中两个随机元素出现相同字母的概率为$26\times\left(\frac{1}{26}\right)^2=0.0385$.因特定的一字母重复的概率为$\left(\frac{1}{26}\right)^2$,但共有26个字母,所以$Y$中两个随机元素出现相同字母的概率为$\frac{1}{26}$,即$\mathrm{IC}(Y)=\frac{1}{26}=0.0385$.

现在假设我们以使用Vigenere加密得到的密文串$C=c_1c_2\cdots c_n$开始.假定使用的密钥词组的长度为m,即$K=k_1k_2\cdots k_m$,而且各位由不同的字母组成,则可将密文C分成m行,使得每行是单表置换加密,不同的行由不同的密钥加密的.如果这样做,m实际上是密钥字长度,于是同一行两个选定位置上有相同字母的概率为0.0687.另一方面,如果m不是密钥字长度,那么同一行看起来更随机,因为它们是通过不同密钥以移位加密方式而获得的,这时同一行两个选定位置上有相同字母的概率为0.0385.值0.0687和0.0385足以能够分开,通常使我们能够确定正确的密钥字的长度(或确信一个利用Kasiski测试做出的猜测).

让我们用例子来解释这两项技术.

例 1.8 从Vigenere密码中获得的密文为:

U F Q U I U D W F H G L Z A R I H W L L W Y Y F S Y Y Q A T J
P F K M U X S S W W C S V F A E V W W G Q C M V V S W F K U T B
L L G Z F V I T Y O E I F A S J W G G S J E P N S U E T P T M P O P H
Z S F D C X E P L Z Q W K D W F X W T H A S P W I U O V S S S F K W
W L C C E Z W E U E H G V G L R L L G W O F K W L U W S H E V W
S T T U A R C W H W B V T G N I T J R W W K C O T P G M I L R Q E
S K W G Y H A E N D I U L K D H Z I Q A S F M P R G W R V P B U I Q
Q D S V M P F Z M V E G E E P F O D J Q C H Z I U Z Z M X K Z B G J

O T Z A X C C M U M R S S J W

字符数共 280 个，其中

A：	9 个	B：	4 个	C：	10 个
D：	7 个	E：	14 个	F：	15 个
G：	14 个	H：	10 个	I：	11 个
J：	7 个	K：	9 个	L：	13 个
M：	10 个	N：	3 个	O：	7 个
P：	12 个	Q：	9 个	R：	8 个
S：	20 个	T：	12 个	U：	14 个
V：	12 个	W：	27 个	X：	5 个
Y：	6 个	Z：	12 个		

所以 IC=0.0431.

现作 Kasiski 试验如下：

DWF	7	112	105
EVW	47	162	115
LLG	64	149	85
BJW	78	278	200

上表列举出重复出现的字符所在的位置及其间的距离. 例如 DWF 在第 7 和 112 两个位置中出现，两者之间的距离为 105. 其余类推.

距离 105、115、85、200 这四个整数的最大公约数为 5，所以它非常可能是密钥字的长度.

让我们看一下重合指数的计算是否给出了相同的结论，现将密文分 5 行，并求其重合指数 IC 如下：

U U G I W Y J U W A G V U G T F G P T O F P K W P V K C U G G W H T C V T K G Q G N K Q P V Q M V P Q U K O C R

1 : IC = 0.0623

F D L H Y Y P X C E Q S T Z Y A G N P P D L D T W S W E E L W L E T W T J C M E Y D D A R P Q P E F C Z Z T C S

2 : IC = 0.0506

Q W Z W Y Q F S S V C W B F O S S S T H C Z W H I S W Z H R O U V U H G R O I S H I H S G B D F G O H Z B Z M S

3 : IC = 0.0649

U F A L F A K S V W M F L V E J J U M Z X Q F A U S L W G L F W W A W N W T L K A U Z F W U S Z E D Z M G A U J

4 : IC = 0.0617

I H R L S T M W F W V K L I I W E E P S E W X S O F C E V L K S S R B I W P R W E L I M R I V M E J I X J X M W

$$5: \mathrm{IC} = 0.0617$$

可见除第 2 行外,其余行的 IC 都在 0.60 以上,有力说明它们可能分别是单表置换的结果.这也提供了密钥字的长度是 5 的强力证据.

在这个假设下继续下去,我们怎样确定密钥字母?考虑两个串的互重合指数是有用的.

上面的 5 行假定它们各自通过 $C \equiv m + k_i \pmod{26}$ 变换得到的,不同的是密钥 k_i.假定第 i 行的密钥为 k_i,第 j 行的密钥为 k_j,令 $\delta_{ij} = k_j - k_i$,后面将求出 δ_{ij},目的在于将它们联接起来,使之成为同一密钥 k 加密的单一的密文.

设第 i 行的字符数为 n,而第 j 行的字符数为 $\bar{n}$,同理第 i 行的字符 A 的数目设为 n_A,第 j 行字符 A 的数目为 $\bar{n}_A$,其它依此类推.将两行合并起来的重合指数为

$$\mathrm{IC} = \sum_{\xi=A}^{Z} (n_\xi + \bar{n}_\xi)(n_\xi + \bar{n}_\xi - 1) \Big/ [(n + \bar{n})(n + \bar{n} - 1)],$$

而

$$\begin{aligned} &\sum_{\xi=A}^{Z} (n_\xi + \bar{n}_\xi)(n_\xi + \bar{n}_\xi - 1) \\ &= \sum_{\xi=A}^{Z} n_\xi^2 + \sum_{\xi=A}^{Z} \bar{n}_\xi^2 + 2\sum_{\xi=A}^{Z} n_\xi \bar{n}_\xi - \sum_{\xi=A}^{Z} n_\xi - \sum_{\xi=A}^{Z} \bar{n}_\xi \\ &= \sum_{\xi=A}^{Z} n_\xi^2 + \sum_{\xi=A}^{Z} \bar{n}_\xi^2 + 2\sum_{\xi=A}^{Z} n_\xi \bar{n}_\xi - n - \bar{n}. \end{aligned}$$

所以可对第 i 行和第 j 行进行试配合时,可将第 i 行的每一元素作加 $k \pmod{26}$ 的运算,这里 $k = 0, 1, \cdots, 25$.观察使 IC 达到最大的 k 的值,其实也就是使 $\sum_{\xi=A}^{Z} n_\xi \bar{n}_\xi$ 达到最大的 k 值 k^*,这时 k^* 也就是 δ_{ij}.只要求出 δ_{ij},$1 \leqslant i, j \leqslant 5$,$i \neq j$ 之后这里仅剩有 26 种可能的密钥字,它很容易通过穷举搜索而获得.

现将第 i 行每位后推 k 位得到的新序列和第 j 行联合,计算 $\sum_{\xi=A}^{Z} n_\xi \bar{n}_\xi$,从中可求出 δ_{ij},现将结果列表如下:

$i=1$	104	101	112	127	106	131	104	109	131	209	144	98	103	$\delta_{12}=9$
$j=2$	140	112	108	125	103	107	108	124	101	141	139	139	110	
$i=1$	112	152	142	122	100	112	121	93	139	91	110	128	226	$\delta_{13}=12$
$j=3$	129	102	91	124	94	121	120	90	90	116	148	129	134	
$i=1$	133	125	107	134	125	159	151	108	70	100	159	126	126	$\delta_{14}=16$
$j=4$	76	114	143	209	117	92	90	135	95	95	90	116	141	
$i=1$	94	131	218	132	74	90	131	105	118	105	92	107	146	$\delta_{15}=2$
$j=5$	115	113	154	161	125	104	94	111	112	122	107	164	111	

续表

$i=2$ $j=3$	107 96	109 165	121 134	214 143	109 92	115 153	103 107	127 118	84 114	125 147	116 106	100 95	99 137	$\delta_{23}=3$
$i=2$ $j=4$	127 112	148 104	125 117	131 134	99 106	103 138	121 125	194 143	114 105	124 155	93 119	115 118	89 77	$\delta_{24}=7$
$i=2$ $j=5$	132 105	99 108	103 158	120 119	130 91	122 147	152 206	129 110	129 86	100 103	96 116	123 98	136 123	$\delta_{25}=19$
$i=3$ $j=4$	129 162	98 122	130 138	119 85	217 133	113 214	125 164	94 108	134 114	88 69	95 123	95 154	118 95	$\delta_{34}=4$
$i=3$ $j=5$	142 118	137 108	99 134	141 209	152 109	145 94	94 111	77 128	97 88	122 115	120 150	97 95	155 99	$\delta_{35}=16$
$i=4$ $j=5$	140 125	113 107	113 93	110 120	108 133	111 156	104 112	93 58	141 102	117 149	120 146	128 104	188 145	$\delta_{45}=12$

根据以上的分析,可得可能的密钥有

AJMQC　BKNRD　CLOSE　DMPTF　ENQUG　FORVH
GPSWI　HQTXJ　IRUYK　JSVZL　KTWAM　LUXBN
MVYCO　NWZDP　OXAEQ　PYBFR　QZCGS　RADHT
SBEIU　TCFJV　UDGKW　VEHLX　WFIMY　XGJNZ
YHKOA　ZILPB

于是可猜想密钥字是 CLOSE. 完整的解密如下:

success in dealing with unknown ciphers is measured by these four things in the order named perseverance, careful methods of analysis, intuition, luck. the ability at least to read the language of the original text is very desirable but not essential. such is the opening sentence of parker hitt's manal for the solution of military ciphers.

1.2.6 代数密码

代数密码也叫 Vernam 加密算法,它的加密方式如下:

$M=m_1m_2m_3\cdots$, $K=k_1k_2k_3\cdots$,其中 $m_i=0$ 或 1, $k_i=0$ 或 1. 即明文、密钥、密文均用二元数字序列表示,且 $c_i=m_i\oplus k_i \quad i=0,1,\cdots$.

要编制这种密码,只需要先把明文和密钥表示成二元序列,再把它们按位模 2 相加便可.

把 M 和 K 转化为二元序列,可按如下表所示,当然也可按其它方式转化.

表 1-3

a	0	0	0	0	0	j	0	1	0	0	1	s	1	0	0	1	0
b	0	0	0	0	1	k	0	1	0	1	0	t	1	0	0	1	1
c	0	0	0	1	0	l	0	1	0	1	1	u	1	0	1	0	0
d	0	0	0	1	1	m	0	1	1	0	0	v	1	0	1	0	1
e	0	0	1	0	0	n	0	1	1	0	1	w	1	0	1	1	0
f	0	0	1	0	1	o	0	1	1	1	0	x	1	0	1	1	1
g	0	0	1	1	0	p	0	1	1	1	1	y	1	1	0	0	0
h	0	0	1	1	1	q	1	0	0	0	0	z	1	1	0	0	1
i	0	1	0	0	0	r	1	0	0	0	1						

解密：$m_i = c_i \oplus k_i \quad i=1,2,\cdots$

加密和解密非常简单,特别适合计算机和通信系统的应用.

例 1.9 明文 cat,密钥 key,试用代数密码加密.

$$M = 000100000010011,$$
$$K = 010100010011000,$$

则

$$C = 010000010001011.$$

此种密码属于序列密码,它的一个突出优点是加密变换和解密变换相同都为模 2 相加.这使得加密和解密的软硬件实现极为简单,加密和解密可共用同一软件模块或硬件电路,工作量减少一半.

如果同一密钥重复使用或密钥本身包含重复,则在已知明文攻击面前就非常脆弱.这是因为 $k_i = c_i \oplus m_i$, $i=1,2,\cdots$只要知道了某些明文-密文对,便可迅速确定出密钥.据此,为了增强 Vernam 密码的强度,应避免密钥重复,一种极端情况是:

(1)密钥是真正的随机序列.

(2)密钥的长度大于或等于明文的长度.

(3)一个密钥只用一次.

如果能作到这些,则 Vernam 密码就绝对不可破译了.

1.2.7 Hill 加密算法

我们将描述另一个多表密码体制,它称为 Hill 密码,这个密码是 Hill 于 1929 年提出的.

Hill 加密算法的基本思想是将 l 个明文字母通过线性变换将它们转换为 l 个密文字母.解密只要作一次逆变换就可以了,密钥就是变换矩阵本身.

即

$$M = m_1 m_2 \cdots m_l, E_K(M) = c_1 c_2 \cdots c_l,$$

其中

$$\begin{cases} c_1 = k_{11}m_1 + k_{12}m_2 + \cdots + k_{1l}m_l \pmod{n}, \\ c_2 = k_{21}m_1 + k_{22}m_2 + \cdots + k_{2l}m_l \pmod{n}, \\ \cdots\cdots \\ c_l = k_{l1}m_1 + k_{l2}m_2 + \cdots + k_{ll}m_l \pmod{n}. \end{cases}$$

或写成 $C = KM(\mathrm{mod}\,n)$，一般取 $n = 26$. 其中

$$C = \begin{pmatrix} c_1 \\ c_2 \\ \vdots \\ c_l \end{pmatrix}, \quad M = \begin{pmatrix} m_1 \\ m_2 \\ \vdots \\ m_l \end{pmatrix}, \quad K = (k_{ij})_{l \times l}.$$

解密：$M = K^{-1}C(\mathrm{mod}\ 26)$.

其中所有算术运算都在模 26 下进行.

这里有一些线性代数的概念需要定义. 设 $A = (a_{ij})_{l \times m}$，$B = (b_{ij})_{m \times n}$，即 A 是 $l \times m$ 阶矩阵，B 是 $m \times n$ 阶矩阵，我们用下列公式定义矩阵的乘积 $AB = (c_{ij})_{l \times n}$，其中

$$c_{ij} = \sum_{k=1}^{m} a_{ik}b_{kj}, 1 \leqslant i \leqslant l, 1 \leqslant j \leqslant n,$$

即 AB 的乘积矩阵中第 i 行第 j 列元素是取 A 的第 i 行和 B 的第 j 列对应位置元素乘积之和. 于是只有矩阵 A 的列数等于 B 的行数时才有乘积的定义，并且 AB 是 $l \times n$ 阶矩阵.

矩阵乘积满足结合律，即 $(AB)C = A(BC)$，但不一定满足交换律，即使 A, B 都为 n 阶方阵也不一定成立 $AB = BA$.

$n \times n$ 阶单位矩阵记为 E_n，它是主对角线上元素为 1 其余元素均为 0 的 $n \times n$ 阶矩阵，比如 2×2 的单位矩阵为

$$E_2 = \begin{pmatrix} 1 & 0 \\ 0 & 1 \end{pmatrix},$$

并且对任何 $l \times n$ 的矩阵 A 有 $AE_n = A$，有任何 $n \times l$ 的矩阵 B 有 $E_nB = B$.

如果 $n \times n$ 的矩阵 A 的逆矩阵 A^{-1} 存在（注意并不是所有矩阵都有逆矩阵，但如果逆矩阵存在的话，它必定唯一），它一定满足

$$AA^{-1} = A^{-1}A = E_n.$$

有了这些事实，很容易推导出上面给出的解密公式：

$$C \equiv KM(\mathrm{mod}\ 26),$$

若 K 的逆矩阵 K^{-1} 存在，则两边同时乘 K^{-1} 得

$$(K^{-1}K)M \equiv M \equiv K^{-1}C(\mathrm{mod}\ 26).$$

从上面的讨论我们已经看到,如果 K 有逆矩阵,那么解密才是可能的.事实上,为了解密成为可能,它必须要求 K 有逆矩阵,所以我们的兴趣是在这些有逆的矩阵 K 上.

一个方阵的可逆性取决于它的行列式的值,一个实矩阵 K 有逆元当且仅当它的行列式非零.然而重要的是记住我们是在 Z_{26}中进行的,于是矩阵 K 有模 26 的逆元,当且仅当 $\gcd\{\det K, 26\}=1$.下面进行讨论.

其中 $\det K$ 表示 K 的行列式的值,也可用 $|K|$ 表示 K 的行列式的值.有关一般行列式的计算可参见线性代数书,我们这里以 2 阶行列式为例.

若 $A=\begin{pmatrix} a_{11} & a_{12} \\ a_{21} & a_{22} \end{pmatrix}$,则 $\det A = a_{11}a_{22}-a_{21}a_{12}$,或记为

$$|A| = \begin{vmatrix} a_{11} & a_{12} \\ a_{21} & a_{22} \end{vmatrix} = a_{11}a_{22}-a_{21}a_{12}.$$

首先假定 $\gcd\{\det K, 26\}=1$,那么 $\det K$ 在 Z_{26}中有逆元,记为 $(\det K)^{-1}$(后面第三章介绍).现在定义 K_{ij}是从矩阵 K 中删除第 i 行和第 j 列后所得到的矩阵,$1\leqslant i\leqslant l$,$1\leqslant j\leqslant l$.记 $A_{ij}=(-1)^{i+j}\det K_{ij}$.定义矩阵 K^*,它的 (i,j) 单元的值为 A_{ji},即

$$K^* = \begin{pmatrix} A_{11} & A_{21} & \cdots & A_{l1} \\ A_{12} & A_{22} & \cdots & A_{l2} \\ \vdots & \vdots & & \vdots \\ A_{1l} & A_{2l} & \cdots & A_{ll} \end{pmatrix}.$$

K^*称为 K 的伴随矩阵,那么可证明

$$K^{-1} = (\det K)^{-1}K^*,$$

因此 K 是可逆的.

相反,假设 K 有逆矩阵 K^{-1},即

$$KK^{-1} = E_l.$$

利用行列式的两个重要特性 $\det E_l=1$ 和乘积法则 $\det(AB)=\det A\times\det B$.于是有

$$\det(KK^{-1}) = \det K\cdot\det(K^{-1}) = \det E_l = 1,$$

所以,$\det K$ 在 Z_{26}中是可逆的.

对于 2×2 矩阵求逆有

定理 1.10 假设 $A=(a_{ij})_{2\times2}$,且 $\det A$ 在 Z_{26}中是可逆的,那么

$$A^{-1} = (\det A)^{-1}\begin{pmatrix} a_{22} & -a_{12} \\ -a_{21} & a_{11} \end{pmatrix}.$$

例 1.10 设 $A=\begin{pmatrix}6 & 7\\3 & 8\end{pmatrix}$,求 A^{-1}.

解 $\det A=6\times8-3\times7=27\equiv1\pmod{26}$,

因为

$$1\times1\equiv1\pmod{26},$$

所以

$$(\det A)^{-1}=1.$$

所以逆矩阵为

$$A^{-1}=\begin{pmatrix}8 & -7\\-3 & 6\end{pmatrix}=\begin{pmatrix}8 & 19\\23 & 6\end{pmatrix}.$$

例 1.11 假设 Hill 密码加密使用密钥 $K=\begin{pmatrix}6 & 7\\3 & 8\end{pmatrix}$,从上面的计算结果我们有

$$K^{-1}=\begin{pmatrix}8 & 19\\23 & 6\end{pmatrix}.$$

假设我们准备加密明文 good,于是把明文划为两组:(6,14)(对应 go)和(14,3)(对应 od),我们加密如下:

$$\begin{aligned}\begin{pmatrix}c_1\\c_2\end{pmatrix}&=K\begin{pmatrix}m_1\\m_2\end{pmatrix}=\begin{pmatrix}6 & 7\\3 & 8\end{pmatrix}\begin{pmatrix}6\\14\end{pmatrix}=\begin{pmatrix}134\\130\end{pmatrix}\\&\equiv\begin{pmatrix}4\\0\end{pmatrix}\pmod{26},\\\begin{pmatrix}c_3\\c_4\end{pmatrix}&=K\begin{pmatrix}m_3\\m_4\end{pmatrix}=\begin{pmatrix}6 & 7\\3 & 8\end{pmatrix}\begin{pmatrix}14\\3\end{pmatrix}=\begin{pmatrix}105\\66\end{pmatrix}\\&\equiv\begin{pmatrix}1\\14\end{pmatrix}\pmod{26},\end{aligned}$$

因此,good 的加密结果为 EABO,为了解密,则计算

$$\begin{aligned}\begin{pmatrix}m_1\\m_2\end{pmatrix}&=K^{-1}\begin{pmatrix}c_1\\c_2\end{pmatrix}=\begin{pmatrix}8 & 19\\23 & 6\end{pmatrix}\begin{pmatrix}4\\0\end{pmatrix}=\begin{pmatrix}32\\92\end{pmatrix}\\&\equiv\begin{pmatrix}6\\14\end{pmatrix}\pmod{26},\\\begin{pmatrix}m_3\\m_4\end{pmatrix}&=K^{-1}\begin{pmatrix}c_3\\c_4\end{pmatrix}=\begin{pmatrix}8 & 19\\23 & 6\end{pmatrix}\begin{pmatrix}1\\14\end{pmatrix}=\begin{pmatrix}274\\107\end{pmatrix}\\&\equiv\begin{pmatrix}14\\3\end{pmatrix}\pmod{26},\end{aligned}$$

因此,获得了正确的明文.

1.2.8 关于 Hill 密码的已知明文攻击

一般说来,Hill 密码能比较好地抵抗频率分析.采用唯密文攻击是很难攻破的,但采用已知明文攻击就容易破开.假定敌人已知道正在使用的 l 值,他也至少有 l 个不同的 l 元组,

$$M_i = \begin{pmatrix} m_{1i} \\ m_{2i} \\ \vdots \\ m_{li} \end{pmatrix} \quad \text{和} \quad C_i = \begin{pmatrix} c_{1i} \\ c_{2i} \\ \vdots \\ c_{li} \end{pmatrix} \quad 1 \leqslant i \leqslant l$$

满足 $C_i = E(M_i, K) = e_K(M_i)$, $1 \leqslant i \leqslant l$.如果我们定义两个 $l \times l$ 矩阵 $M = (m_{ij})_{l\times l}$, $C = (c_{ij})_{l\times l}$,那么我们有矩阵方程

$$C \equiv KM \pmod{26},$$

这里 $l \times l$ 的矩阵 K 是未知密钥.若提供的矩阵 M 是可逆的,则能计算出

$$K \equiv CM^{-1} \pmod{26},$$

从而破译这个体制(如果 M 不是可逆的,就必须试另外 l 个明文-密文对).

例 1.12 假设明文 worker 利用 $l = 2$ 的 Hill 密码加密,得到密文为 QIHRYB,求密钥 K.

解 $\begin{pmatrix} 16 \\ 8 \end{pmatrix} = K \begin{pmatrix} 22 \\ 14 \end{pmatrix}$, $\begin{pmatrix} 7 \\ 17 \end{pmatrix} = K \begin{pmatrix} 17 \\ 10 \end{pmatrix}$, $\begin{pmatrix} 24 \\ 1 \end{pmatrix} = K \begin{pmatrix} 4 \\ 17 \end{pmatrix}$,

从前两个明文-密文对中,我们得到矩阵方程

$$\begin{pmatrix} 16 & 7 \\ 8 & 17 \end{pmatrix} = K \begin{pmatrix} 22 & 17 \\ 14 & 10 \end{pmatrix},$$

由于 $\det \begin{pmatrix} 22 & 17 \\ 14 & 10 \end{pmatrix} = -18$ 而 $(-18, 26) \neq 1$,于是我们重新考虑第二、第三组明文-密文对,我们得到如下矩阵方程:

$$\begin{pmatrix} 7 & 24 \\ 17 & 1 \end{pmatrix} = K \begin{pmatrix} 17 & 4 \\ 10 & 17 \end{pmatrix},$$

而

$$\begin{vmatrix} 17 & 4 \\ 10 & 17 \end{vmatrix} = 249, 249 \times 7 \equiv 1 \pmod{26}$$

与 26 互素,故很容易算出

$$\begin{pmatrix} 17 & 4 \\ 10 & 17 \end{pmatrix}^{-1} = 7 \times \begin{pmatrix} 17 & -4 \\ -10 & 17 \end{pmatrix} = \begin{pmatrix} 119 & -28 \\ -70 & 119 \end{pmatrix}$$

$$\equiv \begin{pmatrix} 15 & 24 \\ 8 & 15 \end{pmatrix} \pmod{26},$$

所以

$$K = \begin{pmatrix} 7 & 24 \\ 17 & 1 \end{pmatrix} \begin{pmatrix} 15 & 24 \\ 8 & 15 \end{pmatrix} = \begin{pmatrix} 297 & 528 \\ 263 & 423 \end{pmatrix}$$

$$\equiv \begin{pmatrix} 11 & 8 \\ 3 & 7 \end{pmatrix} \pmod{26}$$

这个能通过利用第一个明文-密文对得到验证.

假定敌人不知道 l 的值,它又如何攻击呢? 若 l 不是太大,他将简单地试 $l=2,3,\cdots$,直到密钥发现为止.如果假定的 l 值不正确,通过上述描述的算法得到的 $l\times l$ 矩阵将不会满足其他的明文-密文对,在这种方式下,如果不知道 l 值的前提下,l 值也可确定.

习　　题

1.用辗转相除法求 $a=154,b=288$ 的最大公因数和 s、t 使得$(a,b)=sa+tb$.

2.证明:若$(m-p)|(mn+pq)$,则$(m-p)|(mq+np)$.

3.试证若$(a,b)=1,c|(a+b)$,则$(a,c)=(b,c)=1$,其中 a,b,c 是整数.

4.整数 n 可表示为 10 的多项式,即

$$n = a_0 + a_1 \times 10 + a_2 \cdot 10^2 + \cdots + a_k \cdot 10^k,$$

其中 $0\leqslant a_i\leqslant 9, i=0,1,\cdots,k, a_i$ 为整数.试证:

$$n \equiv a_0 + a_1 + \cdots + a_k \pmod 3,$$

$$n \equiv a_0 - a_1 + a_2 + \cdots + (-1)^k a_k \pmod{11}.$$

5.证明:当 n 是奇数时,$3|2^n+1$;当 n 是偶数时,$3\nmid 2^n+1$.

6.若加法密码中密钥 $K=7$,试求明文 good night 的密文.

7.若乘法密码中密钥 $K=5$,试对明文 network 加密.

8.已知仿射加密变换为 $c=5m+7 \pmod{26}$,试对明文 help me 加密.

9.已知仿射加密变换为 $c=11m+2 \pmod{26}$,试对密文 VMWZ 解密.

10.已知密文 FTUE NAAW UE UZ OAPQ 是通过加法密码加密得来的结果,试求它的明文.

11.已知下面一段是通过仿射密码加密成的密文,试求其明文.

ZG PRJIK DNNL GWBG GWNAN BAN GWANN KZOKD RQ GABMNI ERRFD GWN QZADG BAN GWRDN GWBG TZMN B UNADROBI DJECNHGZMN BHHRJOG RQ GABMNI PWZHW GWN BJGWRA WBD BHGJBIIV LBKN WZLDNIQ ZQ GWNV BAN ZOQRALBGZMN BOK WBMN B TRRK ZOKNS GWNO GWNV HBO EN JDNQJI GR VRJ PWNO VRJ BAN UIBOOZOT VRJA GABMNI GMN DNHROK FZOK BAN GWRDN ERRFD PWRDN UJAURDN ZD GR TZMN B UJANIV RECNHGZMN KNDHAZUGZRO RQ

GWZOTD GR EN KRON BOK DNNO ZQ B PNIIANBK HJIGJANK UNADRO WBD PAZGGNO DJHW B ERRF GWNO ZG ZD NMNO LRAN JDNQJI ZG HBO EN HIBD-DZQZNK BD B DNINHGZMN TJZKN ERRF GWN GWZAK FZOK BAN GWRDN ERRFD PWZHW BAN HBIINK B TJZKN GR DRLN UIBHN RA RGWNA ZQ GWNV BAN TRRK GWNV PZII ZO BKKZGZRO GR GWNZA QBHGJBI ZOQRALBGZRO TZMN BO BO-BIVDZD RA BO ZOGNAUANGBGZRO IZFN GWN QZADG FZOK GWNV HBO EN ZO-DUZAZOT BOK NOGNAGBZOZOT EJG GWNZA UAZLBAV QJOHGZRO ZD GR BD-DZDG GWN ANBKNA PWR PZDWND GR UIBO ZO GWN LRDG UABHGZHBI PBV.

12.已知下列密文是通过单表代替密码加密的结果,试求其明文.

YIF QFMZRW QFYV ECFMD ZPCVMRZW NMD ZVEJB TXCDD UMJN DIFEFMDZ CD MQ ZKCEYFCJMYR NCW JCSZR EXCHZ UNMXZ NZ UCDRJ XYYSM-RT M EYIFZW DYVZ VYFZ UMRZ CRW NZ DZJJXZW GCHS MR NMD HNCMF QCHZ JMXJZW IE JYUCFWD JNZ DIR.

13.设已知 Vigenere 密码的密钥为 matrix,试对明文 some simple cryptosystems 加密.

14.已知下列密文是通过 Vigenere 密码加密得来的,试求其明文.

O O B Q B P Q A I U N E U S R T E K A S R U M N A R R M N R R O P I O D E E A D E R U N R Q L J U G C Z C C U N R T E U A R J P T M P A W U T N D O B G C C E M S O H K A R C M N B Y U A T M M D E R D U Q F W M D T F K I L R O P Y A R U O L F H Y Z S N U E Q M N B F H G E I L F E J X I E Q N A Q E V Q R R E G P Q A R U N D X U C Z C C G P M Z T F Q P M X I A U E Q A F E A V C D N K Q N R E Y C E I R T A Q Z E T Q R F M D Y O H P A N G O L C D.

15.若代数密码中密钥为 best,试对明文 good 加密.

16.求矩阵 $A=\begin{pmatrix}4 & 9\\3 & 7\end{pmatrix}$的逆矩阵 A^{-1}.

17.假设 Hill 密码加密使用密钥$K=\begin{pmatrix}4 & 9\\3 & 7\end{pmatrix}$,试对明文 best 加密.

18.假设 Hill 密码加密使用密钥$K=\begin{pmatrix}4 & 9\\3 & 7\end{pmatrix}$,试对密文 UMFL 解密.

19.假设明文 friday 利用 $l=2$ 的 Hill 密码加密,得到密文为 PQCFKU,试求密钥 K.

第二章　分组密码

§2.1　DES数据加密标准

为了适应社会对计算机数据安全保密越来越高的要求，美国国家标准局(NBS)于1973年5月15日向社会公开征集一种用于政府部门及民间进行计算机数据加密的加密算法，许多公司都提出了自己的加密算法，最后选中了IBM公司提出的一种加密算法，经过一段时间的试用与征求意见，于1977年1月5日颁布了作为加密标准算法DES. 自从采用之后，美国国家标准局大约每五年就要对DES进行一次审查，它的最近更新期在1994年2月.

2.1.1　DES加密算法

1977年元月15日的联邦信息处理标准版46中给出了DES的完整描述，利用56比特串长度的密钥k来加密长度为64的明文比特串，从而又得到长度为64的密文比特串，我们首先给该系统一个“轮廓”描述.

要进行加密的一组数据，先要经过初始置换IP的处理，并且要通过一系列的运算，然后经过初始置换IP的逆置换IP^{-1}给出加密结果. 与密钥有关的算法包含一个密码函数f和密钥编排函数KS，现分别讨论如下：

(1)初始置换IP：把明文顺序打乱重新排列(表2-1)，置换输出为64位，数据置换之后的第一位、二位分别是原来的58位、50位.

表2-1　IP置换

58	50	42	34	26	18	10	2
60	52	44	36	28	20	12	4
62	54	46	38	30	22	14	6
64	56	48	40	32	24	16	8
57	49	41	33	25	17	9	1
59	51	43	35	27	19	11	3
61	53	45	37	29	21	13	5
63	55	47	39	31	23	15	7

(2)将置换输出的64位数据分成左右两半，左一半称为L_0，右一半称为R_0，各32位.

(3)计算函数的16次迭代. 由加密函数f实现子密钥K_1对R_0的加密，

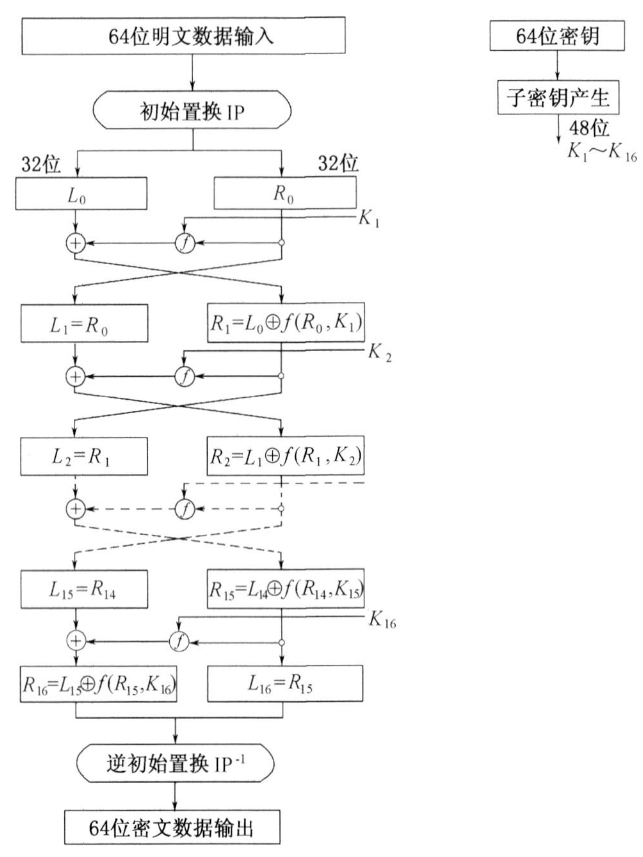

图 2-1　DES 算法

结果为 32 位数据组 $f(R_0,K_1)$，$f(R_0,K_1)$再与 L_0 模 2 相加，又得到一个 32 位的数据组 $L_0\oplus f(R_0,K_1)$，以 $L_0\oplus f(R_0,K_1)$作为第二次加密迭代的 R_1，以 R_0 作为第二次加密迭代的 L_1，第一次加密迭代过程结束. 第二次加密迭代至 16 次加密迭代分别用子密钥 $K_2,\cdots,K_{16}$进行，其过程与第一次加密迭代相同.

加密过程可用如下数学公式描述：

$$\begin{cases} L_i = R_{i-1}, \\ R_i = L_{i-1} \oplus f(R_{i-1},K_i), \\ i = 1,2,\cdots,16. \end{cases}$$

f 函数我们将在后面描述，每一个长度为 48 的比特串 $K_1,K_2,\cdots,K_{16}$是作为密钥 K 的函数而计算出的，实际上，每一个 K_i 是 K 中比特置换后的选择，$K_1,K_2,\cdots,K_{16}$组成了密钥编排.

(4)最后一次的迭代 L_{16}放在右边，R_{16}放在左边.

(5)再经逆初始置换 IP^{-1}(表 2-2)，把数据打乱重排，产生 64 位密文.

表 2-2　IP^{-1}置换

40	8	48	16	56	24	64	32
39	7	47	15	55	23	63	31
38	6	46	14	54	22	62	30
37	5	45	13	53	21	61	29
36	4	44	12	52	20	60	28
35	3	43	11	51	19	59	27
34	2	42	10	50	18	58	26
33	1	41	9	49	17	57	25

下面分别介绍加密函数 f 和密钥编排函数 KS 的细节.

1.密钥编排函数 KS 算法(图 2-2)：实际上，K 是长度为 64 位的比特串，其中 56 位是密钥，8 位是奇偶校验位(为了检错)，在位置 8，16，…，64 上的比特为奇偶校验位，奇偶校验位的比特由每个字节包含奇数个 1 来定义，因此在 8bit 组中单个错误能检查出来，在密钥编排的计算中这些校验位可以忽略.

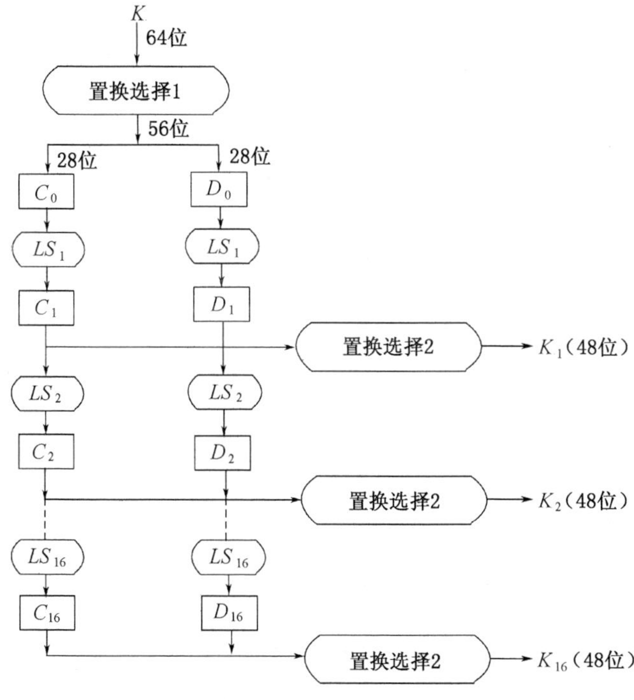

图 2-2　子密钥产生算法

64 位密钥经过置换选择 1、循环左移、置换选择 2 等变换，产生 16 个子密钥.

(1)置换选择 1 的作用有两个：一个是从 64 位密钥中去掉 8 个奇偶校验位；二是将其余 56 位数据打乱重排，且将前 28 位作为 C_0，后 28 位作为 D_0. 置换选择 1 规定：C_0 的各位依次为密钥中的第 57，49，…，44，36 位；D_0 的各位依次为密钥中的第 63，55，…，12，4 位. 置换选择 1 如表 2－3 所示.

(2)对 $1 \leqslant i \leqslant 16$，计算 $\begin{cases} C_i = LS_i(C_{i-1}), \\ D_i = LS_i(D_{i-1}), \end{cases}$

LS_i 表示循环左移一个或两个位置，它取决于 i 的值，如果 $i=1,2,9,16$，就移一个位置，否则就移两个位置.

表 2－3　选择置换 1

57	49	41	33	25	17	9
1	58	50	42	34	26	18
10	2	59	51	43	35	27
19	11	3	60	52	44	36
63	55	47	39	31	23	15
7	62	54	46	38	30	22
14	6	61	53	45	37	29
21	13	5	28	20	12	4

(3)选择置换 2：选择置换 2 从 C_i 和 D_i (共 56 位)中选择出一个 48 位的子密钥 K_i. 其中规定：子密钥 K_i 中的各位依次是 C_i 和 D_i 中的 14，17，…，29，32 位(如表 2－4).

表 2－4　选择置换 2

14	17	11	24	1	5
3	28	15	6	21	10
23	19	12	4	26	8
16	7	27	20	13	2
41	52	31	37	47	55
30	40	51	45	33	48
44	49	39	56	34	53
46	42	50	36	29	32

2. 加密函数 f. 加密函数 f 是 DES 的核心部分，它的作用在于在第 i 次加密迭代中用子密钥 K_i 对 R_{i-1} 进行加密(如图 2－3 所示). 在第 i 次加密迭代中选择运算 E 对 32 位的 R_{i-1} 的各位进行选择和排列，产生一个 48 位的结

果,此结果与子密钥 K_i 模 2 相加,然后送入选择函数组 S.选择函数组由 8 个选择函数(也称 S 盒子)组成,每个 S 盒子有 6 位输入,产生 4 位的输出,结果得到一个 32 位的数据组.此结果再经过置换运算 P,将其各位打乱重排.置换运算 P 的输出便为加密函数的输出 $f(R_{i-1},K_i)$.

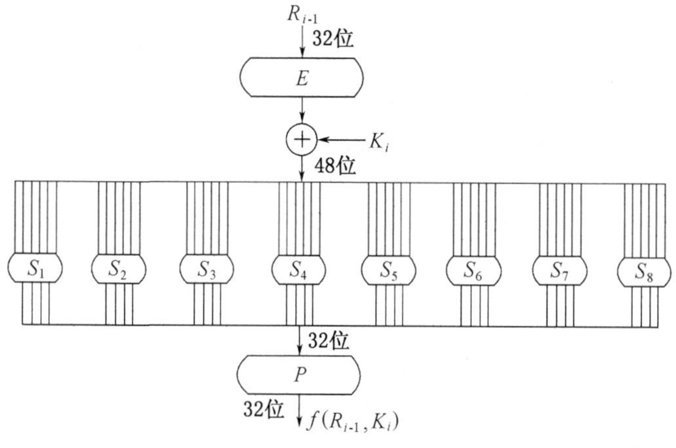

图 2-3　加密函数 f

(1)选择置换 E.第一个变元 32 位的 R_{i-1}经过选择置换 E(一个固定的扩展函数 E)"扩展"成长度为 48 位的比特串,$E(R_{i-1})$由 R_{i-1}中的 32 个比特以特定方式排列产生,其中的 16 个比特出现两次(如表 2-5 所示).

表 2-5　E 的选位表

32	1	2	3	4	5
4	5	6	7	8	9
8	9	10	11	12	13
12	13	14	15	16	17
16	17	18	19	20	21
20	21	22	23	24	25
24	25	26	27	28	29
28	29	30	31	32	1

(2)选择置换 E 的 48 位输出,与 K_i 作二进制加法.

(3)选择函数组 S.48 位的中间结果送入 8 个选择函数(或称 S 盒子).选择函数组就由这 8 个选择函数组成,8 个选择函数分别记为 $S_1,S_2,S_3,S_4,S_5,S_6,S_7,S_8$.选择函数组输入是一个 48 位的数据组,从第 1 位到第 48 位依次加到 $S_1\sim S_8$ 的输入端.每个选择函数有 6 个输入,4 个输出.每个选择函数有一个选择矩阵,规定了其输出与输入的选择规则.选择矩阵有 4 行 16 列,每行都是 0～15 这 16 个数字，但每行的数字的排列都不相同．而且 8 个选择矩阵彼此也不同．每个选择函数的 6 位输入组成一个 6 位二进制数字组．选择规则是：输入二进制数字组中的第 1 和第 6 两位所组成的二进制数值代表选中的行号，其余 4 位所组成的二进制数值代表选中的列号，而处在被选中的行和列的交点处的数字便是选择函数的输出（以二进制形式输出）．例如，对于 S_1，设输入为 101011，第 1 位和第 6 位组成 $11=(3)_{10}$，表示选中 S_1 的标号为 3 的那一行，其余 4 位组成 $0101=(5)_{10}$，表示选中 S_1 的标号为 5 的那一列．交点处的数字为 9，则选择函数 S_1 的输出为 1001．

选择函数 S 是 DES 保密性的关键所在，它是一种非线性变换．关于选择函数 S 的设计细则，IBM 和 NSA（美国国家保密局）迄今尚未公布．研究表明，选择函数 S 至少满足以下准则：

（i） 输出不是输入的线性和仿射函数；

（ii） 改变其中任一位，输出至少有两位发生变化．

（iii） 保持 1 位不变，其余 5 位变化，输出中的 0 和 1 个数接近相等．

选择矩阵 S_1～S_8 由表 2－6 给出．

表 2－6 选择矩阵

	0	1	2	3	4	5	6	7	8	9	10	11	12	13	14	15	
0	14	4	13	1	2	15	11	8	3	10	6	12	5	9	0	7	
1	0	15	7	4	14	2	13	1	10	6	12	11	9	5	3	8	S_1
2	4	1	14	8	13	6	2	11	15	12	9	7	3	10	5	0	
3	15	12	8	2	4	9	1	7	5	11	3	14	10	0	6	13	
0	15	1	8	14	6	11	3	4	9	7	2	13	12	0	5	10	
1	3	13	4	7	15	2	8	14	12	0	1	10	6	9	11	5	S_2
2	0	14	7	11	10	4	13	1	5	8	12	6	9	3	2	15	
3	13	8	10	1	3	15	4	2	11	6	7	12	0	5	14	9	
0	10	0	9	14	6	3	15	5	1	13	12	7	11	4	2	8	
1	13	7	0	9	3	4	6	10	2	8	5	14	12	11	15	1	S_3
2	13	6	4	9	8	15	3	0	11	1	2	12	5	10	14	7	
3	1	10	13	0	6	9	8	7	4	15	14	3	11	5	2	12	
0	7	13	14	3	0	6	9	10	1	2	8	5	11	12	4	15	
1	13	8	11	5	6	15	0	3	4	7	2	12	1	10	14	9	S_4
2	10	6	9	0	12	11	7	13	15	1	3	14	5	2	8	4	
3	3	15	0	6	10	1	13	8	9	4	5	11	12	7	2	14	
0	2	12	4	1	7	10	11	6	8	5	3	15	13	0	14	9	
1	14	11	2	12	4	7	13	1	5	0	15	10	3	9	8	6	S_5
2	4	2	1	11	10	13	7	8	15	9	12	5	6	3	0	14	
3	11	8	12	7	1	14	2	13	6	15	0	9	10	4	5	3	

续表

0	12	1	10	15	9	2	6	8	0	13	3	4	14	7	5	11	
1	10	15	4	2	7	12	9	5	6	1	13	14	0	11	3	8	S_6
2	9	14	15	5	2	8	12	3	7	0	4	10	1	13	11	6	
3	4	3	2	12	9	5	15	10	11	14	1	7	6	0	8	13	
0	4	11	2	14	15	0	8	13	3	12	9	7	5	10	6	1	
1	13	0	11	7	4	9	1	10	14	3	5	12	2	15	8	6	S_7
2	1	4	11	13	12	3	7	14	10	15	6	8	0	5	9	2	
3	6	11	13	8	1	4	10	7	9	5	0	15	14	2	3	12	
0	13	2	8	4	6	15	11	1	10	9	3	14	5	0	12	7	
1	1	15	13	8	10	3	7	4	12	5	6	11	0	14	9	2	S_8
2	7	11	4	1	9	12	14	2	0	6	10	13	15	3	5	8	
3	2	1	14	7	4	10	8	13	15	12	9	0	3	5	6	11	

(4)置换 P.把选择函数组输出的 32 位结果再打乱重排,得到 32 位的加密函数结果(表 2-7).

表 2-7 置换 P

16	7	20	21	2	8	24	14
29	12	28	17	32	27	3	9
1	15	23	26	19	13	30	6
5	18	31	10	22	11	4	25

DES 的解密过程如下:

由于 DES 运算是对合运算,所以解密和加密可共用同一算法,但子密钥的使用顺序要倒过来,即使用 $K_{16},K_{15},\cdots,K_1$.

解密时把 64 位密文当作明文输入,而且第 1 次解密迭代使用子密钥 K_{16},第 2 次解密迭代使用 K_{15},……,第 16 次解密迭代使用 K_1,最后的输出便是 64 位明文.

解密过程可以用如下的数学公式描述:

$$\begin{cases} R_{i-1} = L_i, \\ L_{i-1} = R_i \oplus f(L_i, K_i), \\ i = 16, 15, \cdots, 1. \end{cases}$$

DES 综合应用了置换、代替、代数多种密码技术,是一种乘积密码.在算法结构上采用迭代结构,从而使结构紧凑,条理清楚,而且算法为对合运算,便于实现.DES 使用了初始置换 IP 和逆初始置换 IP^{-1}各一次,置换 P16 次.安排使用这三个置换的目的是把数据彻底打乱重排.它们在密码意义上作用不大,因为它们与密钥无关,置换关系固定,一旦公开后便无多大密码意义.选择

置换 E 一方面把数据打乱重排，另一方面把 32 位输入扩展为 48 位.算法中除了选择函数组 S 是非线性变换外，其余变换均为线性变换，所以保密性的关键是选择函数组 S.这个非线性变换的本质是数据压缩，它把 6 位输入压缩成 4 位输出.选择函数的输入中任意改变数位，其输出至少变化 2 位.因为算法中使用了 16 次迭代，从而使得即使是改变明文或密钥中的 1 位，密文都会发生约 32 位的变化，大大提高了保密性.DES 的子密钥产生与使用上也很有特色，它确保了原密钥中各位的使用次数基本上相等.实验表明，56 位密钥的每位的使用次数在 12～15 次之间.这也使保密性得到进一步提高.

DES 在总的方面是极其成功的，但同时也不可避免地存在着一些弱点和不足.

(1)64 位密钥太短了，有效密钥只有 56 位，显然是短了一些.如果密钥的长度再长一些，将会更安全些.

(2)存在一些弱密钥和半弱密钥.在 16 次加密迭代中分别使用不同的子密钥是确保 DES 强度的一种重要措施.但是实际上却存在着一些密钥，由它们产生的 16 个子密钥不是互不相同，而是有相重合的.称这些密钥为弱密钥或半弱密钥.称使 16 个子密钥全相同的密钥为弱密钥，称使 16 个子密钥中有部分相同的密钥为半弱密钥.例如，当 C，D 两个循环移位寄存器全为 0 或全为 1 时，16 个子密钥便完全相同.弱密钥和半弱密钥的存在无疑是 DES 的一个不足.但由于弱密钥和半弱密钥的数量与密钥的总数相比仍是微不足道的，所以这并不构成对 DES 的太大威胁，只要注意在实际应用中不使用这些密钥即可.

(3)存在互补对称性.设 $C=\mathrm{DES}(M,K)$，则 $\bar{C}=\mathrm{DES}(\bar{M},\bar{K})$，其中 $\bar{M}$，$\bar{K}$，$\bar{C}$ 表示 M，K，C 的非.互补对称性会使 DES 在选择明文攻击下所需的工作量减半.产生互补对称性的原因在于 DES 中两次$\oplus$运算的配置.一次在 f 函数中 S 盒子之前，另一次在 f 函数输出之后.因为$\oplus$运算具有若 $y=x_1\oplus x_2$，则 $y=\bar{x}_1\oplus\bar{x}_2$的特性，因此当密钥和明文同时取非时，子密钥 K_i 取非，R_{i-1}取非，经 E 运算后仍取非，但经$\oplus$后输出不变，因此 S 盒子输出不变.到 f 函数之后的$\oplus$时，因 L_{i-1}已取非，故结果仍取非.

DES 正式颁布后，世界各国的许多公司都推出了自己实现 DES 的软硬件产品.虽然 DES 的描述是相当长的，但它能以硬件或软件方式非常有效地实现.需完成的算术运算仍为比特串的异或.扩展函数 E，S 盒，置换 IP 和 P 以及K_1，K_2，…，K_{16}的计算都能在一个固定时间内通过查表(以软件)或电路中的硬布线来完成.

现在的硬件实现能达到非常快的加密速度.数字设备公司在 Crypto'92 上宣布他们已经制造了带有 50 个晶体管的芯片，时钟速率 250MHz 时，加密速度达每秒 1 G bit. 这个芯片的价格大约是 300 美元. 到 1991 年,共有 45 个 DES 的硬件和微程序实现,得到国家标准局的认可.

DES 的一个非常重要的应用是用于银行交易,在银行交易中使用了美国银行协会开发的一个标准. DES 用于加密个人身份识别号(PIN)和通过自动出纳机(ATM)进行的记帐交易. 票据交易所内部银行支付系统(CHIPS)用 DES 来鉴别每周 1.5×10^{12}美元的交易.

DES 也被广泛地应用在政府机构中,如能源部、法律部和联邦储备系统.

当 DES 被建议作为一个标准时,曾出现过很多批评,DES 的缺陷涉及到 S 盒. 除了 S 盒之外,在 DES 中的所有计算都是线性的. 例如,计算两个输出的异或,与先形成两个输入的异或再计算输出其结果相同. S 盒作为该密码体制的非线性组件对安全性是至关重要的(在第一章中我们已经看到线性密码体制是怎样被已知明文攻击进行密码分析的,如 Hill 密码). 然而 S 盒的设计准则并不完全知道,有极少数人认为 S 盒可能包含"陷门",国家安全局能够解密报文以便维持 DES 是"安全"的假象. 当然不可能推翻这个说法,但事实上没有迹象表明在 DES 中存在陷门.

对 DES 最中肯的批评是密钥空间 2^{56}的尺寸对实现真正的安全是太小了. 对于已知明文攻击,已开发出了各种专用机器用于对密钥 K 的穷举搜索. 即给定 64bit 的明文 M 和相应的密文 C,测试每一个可能的密钥,直到找到密钥 K 满足 $E(M,K)=C$ 为止. 同时注意到可能有多个这样的密钥 K.

早在 1977 年,Diffie 和 Hellman 已建议制造一个每秒能测试 10^6 个密钥的 VLSI 芯片. 每秒测试 10^6 个密钥的机器大约需要一天就可搜索整个密钥空间. 他们估计制造这样的机器大约需要20000000 美元.

在 Crypto'93 上,R. Session 和 M. Wiener 给出了一个非常详细的密钥搜索机器的设计方案,这个机器基于并行运行的密钥搜索芯片,所以 16 次加密能同时完成. 此芯片每秒能测试 5×10^7 个密钥,采用目前技术制成的此芯片每片价格为 10.5 美元,用 5760 个芯片组成的系统需花费100000 美元,它平均用 1.5 天左右就可找到 DES 密钥. 如果一个机器使用 10 个这样的系统将花费1000000 美元,但它可将平均搜索时间降到 3.5 小时左右.

2.1.2 DES 加密的一个例子

假设我们加密明文 M = 00000001 00100011 01000101 01100111 10001001 10101011 11001101 11101111.

使用的密钥 K = 00010011 00110100 01010111 01111001 10011011 10111100 11011111 11110001.

应用 IP,我们得到 L_0 和 R_0(二进制):

$L_0 = 11001100000000001100110011111111$，

$L_1 = R_0 = 11110000101010101111000010101010$，

然后进行 16 轮加密，表示如下：

$E(R_0) =$ 011110100001010101010101011110100001010101010101

$K_1 =$ 000110110000001011101111111111000111000001110010

$E(R_0) \oplus K_1 =$ 011000010001011110111010100001100110010100100111

S 盒子输出 = 01011100100000101011010110010111

$f(R_0, K_1) =$ 00100011010010101010100110111011

$L_2 = R_1 =$ 11101111010010100110010101000100

$E(R_1) =$ 011101011110101001010100001100001010101000001001

$K_2 =$ 011110011010111011011001110110111100100111100101

$E(R_1) \oplus K_2 =$ 000011000100010010001101111010110110001111101100

S 盒子输出 = 11111000110100000011101010101110

$f(R_1, K_2) =$ 00111100101010111000011110100011

$L_3 = R_2 =$ 11001100000000010111011100001001

$E(R_2) =$ 111001011000000000000010101110101110100001010011

$K_3 =$ 010101011111110010001010010000101100111110011001

$E(R_2) \oplus K_3 =$ 101100001111001000100011111000001001111001010

S 盒子输出 = 00100111000100001110000101101111

$f(R_2, K_3) =$ 01001101000101100110111010110000

$L_4 = R_3 =$ 10100010010111000000010111110100

$E(R_3) =$ 010100000100001011111000000000101011111110101001

$K_4 =$ 011100101010110111010110110110110011010100011101

$E(R_3) \oplus K_4 =$ 001000101110111100101110110111100100101010110100

S 盒子输出 = 00100001111011011001111100111010

$f(R_3, K_4) =$ 10111011001000110111011101001100

$L_5 = R_4 =$ 01110111001000100000000001000101

$E(R_4) =$ 101110101110100100000100000000000000001000001010

$K_5 =$ 011111001110110000000111111010110101001110101000

$E(R_4) \oplus K_5 =$ 110001100000010100000011111010110101000110100010

S 盒子输出 = 01010000110010000011000111101011

$f(R_4, K_5) =$ 00101000000100111010110111000011

$L_6 = R_5 =$ 10001010010011111010011000110111

$E(R_5) =$ 110001010100001001011111110100001100000110101111

$K_6 =$ 011000111010010100111110010100000111101100101111

$E(R_5) \oplus K_6 =$ 101001101110011101100001100000001011101010000000

S 盒子输出 = 01000001111100110100110000111101

$f(R_5, K_6) =$ 10011110010001011100110100101100

$L_7 = R_6 =$ 11101001011001111100110101101001

$E(R_6) =$ 111101010010101100001111111001011010101101010011

$K_7 =$ 111011001000010010110111111011000011000101111100

$E(R_6) \oplus K_7 =$ 000110011010111110111000000100111011001111101111

S 盒子输出 = 00010000011101010100000010101101

$f(R_6, K_7) =$ 10001100000001010001110000100111

$L_8 = R_7 =$ 00000110010010101011101000010000

$E(R_7) =$ 000000001100001001010101010111110100000010100000

$K_8 =$ 111101111000101000111010110000010011101111111011

$E(R_7) \oplus K_8 =$ 111101110100100001101111100111100111101101011011

S 盒子输出 = 01101100000110000111110010101110

$f(R_7, K_8) =$ 00111100000011101000011011111001

$L_9 = R_8 =$ 11010101011010010100101110010000

$E(R_8) =$ 011010101010101101010010101001010111110010100001

$K_9 =$ 111000001101101111101011111011011110011110000001

$E(R_8) \oplus K_9 =$ 100010100111000010111001010010001001101100100000

S 盒子输出 = 00010001000011000101011101110111

$f(R_8, K_9) =$ 00100010001101100111110001101010

$L_{10} = R_9 =$ 00100100011111001100011001111010

$E(R_9) =$ 000100001000001111111001011000001100001111110100

$K_{10} =$ 101100011111001101000111101110100100011001001111

$E(R_9) \oplus K_{10} =$ 101000010111000010111110110110101000010110111011

S 盒子输出 = 11011010000001000101001001110101

$f(R_9, K_{10}) =$ 01100010101111001001110000100010

$L_{11} = R_{10} =$ 10110111110101011101011110110010

$E(R_{10}) =$ 010110101111111010101011111010101111110110100101

K_{11} = 001000010101111111010011110111101101001110000110

$E(R_{10}) \oplus K_{11}$ = 011110111010000101111000001101000010111000100011

S 盒子输出 = 01110011000001011101000100000001

$f(R_{10}, K_{11})$ = 11100001000001001111101000000010

$L_{12} = R_{11}$ = 11000101011110000011110001111000

$E(R_{11})$ = 011000001010101111110000000111111000001111110001

K_{12} = 011101010111000111110101100101000110011111101001

$E(R_{11}) \oplus K_{12}$ = 000101011101101000000101100010111110010000011000

S 盒子输出 = 01111011100010110010011000110101

$f(R_{11}, K_{12})$ = 11000010011010001100111111101010

$L_{13} = R_{12}$ = 01110101101111010001100001011000

$E(R_{12})$ = 001110101011110111111010100011110000001011110000

K_{13} = 100101111110001011101000111111010101110100100000 1

$E(R_{12}) \oplus K_{13}$ = 101011010111100000101011011101011011100010110001

S 盒子输出 = 10011010110100011000101101001111

$f(R_{12}, K_{13})$ = 11011101101110110010100100100010

$L_{14} = R_{13}$ = 00011000110000110001010101011010

$E(R_{13})$ = 000011110001011000000110100010101010101011110100

K_{14} = 010111110100001110110111111100101110011100111010

$E(R_{13}) \oplus K_{14}$ = 010100000101010110110001011110000100110111001110

S 盒子输出 = 01100100011110011001101011110001

$f(R_{13}, K_{14})$ = 10110111001100011000111001010101

$L_{15} = R_{14}$ = 11000010100011001001011000001101

$E(R_{14})$ = 111000000101010001011001010010101100000001011011

K_{15} = 101111111001000110001101001111010011111100001010

$E(R_{14}) \oplus K_{15}$ = 010111111100010111010100011101111111111101010001

S 盒子输出 = 10110010111010001000110100111100

$f(R_{14}, K_{15})$ = 01011011100000010010011101101110

$L_{16} = R_{15}$ = 01000011010000100011001000110100

$E(R_{15})$ = 001000000110101000000100000110100100000110101000

K_{16} = 110010110011110110001011000011100001011111110101

$E(R_{15}) \oplus K_{16}$ = 111010110101011110001111000101000101011001011101

$$S\text{ 盒子输出} = 10100111100000110010010000101001$$
$$f(R_{15}, K_{16}) = 11001000110000000100111110011000$$
$$R_{16} = 00001010010011001101100110010101$$

最后对 L_{16}, R_{16} 使用 IP^{-1}, 我们得到密文是: 10000101 11101000 00010011 01010100 00001111 00001010 10110100 00000101.

§2.2 FEAL 密码

DES 颁布之后迅速得到广泛应用.随着人们对 DES 的实际应用和深入研究,人们希望能对 DES 进行改进,从而得到更快更好的加密算法. 1987 年 7 月,日本学者清水明宏和宫口庄司在 DES 的基础上提出了一种快速数据加密算法(Fast Data Encipherment Algorithm),简称 FEAL.

FEAL 的设计是一个类似于 DES 的算法,但其中的每一轮都比 DES 的每一轮强.由于具有较少的轮数,这个算法运行得较快. FEAL 和 DES 相比主要特点在于:

(1)增大了有效密钥长度;

(2)增强了密钥的控制作用(在初始运算和末尾运算中加入密钥控制作用);

(3)增大了加密函数 f 的复杂性;

(4)减少了迭代次数.

1. FEAL 的整体结构. FEAL 的整体结构与 DES 相似.它是一种分组密码.分组长度 64 位,算法面向二进制设计,加密运算是对合运算. 64 位明文在密钥的控制下,经过初始运算、四次迭代、末尾运算,形成 64 位密文.

2. 加密运算. FEAL 的加密算法如图 2-4 所示.

整个加密过程分为三个阶段.

(1)初始运算. 64 位明文首先分为左右两块, $L''_0 = m_0 m_1 \cdots m_{31}$, $R''_0 = m_{32} m_{33} \cdots m_{63}$. 将 16 位的子密钥 K_4 与 K_5 合并, K_6 与 K_7 合并,分别与 L''_0 和 R''_0 模 2 相加得到 $L'_0 = L''_0 \oplus (K_4, K_5)$, $R'_0 = R''_0 \oplus (K_6, K_7)$. 然后,令 $L_0 = L'_0$, $R_0 = R'_0 \oplus L'_0$, 至此,初始运算完毕.

(2)四次迭代. $\begin{cases} L_i = R_{i-1}, \\ R_i = L_{i-1} \oplus f(R_{i-1}, K_{i-1}), \end{cases} i = 1,2,3,4,$

其中, f 为加密函数.

(3)末尾运算. $\begin{cases} R'_4 = R_4, \\ L'_4 = L_4 \oplus R_4, \\ R''_4 = R'_4 \oplus (K_8, K_9), \\ L''_4 = L'_4 \oplus (K_{10}, K_{11}), \end{cases}$

将 R''_4 和 L''_4 合并形成最终的 64 位密文.

由于 FEAL 的加密运算为对合运算,故解密和加密可共用同一算法. 但是解密过程中的子密钥使用顺序与加密相反,这一点与 DES 类似. 在图 2-4 中从下向上逆推的过程便是解密过程.

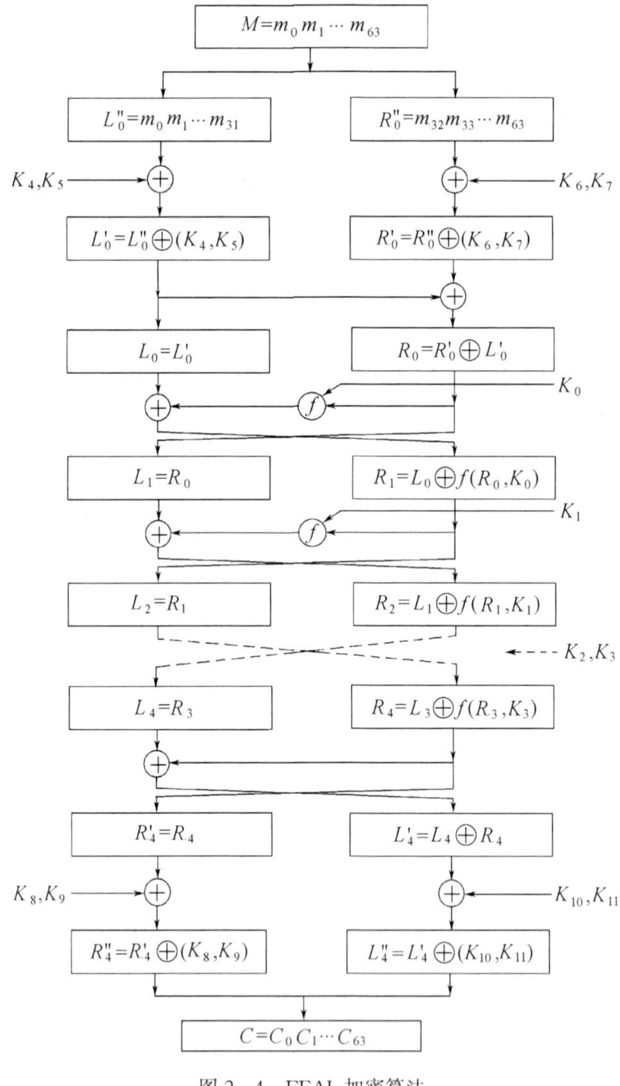

图 2-4　FEAL 加密算法

$$R'_4=R''_4\oplus(K_8,K_9),$$
$$L'_4=L''_4\oplus(K_{10},K_{11}),$$
$$\left.\begin{aligned}R_{i-1}&=L_i,\\L_{i-1}&=R_i\oplus f(L_i,K_{i-1}),\end{aligned}\right\}i=4,3,2,1,$$
$$R'_0=R_0\oplus L_0,$$
$$L'_0=L_0,$$
$$R''_0=R'_0\oplus(K_6,K_7),$$
$$L''_0=L'_0\oplus(K_4,K_5).$$

3. 子密钥生成算法. FEAL 的密钥为 64 位,其中全部为密钥位,不含奇偶校验位. 这样,FEAL 的密钥比 DES 增长 8 位,从而提高了密码强度. 64 位密钥由子密钥产生算法产生出 $K_0,K_1,\cdots,K_{11}$,共 12 个 16 位子密钥,以用于加解密运算. 子密钥生成算法由图 2-5 给出.

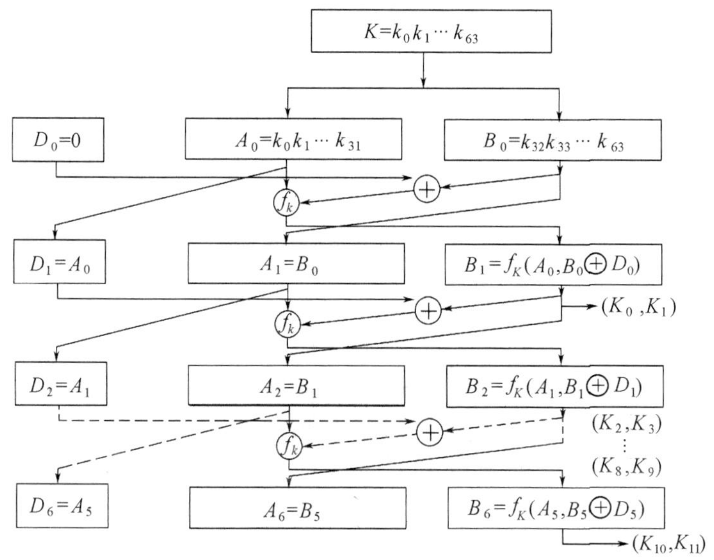

图 2-5 FEAL 子密钥生成算法

64 位密钥首先被分成左右两半,左边 32 位为 A_0,右边 32 位为 B_0,引入中间变量 D,其初值 $D_0=0$,接着进行 6 次相同的产生子密钥的变换. 每次变换后将 B_i 分成左右两半,便得到两个子密钥.

$$A_0=k_0k_1\cdots k_{31},$$
$$B_0=k_{32}k_{33}\cdots k_{63},$$
$$D_0=0.$$

$$\left.\begin{aligned} &D_i = A_{i-1}, \\ &A_i = B_{i-1}, \\ &B_i = f_K\,(A_{i-1}, B_{i-1} \oplus D_{i-1}) = (k_{2i-2}, k_{2i-1}) \end{aligned}\right\} i = 1,2,\cdots,6,$$

其中，f_K 为子密钥生成服务函数.

4. 服务函数. FEAL 使用了两个服务函数：加密函数 f 和子密钥产生函数 f_K，它们为 FEAL 提供了非线性，是确保 FEAL 安全的关键.

(1) 移位函数 S. 加密函数 f 和子密钥产生函数 f_K 又都使用了一个辅助函数——移位函数 S. 移位函数 $S\,(x_1, x_2, \delta)$是一个字节函数,其自变量和函数值均为一个字节量. 它实现字节加法(mod 256),循环移位运算. 其定义如下：

$$S(x_1, x_2, \delta) = R(W),$$

$$W = (x_1 + x_2 + \delta)(\text{mod } 256), \delta = 0 \text{ 或 } 1,$$

其中$R(W)$表示把 W 循环左移两位.

(2)加密函数 f. 加密函数 $f\,(\alpha, \beta)$是多字节函数,其中自变量 α 是 4 字节量,β 是 2 字节量,结果为 4 字节量.

用符号 A_i 表示多字节量A 的第i 个字节,则 $f\,(\alpha, \beta)$定义如下：

$$g_1 = \alpha_1 \oplus \beta_0 \oplus \alpha_0,$$

$$g_2 = \alpha_2 \oplus \beta_1 \oplus \alpha_3,$$

$$f_1 = S\,(g_1, g_2, 1),$$

$$f_2 = S\,(g_2, f_1, 0),$$

$$f_3 = S\,(\alpha_3, f_1, 1),$$

$$f_0 = S\,(\alpha_0, f_1, 0),$$

其中 g_1 和 g_2 为中间变量. 加密函数 f 的结构如图 2-6 所示：

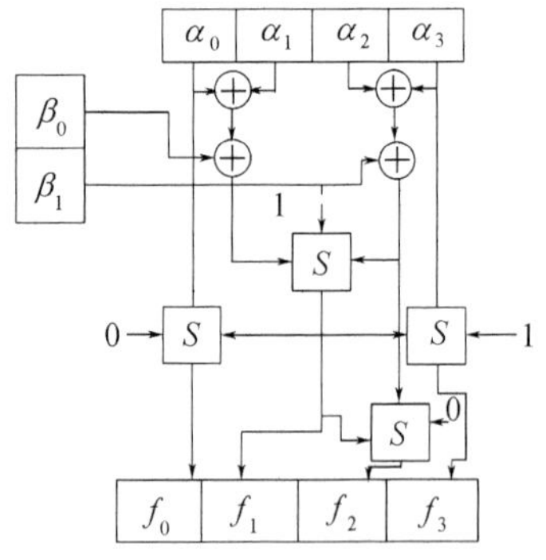

图 2-6　加密函数 f

(3)子密钥产生函数 f_K. 子密钥产生函数 $f_K(\alpha,\beta)$是多字节函数,其自变量 α,β 均为 4 字节量,结果也是 4 字节量.

$$h_1 = \alpha_1 \oplus \alpha_0,$$
$$h_2 = \alpha_3 \oplus \alpha_2,$$
$$f_{K_1} = S(h_1, h_2 \oplus \beta_0, 1),$$
$$f_{K_2} = S(h_2, f_{K_1} \oplus \beta_1, 0),$$
$$f_{K_0} = S(\alpha_0, f_{K_1} \oplus \beta_2, 0),$$
$$f_{K_3} = S(\alpha_3, f_{K_2} \oplus \beta_3, 1),$$

其中 h_1 和 h_2 为中间变量. 子密钥产生函数 f_K 的结构如图 2-7 所示.

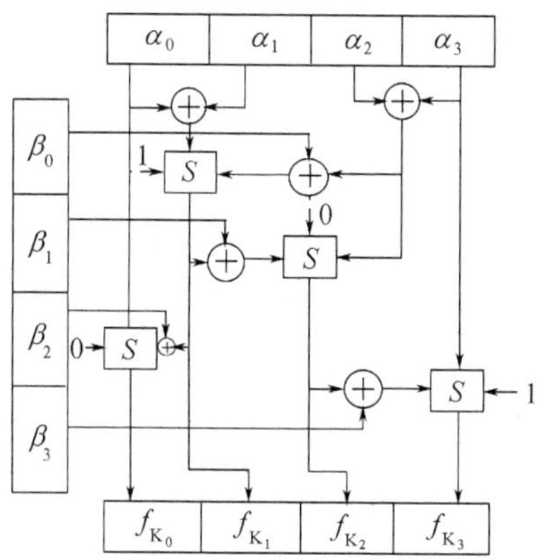

图 2-7　子密钥产生函数

5. FEAL 和 DES 的比较.

FEAL 和 DES 都是单密钥分组密码,分组长度 64 位. FEAL 和 DES 的加密运算均是对合运算. FEAL 和 DES 的密钥均是 64 位. 但 DES 的密钥中包含 8 位奇偶校验位,有效的密钥只有 56 位,且因 DES 具有互补对称性,这又使有效密钥空间缩小为 2^{55},而 FEAL 的密钥不含奇偶校验位,且不具有互补对称性,故密钥空间为 2^{64},抗穷举性能大大提高. DES 的初始置换 IP 和逆初始置换 IP^{-1}与密钥无关. 故密码意义不大. 而 FEAL 的初始变换和末尾变换均受密钥控制,从而提高了保密性. DES 使用的变换主要是置换、代替和模 2 相加,其中非线性由 S 盒子的非线性代替提供. 而 FEAL 使用的变换主要是循环移位、mod 256 加和模 2 相加,其非线性由 S 函数提供.

6. FEAL 的安全性分析.

具有 4 轮运算的 FEAL 叫做 FEAL-4,FEAL-4,已经被攻破. 设计者以 8 轮 FEAL(FEAL-8)予以还击. Biham 和 Shamir 在 SECURICOM'89 会议上

宣布了一个对 FEAL－8 的成功的选择明文攻击法．另一个针对 FEAL－8 的采用 10000 个加密密文的选择明文攻击已迫使其设计者们认输，并且使用可变的轮数定义了 FEAL－N（当然 N 要大于 8）．

Biham 和 Shamir 对 FEAL－N 运用他们的差分密码分析技术发现，对少于 32 轮的这个算法的版本，他们能够比穷举搜索更快地破译 FEAL－N（用少于 2^{64}选择明文加密）．破译 FEAL－16 需要 2^{28}选择明文或 $2^{46.5}$已知明文．破译 FEAL－8 需要 2000 个选择明文或 $2^{37.5}$已知明文．FEAL－4 仅用 8 个仔细选择的选择明文就可被破译．

FEAL 的设计者也定义了 FEAL 的改进型——FEAL－Nx，它有 128bit 密钥．Biham 和 Shamir 指出，不论 N 取什么值，具有 128bit 的 FEAL－Nx 与具 64bit 的 FEAL－N 一样容易遭到破译．

§2.3 IDEA 密码系统

Xuejia Lai 和 James Massey 提出的第一版 IDEA 密码算法于 1990 年公布．它被叫做 PES（建议加密标准）．第二年，在 Biham 和 Shamir 对其采用了差分密码分析之后，设计者为抗此攻击，增加了他们的密码算法的强度．他们把新算法称之为 IPES；即改进型建议加密标准．IPES 在 1992 年又改名为 IDEA，即国际数据加密算法．它是目前已公开的可用的算法中最好的且安全性最强的分组密码算法．

IDEA 是一个分组密码算法，它的明文与密文块都是 64bit，密钥长为 128bit．同一个算法既可用于加密，又可用于解密，只是密钥各异．无论用软件或硬件来实现都不难．加解密运算速度非常快．

IDEA 加密算法如图 2－8．64bit 的数据块分成 4 个子块，每一子块 16bit，令这 4 个子块为 x_1, x_2, x_3, x_4，作为迭代第 1 轮的输入，全部共 8 轮迭代．每轮迭代都是 4 个子块彼此间以及 16bit 的子密钥进行异或，mod 2^{16}做加法运算，mod $(2^{16}+1)$做乘法运算．在每一轮间，第二和第三个子块交换．在每一轮中，执行的顺序如下：

(1)x_1 和第一个密钥子块相乘；

(2)x_2 和第二个密钥子块相加；

(3)x_3 和第三个密钥子块相加；

(4)x_4 和第四个密钥子块相乘；

(5)将第(1)步和第(3)步的结果相异或；

(6)将第(2)步和第(4)步的结果相异或；

(7)第(5)步的结果与第五个密钥子块相乘；

(8)第(6)步和第(7)步的结果相加;

(9)第(8)步的结果与第六个密钥子块相乘;

(10)第(7)步和第(9)步的结果相加;

(11)第(1)步和第(9)步的结果相异或;

(12)第(3)步和第(9)步的结果相异或;

(13)第(2)步和第(10)步的结果相异或;

(14)第(4)步和第(10)步的结果相异或.

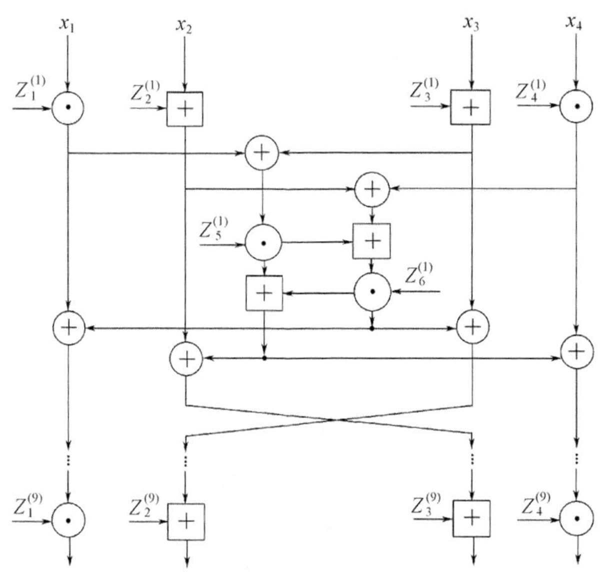

图 2-8 IDEA 算法

⊕16bit 子块间逐位做异或运算

⊙16bit 的整数做 mod $(2^{16}+1)$的乘法运算

⊞ 16bit 的整数做 mod 2^{16}的加法运算

第一轮的输出是四个子块,即(11)、(12)、(13)和(14)步的结果.将中间两个块交换(最后一轮除外)后,那就是下一轮的输入.

在经过八轮运算之后,有一个最后的输出变换:

(1)x_1 和第一个密钥子块相乘;

(2)x_2 和第二个密钥子块相加;

(3)x_3 和第三个密钥子块相加;

(4)x_4 和第四个密钥子块相乘.

最后,这四个子块连接到一起产生密文.

密钥子块的产生也是很容易的.这个算法共用 52 个子密钥块,8 轮中的每一轮需要 6 个,输出变换需要 4 个. 首先将 128bit 的密钥分成 8 个子密钥,每个子密钥 16bit. 这 8 个子密钥正好是第 1 轮的 6 个及第 2 轮的前两个. 然后,再将密钥左环移 25 个 bit 然后再分成 8 个子密钥. 开始 4 个用在第 2 轮;后面 4 个用在第 3 轮. 密钥再次左环移 25 个 bit 以生成另外 8 个子密钥,如此这样直到算法结束.

例 2.1 假设已知密钥 K 为

$$
\begin{aligned}
K = &10010011 \quad 01010001 \quad 10010011 \quad 10101110\\
&01010001 \quad 01001001 \quad 11001001 \quad 10010011\\
&01001011 \quad 11100111 \quad 01100110 \quad 10100111\\
&11100101 \quad 10100101 \quad 00110100 \quad 10001011
\end{aligned}
$$

由密钥 K 产生 52 个加密子密钥顺序如下:

$$
\begin{aligned}
Z_1^{(1)} &= 10010011 \quad 01010001\\
Z_2^{(1)} &= 10010011 \quad 10101110\\
Z_3^{(1)} &= 01010001 \quad 01001001\\
Z_4^{(1)} &= 11001001 \quad 10010011\\
Z_5^{(1)} &= 01001011 \quad 11100111\\
Z_6^{(1)} &= 01100110 \quad 10100111\\
Z_1^{(2)} &= 11100101 \quad 10100101\\
Z_2^{(2)} &= 00110100 \quad 10001011
\end{aligned}
$$

$Z_3^{(2)}$ 到 $Z_4^{(3)}$ 为将 K 向左环移 25bit,然后依次取 16bit 一组得:

$$
\begin{aligned}
Z_3^{(2)} &= 01011100 \quad 10100010\\
Z_4^{(2)} &= 10010011 \quad 10010011\\
Z_5^{(2)} &= 00100110 \quad 10010111\\
Z_6^{(2)} &= 11001110 \quad 11001101\\
Z_1^{(3)} &= 01001111 \quad 11001011\\
Z_2^{(3)} &= 01001010 \quad 01101001\\
Z_3^{(3)} &= 00010111 \quad 00100110\\
Z_4^{(3)} &= 10100011 \quad 00100111
\end{aligned}
$$

$Z_5^{(3)}$ 到 $Z_6^{(4)}$ 为将 K 继续向左环移 25bit,然后依次取 16bit 一组,如此等等不一一列举.

解密过程基本上一样,只是密钥子块需要求逆且有些微小差别. 解密密钥子块要么是加密密钥子块的加法逆要么是乘法逆. 对 IDEA 而言,0 的乘法逆是 0. 计算密钥子块要花点时间,但对每一个解密密钥只需做一次. 表 2-7 给出加密密钥子块和相对应的解密密钥子块.

其中表 2-7 中 Z^{-1}表示 Z (mod($2^{16}+1$))乘法的逆,即

$$Z \odot Z^{-1} = 1.$$

$-Z$ 表示 Z (mod 2^{16})加法运算的逆,即

$$Z \boxplus (-Z) = 0.$$

表 2-7 IDEA 加密和解密密钥子块

轮数	加密密钥子块	解密密钥子块
1:	$Z_1^{(1)} Z_2^{(1)} Z_3^{(1)} Z_4^{(1)} Z_5^{(1)} Z_6^{(1)}$	$(Z_1^{(9)})^{-1} - Z_2^{(9)} - Z_3^{(9)} (Z_4^{(9)})^{-1} Z_5^{(8)} Z_6^{(8)}$
2:	$Z_1^{(2)} Z_2^{(2)} Z_3^{(2)} Z_4^{(2)} Z_5^{(2)} Z_6^{(2)}$	$(Z_1^{(8)})^{-1} - Z_2^{(8)} - Z_3^{(8)} (Z_4^{(8)})^{-1} Z_5^{(7)} Z_6^{(7)}$
3:	$Z_1^{(3)} Z_2^{(3)} Z_3^{(3)} Z_4^{(3)} Z_5^{(3)} Z_6^{(3)}$	$(Z_1^{(7)})^{-1} - Z_2^{(7)} - Z_3^{(7)} (Z_4^{(7)})^{-1} Z_5^{(6)} Z_6^{(6)}$
4:	$Z_1^{(4)} Z_2^{(4)} Z_3^{(4)} Z_4^{(4)} Z_5^{(4)} Z_6^{(4)}$	$(Z_1^{(6)})^{-1} - Z_2^{(6)} - Z_3^{(6)} (Z_4^{(6)})^{-1} Z_5^{(5)} Z_6^{(5)}$
5:	$Z_1^{(5)} Z_2^{(5)} Z_3^{(5)} Z_4^{(5)} Z_5^{(5)} Z_6^{(5)}$	$(Z_1^{(5)})^{-1} - Z_2^{(5)} - Z_3^{(5)} (Z_4^{(5)})^{-1} Z_5^{(4)} Z_6^{(4)}$
6:	$Z_1^{(6)} Z_2^{(6)} Z_3^{(6)} Z_4^{(6)} Z_5^{(6)} Z_6^{(6)}$	$(Z_1^{(4)})^{-1} - Z_2^{(4)} - Z_3^{(4)} (Z_4^{(4)})^{-1} Z_5^{(3)} Z_6^{(3)}$
7:	$Z_1^{(7)} Z_2^{(7)} Z_3^{(7)} Z_4^{(7)} Z_5^{(7)} Z_6^{(7)}$	$(Z_1^{(3)})^{-1} - Z_2^{(3)} - Z_3^{(3)} (Z_4^{(3)})^{-1} Z_5^{(2)} Z_6^{(2)}$
8:	$Z_1^{(8)} Z_2^{(8)} Z_3^{(8)} Z_4^{(8)} Z_5^{(8)} Z_6^{(8)}$	$(Z_1^{(2)})^{-1} - Z_2^{(2)} - Z_3^{(2)} (Z_4^{(2)})^{-1} Z_5^{(1)} Z_6^{(1)}$
输出变换	$Z_1^{(9)} Z_2^{(9)} Z_3^{(9)} Z_4^{(9)}$	$(Z_1^{(1)})^{-1} - Z_2^{(1)} - Z_3^{(1)} (Z_4^{(1)})^{-1}$

IDEA 的密钥长度是 128bit——比 DES 长两倍多. 假定强力攻击是最有效的,那么,为获取密钥需要 2^{128}(10^{38})次加密运算. 设计一个每秒能测试十亿个密钥的芯片,在这个问题上采用十亿片来并行处理,它将花费 10^{12}年. 针对 IDEA 使用强力攻击还有另一个困难,产生加密子密钥比产生解密子密钥快得多. 当你加密或解密一个消息时,这个时间较之于加解密消息块所需的时间通常是忽略不计的. 但当你对一个密文块试用强力攻击时,每次你将用另一个密钥试图解密. 这样寻找全部那些乘法的逆所需时间将增加到强力攻击所需时间(或并行处理器的数目)的两倍或三倍.

或许强力攻击不是攻击 IDEA 的最好方法. 设计者们已经尽力使这个算法抗差分密码分析的强度. 一般而言,一个密码体制的迭代越多,那么对它进行差分密码分析就越难. Lai 给出了一个证据 IDEA 在它的 8 轮运算仅运行 4 轮后就对差分密码分析免疫了. 按照 Eli Biham 所述,他的相关密钥密码攻击对 IDEA 是无用的.

IDEA 有一族弱密钥(十六进制)

0000,0000,0F00,0000,0000,000F,$FFFF$,F000 在"F"位置的数可以是任何数. 在某种意义上说,它们不是 DES 的弱密钥那样意义下的弱密钥,即加密函数是自逆的. 在某种意义上,它们又是弱密钥,如果使用它们,一个攻击者

使用选择明文攻击可以很容易识别它们.

在任何情况下,偶然产生这些密钥中的一个机会是非常小的:2^{-96}.如果你随机选择密钥,就不会有危险.

§2.4 分组密码的应用技术

我们已经讨论了一些典型的密码算法,但是密码算法的实际应用仍有许多具体的技术问题.本节介绍分组密码在实际应用中的一些技术问题.

一、分组密码的工作方式

1.电子密码本模式(ECB) 直接利用分组密码对明文的各分组进行加密.设明文 $M=M_1M_2\cdots M_n$,相应的密文 $C=C_1C_2\cdots C_n$,其中

$$C_i = E(M_i, K), \quad i = 1,2,\cdots,n.$$

电子密码本模式是分组密码的基本工作方式.

电子密码本模式的缺点是容易暴露明文的数据模式.

在计算机系统中,许多数据都具有某种固有的模式.这主要是由数据结构和数据冗余引起.例如,各种计算机语言的语句和指令都十分有限,因而在程序中便表现为少量的语句和指令的大量重复.各种语言程序往往具有某种固定格式.数据库的记录往往具有某种固定结构,如学生成绩数据库一定包含诸如姓名、学号和各科成绩等字段.计算机通信通常按固定的步骤和格式进行.如工作站和网络服务器之间的联络一定从 LOGIN 开始.如果不采取措施,根据明文相同、密钥相同,则密文相同的道理,这些固有的数据模式将在密文中表现出来.

掩盖明文数据模式的有效方法有采用某种预处理技术和链接技术.所谓预处理技术就是在用分组密码加密之前首先选用一个随机序列(如 m 序列等)与明文按位模 2 相加,这样明文的数据模式便被掩盖.这种方法的缺点是增大了数据处理的工作量.所谓链接是使加解密算法的当前输出不仅与当前的输入和密钥有关,而且也和先前的输入和输出相关的一种技术.采用链接后密文和明文之间的关系变得更加复杂,即使明文和密钥相同,所产生的密文也不相同,所以可以掩盖明文的数据模式.采用链接后,当前的密文(明文)和先前的密文(明文)都相关,所以若某一密文(明文)块发生了错误,将影响以后的密文(明文)也发生错误.这种现象称为错误传播.错误传播有时是有益的,如用以鉴别数据的真实性和完整性.然而有时又是不希望的,如磁盘文件加密,磁盘介质的损坏是经常的,不希望因某一点的磁盘介质损坏而影响整个文件.

2.输出反馈模式(OFB) 在 OFB 模式中,先产生密钥流,然后将它与明文进行异或(即将它作为一个序列密码来运行).OFB 实际上是一个同步式序

列密码，通过重复加密一个 64bit 的初始向量来得到密钥流. 我们定义 $Z_0 = IV$，然后用规则 $Z_i = E(Z_{i-1}, K)$，$i \geqslant 1$ 来计算密钥流 $Z_1 Z_2 \cdots$. 通过计算 $C_i = M_i \oplus Z_i$，$i \geqslant 1$ 来加密明文序列 $M_1 M_2 \cdots$.

3. 密码分组链接模式(CBC)　在 CBC 模式中，每一个密文块 C_i 在用密钥 K 加密下一个明文块 M_{i+1} 之前与 M_{i+1} 进行异或. 更正式地说法是用 64bit 的初始向量 IV 来起动，并定义 $C_0 = IV$. 这样我们根据规则

$$C_i = E(M_i \oplus C_{i-1}, K), \quad i \geqslant 1,$$

于是即使 $M_i = M_j$，但因 $C_{i-1} \neq C_{j-1}$，故有 $C_i \neq C_j$，因而可掩盖明文的数据模式. 加密错误传播无界. 解密时

$$M_i = D(C_i, K) \oplus C_{i-1}, i \geqslant 1.$$

当 C_{i-1} 中发生错误，只影响 M_{i-1} 和 M_i，不影响其它明文块，因而错误传播有界.

CBC 模式工作原理如图 2-9：

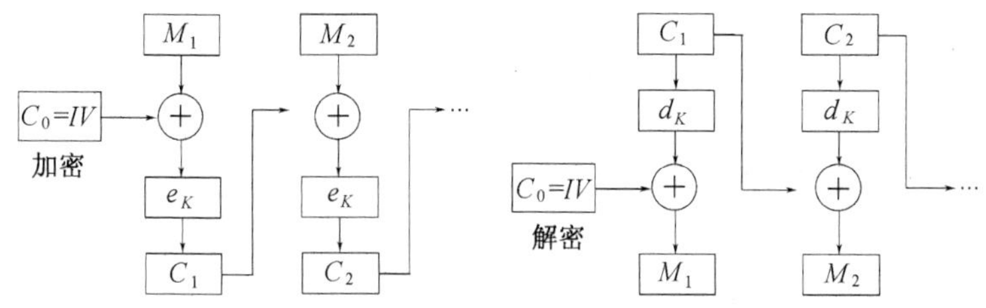

图 2-9　CBC 模式

4. 密码反馈模式(CFB)　在 CFB 模式中，我们用 $C_0 = IV$ (64bit 的初始向量)来启动且通过加密前一个密文块来产生密钥流元素 Z_i，即 $Z_i = E(C_{i-1}, K)$ $i \geqslant 1$. 像在 OFB 模式中一样，$C_i = M_i \oplus Z_i$，$i \geqslant 1$. CFB 的使用如图 2-10所示：

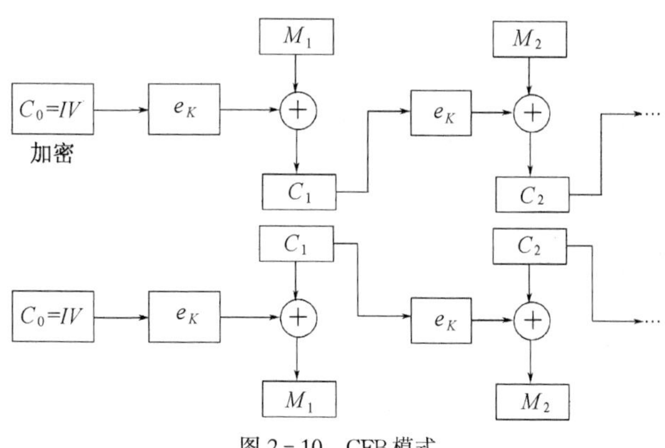

图 2-10　CFB 模式

于是即使 $M_i=M_j$，但因 $Z_i \neq Z_j$，因而可掩盖明文的数据模式.加密错误传播无界.解密时

$$M_i = C_i \oplus E(C_{i-1}, K), i \geqslant 1.$$

当 C_{i-1} 中发生错误，只影响 M_{i-1} 和 M_i，不影响其它明文块，因而错误传播有界.

这四种操作模式有不同的优点和缺点.在 ECB 和 OFB 模式中改变一个明文块 M_i 将引起相应的密文块 C_i 的改变，而其它密文块不变.有些情况下这可能是一个好的特性.例如，OFB 模式通常用来加密卫星传输.

另一方面，在 CBC 和 CFB 模式中改变明文块 M_i，那么 C_i 及 C_i 之后的所有密文块将会改变，这个特性意味着 CBC 和 CFB 模式适用于鉴别的目的.更明确地说，这些模式能用来产生消息鉴别码(MAC)，MAC 附在明文块序列的后面.假如 A 方向 B 方传送信息，它使 B 方深信：给定的明文序列来源于 A 方且它没有被其它人篡改.MAC 保护了消息的完整性(或鉴别性)(当然，它并不能提供保密性).

我们将描述怎样用 CBC 模式产生一个 MAC，我们以全 0 的初始向量 IV 开始，然后利用 CBC 模式用密钥 K 来构造密文块 $C_1C_2\cdots C_n$，最后定义 MAC 就是 C_n.然后 A 方把明文块 $M_1M_2\cdots M_n$ 和 MAC 一起传给 B 方，当 B 方接收到 $M_1M_2\cdots M_n$ 之后，他能用(秘密)密钥 K 重构 $C_1C_2\cdots C_n$，并可验证 C_n 与他接收到的 MAC 是相同的.

注意其他人不知道 A 方和 B 方正在使用的密钥 K，所以他不能产生正确的 MAC.进而，如果他截取到明文块序列 $M_1M_2\cdots M_n$，并改变其中的一块或多块，他也不大可能把 MAC 变成像接收到的那样.

经常希望能同时满足鉴别性和保密性，此要求可如下完成：A 方首先利用 K_1 来产生 $M_1\cdots M_n$ 的 MAC，然后他定义 M_{n+1} 是 MAC，并且利用第二个密钥 K_2 来加密 $M_1\cdots M_nM_{n+1}$ 产生密文 $C_1\cdots C_nC_{n+1}$.当 B 方接收到 $C_1\cdots C_nC_{n+1}$ 后，他首先用 K_2 解密，然后检查 M_{n+1} 是 $M_1\cdots M_n$ 利用 K_1 得到的 MAC.

或者，A 方能用 K_1 来加密 $M_1\cdots M_n$ 得到 $C_1\cdots C_n$，并用 K_2 来对 $C_1\cdots C_n$ 产生一个 MAC ($=C_{n+1}$).B 方将用 K_2 来验证 MAC，然后用 K_1 来解密 $C_1C_2\cdots C_n$.

二、短块加密

因为分组密码一次只能对一个固定长度的明文(密文)块进行加(解)密，而对长度小于分组长度的明文(密文)块不能正确进行加(解)密.称长度小于分组长度的数据块为短块.当明文长度大于分组长度而又不是分组长度的整数倍时，短块总是最后一块，而当明文长度小于分组时，本身便是一个短块.无

论是网络通信加密还是文件加密,短块是经常遇到的.因此必须采用合适的技术解决短块加密问题.

1.填充法　用无用的数据填充短块,使之成为标准块,然后再利用分组密码进行加密.为了确保加密强度,填充数据应是随机的.但是收方如何知道哪些数字是填充的呢?这就需要增加指示信息,通常用最后 8 位作为填充指示符.

填充法在概念上是简单的.但它适于通信加密而不适于文件加密.这是因为,填充所造成的数据扩张对通信不会构成困难,而对文件加密则会扩展文件或记录或字段的长度,这可能造成存储介质空间的溢出,或数据结构所不允许(在数据库中,扩展记录长度或字段长度将破坏库结构).

为了避免短块数据扩张可采用下面两种短块加密技术.

2.序列密码加密法　这是一种混合使用分组密码和序列密码两种技术的方案,其中对标准块用分组密码加密,而对短块用序列密码加密.若 $M = M_1M_2\cdots M_n$ 中,M_n 为短块,其余为标准块.短密文块

$$C_n = M_n \oplus E(C_{n-1}, K),$$

当明文 M 本身是一个短块时,用初始向量 IV 代替 C_{n-1},仍用序列密码方式加密.

$$C = M \oplus E(IV, K).$$

解密时,C_{n-1}中的错误将直接影响 M_{n-1}和 M_n 也发生错误.C_n 中的某一位错误仅仅影响 M_n 中与之相应的位发生错误.

3.密文挪用技术　在对短块 M_n 加密之前首先从密文 C_{n-1}中挪出刚好够填充的位数,填充到 M_n 中去,使 M_n 成为一个标准块.这样,C_{n-1}却成了短块.然后再对填充后的 M_n 加密,得到密文 C_n.虽然 C_{n-1}是短块,但 C_n 是标准块,两者的总位数等于 M_{n-1}和 M_n 的总位数,没有数据扩张.解密时先对 C_n 解密,还原出明文 M_n 和从 C_{n-1}挪用的数据,并把所挪用的数据再挪回 C_{n-1},然后再对 C_{n-1}解密,还原出 M_{n-1}.当明文本身就是一个短块时,用初始向量 IV 代替 C_{n-1}.

解密时 C_{n-1}中的错误只影响 M_{n-1}也产生错误,而 C_n 中的错误则将影响 M_n 和 M_{n-1}都产生错误.

和填充法一样,密文挪用法也需要指示挪用位数的指示符,否则收信者不知道挪用了多少位,从而不能正确解密.

最后指出,短块部分的安全性较其它部分要弱一些.特别是采用序列密码加密短块,就更弱一些,如果短块很短,可被穷举攻破.

习　题

1.设 DES 数据加密标准中：

明文 m = 0011 1000 1101 0101 1011 1000 0100 0010 1101 0101 0011 1001 1001 0101 1110 0111

密钥 K = 1010 1011* 0011 0100* 1000 0110* 1001 0100* 1101 1001* 0111 0011* 1010 0010* 1101 0011*

试求 L_1 与 R_1.

2.若用 $C=\mathrm{DES}_K(m)$表示明文 m 在密钥K 时得到的密文. 则 $\overline{C}=\mathrm{DES}_{\overline{K}}(\overline{m})$,其中 $\overline{C}$、$\overline{m}$、$\overline{K}$ 分别表示密文、明文、密钥的逐 bit 取补.

3.增强 DES 的一种方法是进行两次加密：给定两个密钥 K_1, K_2, 记 $C=e_{K_2}(e_{K_1}(m))$. 如果加密函数 e_{K_2}与解密函数 d_{K_1}是相同的,那么 K_1 和 K_2 称为对偶密钥(对两次加密来说,非常不希望出现这种情况,因为所得的密文与明文相同). 如果一个密钥是它自己的对偶密钥,这个密钥是自对偶的.

(1)证明如果 C_0 是全 0 或全 1,且 D_0 也是全 0 或全 1,那么 K 是自对偶的.

(2)证明下列密钥是自对偶的(十六进制表示)

0101010101010101

FEFEFEFEFEFEFEFE

(3)证明如果 C_0 = 0101…01 或 1010…10(二进制表示),那么 bit 串 C_i 和 C_{17-i}的异或是 111…11, $1\leqslant i\leqslant 16$(类似的结论对 D_i 也成立).

(4)证明下列密钥对是对偶的(以十六进制表示)：

E001E001F101F101　　01E001E001F101F1

FE1FFE1FFEOEFE0E　　1FFE1FFE0EFE0EFE

E01FF01FFF10FF10　　1FE01FE00EF10EF1

4.已知 FEAL 密码中：

明文 m = 0011 1010 1101 0111 0010 1010 1100 0010
1101 0111 1011 1000 0101 1101 0100 1000

密钥 K = 1001 0010 1001 0010 1111 1000 0110 0001
1101 0101 0011 1000 0100 1000 1101 1110

求 L_0 与 R_0.

5.已知α = 10000011 11010111 10100101 00110100

β = 00101011 10011010 00100101 11011100

f_K 为 FEAL 密码的子密钥产生函数,求 $f_K(\alpha,\beta)$.

6.已知α = 00101011 11011101 10000001 01001000

β = 10011101 11100111

f 为 FEAL 密码的加密函数,求 $f(\alpha,\beta)$.

7.已知 IDEA 密码算法中：

明文 $m=$ 01011100 10001101 10101001 11011110

10101101 00110101 00010011 10010011

密钥 $K=$ 00101001 10100011 11011000 11100111

10100101 01010011 10100010 01011001

00100100 01011001 11001010 11100111

10100010 00101010 11010101 00110101

求第一轮的输出与第二轮的输入.

8. 已知 IDEA 密码算法中

$$Z_1^{(1)}=1000010010011101$$

求 $(Z_1^{(1)})^{-1}$ 与 $-Z_1^{(1)}$.

9. 假设明文块序列 $m_1\cdots m_n$ 通过 DES 加密得到一个密文块 $C_1C_2\cdots C_n$. 假如说一个密文块(如 C_i)没有正确传送(即某些 1 变成 0 和某些 0 变成 1). 证明如果使用了 ECB 或 OFB 模式来加密,解密不正确的明文块数目等于 1;如果使用了 CBC 或 CFB 模式来加密,则等于 2.

第三章　香农理论

香农(Shannon)1949年在贝尔系统技术期刊上发表了一篇标题为“保密系统的通信理论”的论文,这篇论文对密码学的科学研究有重大影响.在这一章对它作简要介绍.

§3.1　密码体制的概率分布

一般密码系统的操作过程如下:

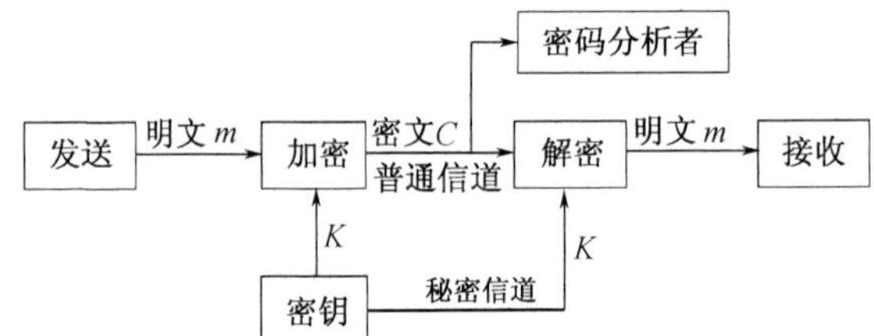

明文 m 被发送之前,发送者和接收者之间使用的密钥需要事先商定.即从对应的密钥空间 K 中选取一特定的密钥.这个密钥经商定后必须严加保密.一般说来,加密与脱密算法是可以公开的密码,截取者(或分析者)知道算法与密文,而不知道密钥,还是不能有效地将密文还原为明文.

待加密后发送的所有可能消息的集合称为明文空间,通常用 M 表示;所有密文的集合称为密文空间,常用 C 表示;相应密钥空间用 K 表示.在通常的实际情况中,M,C 和 K 都是有限集.算法确定后,对于给定 $m \in M$,$k \in K$,则密文 c 唯一确定,即 $c=E(m,k)$或 $c=E_k(m)$,E 是加密变换.

定义 3.1　假设 X 与 Y 是随机变量,我们用 $P(x)$表示 X 取值为 x 的概率,即 $P(x)=P\{X=x\}$,用 $P(y)$表示 Y 取值为 y 的概率,即 $P(y)=P\{Y=y\}$.联合概率 $P(x,y)$是 X 取值为 x 且 Y 取值为 y 的概率,即 $P\{X=x,Y=y\}=P(x,y)$,条件概率 $P(x/y)$表示给 Y 取值为 y 时 X 取值为 x 的概率.若 $P(x,y)=P(x)P(y)$对所有可能 X 取值为 x 和 Y 取值为 y 成立,则称随机变量 X 和 Y 是相互独立的.

联合概率通过下述公式能与条件概率发生关系:

$$P(x,y) = P(x)P(y/x) = P(y)P(x/y).$$

从这个表达式,我们马上可以获得下述结果.

定理 3.1(贝叶斯定理)　如果 $P(y)>0$,那么

$$P(x/y) = \frac{P(x)P(y/x)}{P(y)}$$

推论　设 x 与 y 是相互独立随机变量,当且仅当对所有 x 和 y 有

$$P(x/y) = P(x).$$

如果给定一个密码体制,那么关于它的明文、密文与密钥的联合概率分布为 $P(m,c,k)$. 由它的联合概率分布,可以确定它的各种边际分布与条件分布,并由此确定一系列信息的度量. 由联合概率分布 $P(m,c,k)$决定的明文、密文、密钥随机变量记为(ξ,η,ζ). 常用的边际分布与条件分布如下:

明文与密钥的联合概率分布为

$$P(m,k) = \sum_{c\in C}P(m,c,k), m \in M, k \in K.$$

明文与密文的联合概率分布为

$$P(m,c) = \sum_{k\in K}P(m,c,k), m \in M, c \in C.$$

明文、密钥、密文的概率分布分别为

$$P(m) = \sum_{k\in K}P(m,k), m \in M,$$

$$P(k) = \sum_{m\in M}P(m,k), k \in K,$$

$$P(c) = \sum_{m\in M}P(m,c), c \in C.$$

由联合概率分布与边际分布产生条件概率分布如下:

密文关于明文与密钥,密文关于明文,明文关于密文,密钥关于密文的条件概率分别为:

$$P(c/m,k) = \frac{P(m,k,c)}{P(m,k)}, P(c/m) = \frac{P(m,c)}{P(m)},$$

$$P(m/c) = \frac{P(m,c)}{P(c)}, P(k/c) = \frac{P(k,c)}{P(c)}.$$

这些分布反映了密码体制中的数据结构关系.

§3.2　熵

从密码学的分析可以看出,明文是毫无不确定性可言的. 密文则不然,随着分析的进行,不确定性程度逐渐减小,最后完全确定. 不同的密码,它们的强度也不一样. 对于利用相同的密钥加密越来越多明文,密码分析者在给定足够多的时间条件下如何能够进行成功的唯密文攻击.

研究这个问题的基本工具是熵的思想,它是从香农在 1948 年引进的信息

论中的概念.熵能被认为是信息的数学测度或不确定性,它是作为概率分布的一个函数来进行计算的.

假设我们有一个随机变量 X,它根据概率分布在一个有限集合上取值,即 $P\{X=x_i\}=P_i, i=1,2,\cdots,n$.根据分布发生的事件来获得的信息是什么?等价地,如果一个事件还没有发生,有关这个结果的不确定性是什么?这个量称为 X 的熵并表示为 $H(X)$.

定义 3.2 设 X 是一个随机变量,它根据概率分布在一个有限集合上取值,即 $P\{X=x_i\}=P_i, i=1,2,\cdots,n$.那么这个概率分布的熵定义为

$$H(X)=-\sum_{i=1}^{n}P_i \mathrm{lb} P_i .^{*}$$

在熵的定义中,当 $P_i=0$ 时,$\mathrm{lb}\,P_i$ 无定义.而 $\lim\limits_{x\to 0}x\,\mathrm{lb}x=0$,所以对某些 i 我们也不难允许 $P_i=0$.然而当计算一个概率分布 P_i 的熵时,我们将含蓄地假设这个和是在所有 $P_i\neq 0$ 的下标 i 上进行的.而对于对数的底若改为其余常数 a,由于 $\mathrm{lb}\,P_i=\log_a P_i\cdot \mathrm{lb}a$,另一种底仅改变熵的一个常数因子,于是熵的定义中对数的底通常用 2,这里以有两个等概率结果的不确定性作为单位或称为"bit",有时对数的底也用其余常数.

注意如果对 $1\leqslant i\leqslant n$,有 $P_i=\dfrac{1}{n}$,那么 $H(X)=\mathrm{lb}n$.同时也很容易看出 $H(X)\geqslant 0$ 和 $H(X)=0$ 当且仅当对某一个 i 有 $P_i=1$,并且对所有 $j\neq i$ 有 $P_j=0$.

随机变量熵的基本特点是反映随机变量的不确定性,对此有性质如下.

定理 3.2 对随机变量 X, X 的概率分布为 $P\{X=x_i\}=P_i$, $i=1,2,\cdots,n$, X 的熵的基本性质如下:

$$0\leqslant H(X)\leqslant \mathrm{lb}n .$$

证明 $H(X)\geqslant 0$ 显然.

当 $1\leqslant i\leqslant n$ 时,若 $P_i=\dfrac{1}{n}$,则 $H(X)=\mathrm{lb}n$.

$H(X)=-\sum\limits_{i=1}^{n}P_i \mathrm{lb}\,P_i$,而 $P_1+P_2+\cdots+P_n=1$,下面讨论当 P_i 为何值时 $H(X)$ 达到最大.根据拉格朗日乘数法:

$$-\sum_{i=1}^{n}P_i \mathrm{lb}\,P_i+\lambda\Big(\sum_{i=1}^{n}P_i-1\Big)=f(P_1,\cdots,P_n),$$

* $\mathrm{lb}x=\log_2 x$

$$\begin{cases} \dfrac{\partial f}{\partial P_i} = -\operatorname{lb} P_i - P_i \cdot \dfrac{1}{P_i} \cdot \operatorname{lb} e + \lambda = 0, i = 1, \cdots, n. \\ \sum\limits_{i=1}^{n} P_i = 1, \end{cases}$$

解得

$$P_1 = P_2 = \cdots = P_n = \frac{1}{n}.$$

$$H(X) \leqslant \operatorname{lb} n. \qquad \square$$

由定理 3.2 可知当 $P_1 = P_2 = \cdots = P_n = \dfrac{1}{n}$ 时随机变量 X 的熵取最大值.也就是当 n 个结果等概率时不确定性达到最大,最难作出预测.

让我们看一下密码体制各个组成部分的熵.我们考虑密钥空间 K,它根据概率分布来取值,$k \in K$ 时有 $p(k)$,因此我们能计算 $H(K)$.类似地我们可分别计算与明文概率分布和密文概率分布相关的熵 $H(M)$ 和 $H(C)$.

$$H(K) = -\sum_{k \in K} P(k) \operatorname{lb} P(k),$$

$$H(M) = -\sum_{m \in M} P(m) \operatorname{lb} P(m),$$

$$H(C) = -\sum_{c \in C} P(c) \operatorname{lb} P(c),$$

$$H(M, C) = -\sum_{m \in M} \sum_{c \in C} P(m, c) \operatorname{lb} P(m, c).$$

例 3.1 令 $M = \{a, b\}$ 有 $P(a) = \dfrac{1}{4}, P(b) = \dfrac{3}{4}, K = \{k_1, k_2, k_3\}$ 有 $P(k_1) = \dfrac{1}{2}, P(k_2) = P(k_3) = \dfrac{1}{4}$. $C = \{1, 2, 3, 4\}$,并假设加密函数定义如下:

$$e_{k_1}(a) = 1, e_{k_1}(b) = 2; e_{k_2}(a) = 2, e_{k_2}(b) = 3; e_{k_3}(a) = 3, e_{k_3}(b) = 4.$$

这个密码体制能通过下述加密矩阵来表示:

	a	b
k_1	1	2
k_2	2	3
k_3	3	4

解 $H(M) = -P(a) \operatorname{lb} P(a) - P(b) \operatorname{lb} P(b)$

$$= -\frac{1}{4} \operatorname{lb} \frac{1}{4} - \frac{3}{4} \operatorname{lb} \frac{3}{4}$$

$$= -\frac{1}{4} \cdot (-2) - \frac{3}{4} (\operatorname{lb} 3 - 2)$$

$$= 2 - \frac{3}{4}\text{lb}3 \approx 0.81,$$

$$H(K) = -\frac{1}{2}\text{lb}\frac{1}{2} - \frac{1}{4}\text{lb}\frac{1}{4} - \frac{1}{4}\text{lb}\frac{1}{4} = 1.5.$$

要求 $H(C)$,必须先求出 $P(1),P(2),P(3),P(4)$. 我们知道,A,B 双方在进行加密通信时,A 用预先确定的密钥加密明文,同时在信道上发送产生的密文给 B,即 A 知道明文之前就选择了密钥,因此我们也可做一个合理假设:密钥 k 和明文 m 是相互独立的.

因为

$$P(c) = \sum_{k\in K}\sum_{m\in M}P(m,k,c),$$

所以

$$P(1) = P(a,k_1,1) = P(a)\cdot P(k_1) = \frac{1}{4}\times\frac{1}{2} = \frac{1}{8},$$

$$\begin{aligned}P(2) &= P(a,k_2,2) + P(b,k_1,2)\\ &= P(a)\cdot P(k_2) + P(b)\cdot P(k_1)\\ &= \frac{1}{4}\times\frac{1}{4} + \frac{3}{4}\times\frac{1}{2} = \frac{7}{16},\end{aligned}$$

$$\begin{aligned}P(3) &= P(a,k_3,3) + P(b,k_2,3)\\ &= P(a)\cdot P(k_3) + P(b)\cdot P(k_2)\\ &= \frac{1}{4}\times\frac{1}{4} + \frac{3}{4}\times\frac{1}{4} = \frac{1}{4},\end{aligned}$$

$$\begin{aligned}P(4) &= P(b,k_3,4) = P(b)\cdot P(k_3)\\ &= \frac{3}{4}\times\frac{1}{4} = \frac{3}{16}.\end{aligned}$$

$$\begin{aligned}H(C) &= -\frac{1}{8}\text{lb}\frac{1}{8} - \frac{7}{16}\text{lb}\frac{7}{16} - \frac{1}{4}\text{lb}\frac{1}{4} - \frac{3}{16}\text{lb}\frac{3}{16}\\ &\approx 1.85.\end{aligned}$$

§3.3 条 件 熵

对于密码学研究更感兴趣的是在已获得某些密文的条件下,对发送某些消息或使用某一密钥的不确定性测度. 为此定义暧昧度(即条件熵)如下:

定义 3.3 设 X 与 Y 是两个随机变量,那么对 Y 的任何一个固定值 y,我们都得到一个(条件)概率分布 $P(x/y)$. 显然

$$H(X/y) = -\sum_{x}P(x/y)\text{lb}P(x/y).$$

我们定义条件熵 $H(X/Y)$是所有可能值 y 的熵$H(X/y)$的加权平均(关于概率 $P(y)$),即

$$\begin{aligned}H(X/Y) &= \sum_{y} P(y)H(X/y) \\ &= -\sum_{y}\sum_{x} P(y)P(x/y)\mathrm{lb}P(x/y).\end{aligned}$$

条件熵测度通过 Y 来泄露有关X 的信息的平均数.

定理 3.3 $H(X,Y)=H(Y)+H(X/Y)$,

$H(X,Y)=H(X)+H(Y/X)$.

证明 由于对称性,只需证明前一个等式.

假设 X 取值x_i,$1\leqslant i\leqslant n$,Y 取值 y_j,$1\leqslant j\leqslant m$. 记 $P(x_i)=P\{X=x_i\}$,$1\leqslant i\leqslant n$,$P(y_j)=P\{Y=y_j\}$,$1\leqslant j\leqslant m$. $P(x_i,y_j)=P\{X=x_i,Y=y_j\}$,$1\leqslant i\leqslant n$,$1\leqslant j\leqslant m$,$P(x_i/y_j)=P\{X=x_i/Y=y_j\}$,$1\leqslant i\leqslant n$,$1\leqslant j\leqslant m$.

$$\begin{aligned}H(X/Y) &= -\sum_{j=1}^{m}P(y_j)\sum_{i=1}^{n}P(x_i/y_j)\mathrm{lb}P(x_i/y_j) \\ &= -\sum_{j=1}^{m}\sum_{i=1}^{n}P(x_i,y_j)\mathrm{lb}P(x_i/y_j),\end{aligned}$$

$$\begin{aligned}H(X,Y) &= -\sum_{i=1}^{n}\sum_{j=1}^{m}P(x_i,y_j)\mathrm{lb}P(x_i,y_j) \\ &= -\sum_{i=1}^{n}\sum_{j=1}^{m}P(x_i,y_j)\mathrm{lb}P(y_j)\cdot P(x_i/y_j) \\ &= -\sum_{i=1}^{n}\sum_{j=1}^{m}P(x_i,y_j)\mathrm{lb}P(y_j) \\ &\quad -\sum_{i=1}^{n}\sum_{j=1}^{m}P(x_i,y_j)\mathrm{lb}P(x_i/y_j) \\ &= H(Y)+H(X/Y).\end{aligned}$$

□

推论 若 X 与 Y 是相互独立的,则

(1) $H(X,Y)=H(X)+H(Y)$;

(2) $H(X/Y)=H(X)$;

(3) $H(Y/X)=H(Y)$.

证明 (1)若随机变量 X 与 Y 是相互独立的,则 $P(x,y)=P(x)P(y)$,因此

$$\begin{aligned}H(X,Y) &= -\sum_{i=1}^{n}\sum_{j=1}^{m}P(x_i,y_j)\mathrm{lb}P(x_i,y_j) \\ &= -\sum_{i=1}^{n}\sum_{j=1}^{m}P(x_i)P(y_j)[\mathrm{lb}P(x_i)+\mathrm{lb}P(y_j)]\end{aligned}$$

$$= -\sum_{i=1}^{n} P(x_i) \sum_{j=1}^{m} P(y_j) \mathrm{lb} P(y_j)$$
$$- \sum_{j=1}^{m} P(y_j) \sum_{i=1}^{n} P(x_i) \mathrm{lb} P(x_i)$$
$$= -\sum_{j=1}^{m} P(y_j) \mathrm{lb} P(y_j) - \sum_{i=1}^{n} P(x_i) \mathrm{lb} P(x_i)$$
$$= H(X) + H(Y).$$

(因为 $\sum_{i=1}^{n} P(x_i) = 1, \sum_{j=1}^{m} P(y_j) = 1$)

(2) 又由

$$H(X,Y) = H(X) + H(Y) = H(Y) + H(X/Y),$$

有

$$H(X) = H(X/Y).$$

同理可得(3). □

关于条件熵的性质还有

$$\begin{aligned} H(X,Y,Z) &= H(X,Y) + H(Z/X,Y) \\ &= H(X) + H(Y/X) + H(Z/X,Y). \end{aligned}$$

证明留作作业.

§3.4 多余度和唯一解码量

在这一节,我们把已证明了的熵的结果应用到密码体制.首先我们证明在密码体制的组成部分的熵之间存在一个基本关系.条件熵 $H(K/C)$称为密钥暧昧度,它是密文能泄露多少有关密钥的信息的一种测度.

定理 3.4 设(M,C,K,E,D)是一个密码体制,那么

$$H(K/C) = H(K) + H(M) - H(C).$$

证明 因为

$$H(M,K,C) = H(M,K) + H(C/M,K),$$

又 $C = E(m,k)$即密钥和明文唯一确定密文,所以

$$H(C/M,K) = 0,$$
$$H(M,K,C) = H(M,K).$$

又由于 M 和K 是相互独立的,所以

$$H(M,K) = H(M) + H(K),$$
$$H(M,K,C) = H(M,K) = H(M) + H(K).$$

类似地,因为密钥和密文唯一确定明文 $m = D(c,k)$,所以有 $H(M/K,$

$C)=0$.

$$H(M,K,C) = H(K,C) + H(M/K,C) \\ = H(K,C).$$

故有

$$H(K/C) = H(K,C) - H(C) \\ = H(M,K,C) - H(C) \\ = H(M) + H(K) - H(C).$$

□

例 3.1(续) 我们已经计算了 $H(M)\approx 0.81$, $H(K)=1.5$ 和 $H(C)\approx 1.85$,于是有

$$H(K/C) = H(M) + H(K) - H(C) \\ = 0.81 + 1.5 - 1.85 \approx 0.46,$$

这个也可直接通过应用条件熵的定义进行验证(先计算条件概率).

假设(M,C,K,E,D)是一个正在使用的密码体制,明文串 $m_1m_2\cdots m_n$ 用一个密钥加密,产生一个密文串 $c_1c_2\cdots c_n$. 回想一下,密码分析的基本目标是确定密钥,最终目标是确定明文. 我们看一下唯密文攻击,同时假设攻击者有无限的计算资源. 我们也将假设攻击者知道明文是一个"自然"语言,如英语.

例如,假设攻击者得到了密文串 MHRL,它是通过使用移位密码加密而得到的,很容易看到这里仅有两个有"意义"明文串,即 toys(玩具)和 fake(骗子),它是分别根据可能的加密密钥 $k=7$ 和 $k=19$ 得到的,这二者都有意义. 对于任一密文,用不同密钥脱密得到的有意义的译文数量愈多,判断哪一个是原文的难度就愈大. 若只有一个有意义的译文,那么它一定就是原文. 下面讨论截获多少字符密文时能获得唯一有意义的译文.

假定 K 中的密钥都是等概率的,设 $K=\{k_1,k_2,\cdots,k_N\}$, N 是密钥数量. 所以

$$p = \frac{1}{N}, \quad H(K) = -Np\,\mathrm{lb}\,p = -N\times\frac{1}{N}\mathrm{lb}\frac{1}{N} = \mathrm{lb}N.$$

再假定长度为 n 的字符串共有 $t_n=2^{rn}$,其中有意义的明文数 $S_n=2^{r_n\cdot n}$. 所以

$$H(M) = r_n\cdot n, H(C) = rn.$$

$H(K/C)=H(K)+H(M)-H(C)=0$ 表达了给定了密文,密钥 K 不存在不确定性,也就是给定了密文 C 后,密钥 k 便确定了. 这个字符数 n 使

$$H(K) + H(M) - H(C) = 0.$$

称之为唯一解码量. 所以

$$H(K) = (r - r_n)n.$$

这个方程的解便是唯一解码量,用 u_d 表示.令 $r^* = r - r_n$ 为语言的多余度.则

$$H(K) = r^* \cdot u_d,$$

$$u_d = \frac{H(K)}{r^*}.$$

u_d 给出破译一密码的最少字符数,也就是确定密钥的最少密文字符数目.

例 3.2 对于单表置换密码,密钥的数目为 26!,

$$H(K) = \text{lb } 26! \approx 88.38(\text{bit})$$

设长度为 n 的明文、密文串都取自英文字母表 $A = \{a, b, \cdots, z\}$,于是 $t_n = |A|^n$,而 $|A| = 26$,令 $r = \text{lb}26 = 4.7004$, $|A| = 2^r$,有

$$t_n = 2^{rn} = 2^{4.7004n}.$$

至于长度为 n 的有意义明文的数目,有不同的估计值.当明文的长度 n 充分大时,设字母 $a, b, \cdots, z$ 出现的频数分别用 $n_a, n_b, \cdots, n_z$ 表示.若有意义明文的概率为 p,则

$$p \approx p_a^{n_a} p_b^{n_b} \cdots p_z^{n_z},$$

其中 $p_a, p_b, \cdots, p_z$ 分别是字母 $a, b, \cdots, z$ 出现的概率.

令长度为 n 的有意义明文的数目为 S_n,假设它们是等概率的,即

$$p = \frac{1}{S_n} \text{ 或 } S_n = \frac{1}{p},$$

同时假定 n 充分大时有

$$n_a = n \cdot p_a, n_b = n \cdot p_b, \cdots, n_z = n \cdot p_z,$$

则

$$\begin{aligned} \text{lb } S_n &= -\text{lb} p = -n(p_a \text{lb } p_a + p_b \text{lb } p_b + \cdots + p_z \text{lb } p_z) \\ &= -n \sum_{\alpha=a}^{z} p_\alpha \text{lb } p_\alpha. \end{aligned}$$

令

$$r_n = -\sum_{\alpha=a}^{z} p_\alpha \text{lb } p_\alpha$$

根据英文字母的频率计算得 $r_n = 4.19\text{bit}$,

$$\text{lb } S_n = r_n \cdot n,$$

$$S_n = 2^{r_n \cdot n},$$

$$r^* = r - r_n = 4.7004 - 4.19 = 0.5104.$$

所以

$$u_d = H(K)/r^* = 88.38/0.5104 \doteq 173.$$

即对单表置换密码而言,唯一解码量为 173 个字符.

唯一解码量依赖于对语言多余度的估计.归根到底是基于对有意义报文概率的计算.

§3.5 完全保密体制

对某一密码体制的保密性进行评估,需要一种测度的方法.迄今这样的方法还不完善.对密钥的穷举攻击所需的时间不是一种可靠的衡量标准.以单表置换为例,密钥量可达 26! $\approx 4.0329\times10^{26}$个,以每秒可搜索 10^7 个密钥的快速电子计算机进行简单穷举破译,也需要 1.279×10^{12}年方可结束.而实际上利用其统计特性很快便可达到破译的目的,它是很不安全的一种密码体制.另一方面密钥量可在能承受时间内穷尽的体制,却未必总能由密文确定唯一有意义的译文.例如密文 WNAJW 是通过使用移位密码加密而得到的,很容易看到这里仅有两个有"意义"明文串,即 river 和 arena,它是分别根据可能的加密密钥 $k=5$ 和 $k=22$ 来得到的.对于任一密文,用不同密钥脱密得到的有意义的译文数量愈多,判断哪一个是原文的难度就愈大.

这里有两个用来讨论密码体制保密性的基本方法.

第一,计算保密性:这个指标涉及到破译一个密码体制所需要的计算能力,我们可以定义一个密码体制是计算上保密的,如果破译这个体制的最好算法需要至少 N 次运算,这里 N 是一个非常大的数.问题是没有已知的实际密码体制在这个定义下能被证明是保密的.实际中,人们称一个密码体制是"计算上保密的",是当攻破这个体制已知最好的方法需要的计算机时间过大时(当然这与保密性证明是有很大区别的).另一个提供计算保密性的方法是把一个密码体制的保密性转换为一些已经研究过的非常困难的问题.例如:能够证明下述一类陈述:"如果给定的一个整数 n 不能分解,则给定一个密码体制是保密的."这类密码体制有时也称为"可证保密的".但必须理解这个方法仅提供了与另一些问题有关的保密性证明,它并不是保密性的绝对证明.

第二,无条件保密性:这个指标涉及到当破译者允许做无限的计算总数时密码体制的保密性,如果一个密码体制甚至在有无限计算资源条件下都不能破译,则将之定义为无条件保密的.

当我们讨论密码体制的保密性时,我们也将指定被考虑的攻击类型.在传统密码体制中我们看到移位密码、替换密码和 Vigenere 密码对唯密文攻击(给定足够量)的密文来说都不是计算上保密的.

在这一节我们所要做的事情就是要引出无条件抗得住唯密文攻击的密码

体制理论.结果是如果只有一个明文元素用一个给定的密钥来加密,那么上述三个密码体制都是无条件保密的.

密码体制的无条件保密性显然不能根据计算复杂性来研究,因为我们允许计算时间是无限的,研究无条件保密性的最合适的方法是概率论.

设明文空间 $M=\{m_1,m_2,\cdots,m_r\}$,密文空间 $C=\{c_1,c_2,\cdots,c_s\}$,密钥空间为 $K=\{k_1,k_2,\cdots,k_t\}$,令 $p(m_i)$是 m_i 被发送的概率.

若截获一密文 c_j;可以求得在已知 c_j 的条件下 m_i 被发送的后验概率 $P(m_i/c_j)$,如果对于每个信息 m_i 和每个密文 c_j,都有

$$P(m_i)=P(m_i/c_j),$$

那么截获密文 c_j 对于确定原文毫无帮助,这时则称密码系统达到了完全保密.

类似地,对于任何密文 c_j,用 $P(c_j)$表示得到 c_j 的概率. $P(c_j/m_i)$表示发送明文 m_i 得到密文 c_j 的概率,根据概率乘法定理有

$$P(c_j)P(m_i/c_j)=P(m_i)\cdot P(c_j/m_i).$$

定理 3.5 密码系统是完全保密的充要条件是对所有 m_i 和 c_j,当 $P(m_i)>0$, $P(c_j)>0$ 时有

$$P(c_j/m_i)=P(c_j).$$

证明 “必要性”

根据完全保密的定义有

$$P(m_i/c_j)=P(m_i).$$

又

$$\begin{aligned}P(m_i/c_j)P(c_j)&=P(m_i)P(c_j/m_i)\\&=P(m_i/c_j)P(c_j/m_i),\end{aligned}$$

有

$$P(c_j)=P(c_j/m_i).$$

“充分性”

因为

$$P(c_j)=P(c_j/m_i),$$

所以

$$P(c_j)P(m_i)=P(c_j/m_i)\cdot P(m_i)=P(c_j)P(m_i/c_j),$$

$$P(m_i)=P(m_i/c_j).$$

故完全保密. □

现有明文 m_i 和 m_j,以及密文 c_k,由于完全保密,有

$$P(c_k/m_i)=P(c_k)=P(c_k/m_j),$$

其中

$$P(c_k/m_i)=\sum_{l\in K}P(l),\quad E(m_i,l)=c_k,$$

$$P(c_k/m_j)=\sum_{x\in K}P(x),\quad E(m_j,x)=c_k.$$

$P(l)$,$P(x)$分别是密钥 l,x 的先验概率.这就是说,将 m_i 变为 c_k 的所有密钥的概率之和等于将 m_j 变为 c_k 的所有密钥的概率之和.

当密钥空间 K 中所有密钥都是等概率的时候,可得结论:将 m_i 变为 c_k 的密钥数目等于将 m_j 变为 c_k 的密钥数目.这说明在密钥为等概率的密码体制中将任一明文变为任一密文的密钥数目相同.

定理 3.6 在一完全保密体制中,不同的密钥数目不少于可能的明文数目.

证明 在某一密钥 k 的作用下,明文 m_i 和 m_j 分别变成不同的密文 $E_k(m_i)$和 $E_k(m_j)$.所以密文空间的元素不少于明文空间的元素.

然而,对完全保密而言,任意密文 c_j 和任意明文 m_i 有$P(c_j/m_i)=P(c_j)\neq 0$,于是至少有一密钥将 m_i 变成c_j.由于同一密钥不能将同一明文变成不同的密文,所以密钥数目不少于明文空间的元素. □

定理 3.7 某一密码体制的密文数、密钥数和明文数若都相等,则该密码体制完全保密的充要条件是:

(1)将每一明文加密成每一密文的密钥只有一个;

(2)所有密钥都是等概率的.

证明 "必要性"

在完全保密的密码系统中有 $P(c_j/m_i)=P(c_j)\neq 0$,固定明文 m_i,则对于任意的密文 c_j,都有相应的密钥 k 将 m_i 加密成c_j.这样,若密文总数与密钥总数相同,则条件(1)必成立.另外,对于固定的某个密文 c_j,以及任意的明文 m_i,将 m_i 变成c_j 的唯一密钥的概率是$P(c_j/m_i)=P(c_j)$,这是常数,即(2)成立.

"充分性"

如果(1)和(2)成立,$P(c_j/m_i)$是将 m_i 变成c_j 的密钥的概率,这个密钥根据(1)是唯一的,且根据(2)所有密钥都是等概率的,这就说明了对所有的 m_i,c_j 有$P(c_j/m_i)=\dfrac{1}{n}$,n 是密钥的个数.

另一方面:

$$P(c_j)=P(m_1)P(k_1)+P(m_2)P(k_2)+\cdots+P(m_n)P(k_n),$$

$P(k_i)$是将 m_i 变成c_j 的密钥k_i 的概率为$\dfrac{1}{n}$,因此有

$$P(c_j) = \frac{1}{n}[P(m_1) + P(m_2) + \cdots + P(m_n)] = \frac{1}{n}.$$

从而有

$$P(c_j/m_i) = P(c_j) = \frac{1}{n},$$

所以该密码体制是完全保密的. □

完全保密显然是十分安全的.从 $P(m_i/c_j)=P(m_i)$ 可知从截获的密文 c_j 中未能获得任何信息,所以完全保密系统是不可破的.然而,为了确保完全保密,分配密钥量大可能引起麻烦,但在信息量不大时,还不失为一可行的加密算法,是有实用价值的.其中的一次一密乱码本尤其值得注意.所谓的一次一密加密体制如下:

假定明文长度为 n,密钥的长度至少等于 n,设密文为 $c_1,c_2,\cdots,c_n$.其中

$$c_i \equiv m_i + k_i \pmod{26},\ i=1,\cdots,n.$$

一次一密密码体制理论上是不可破的,实际应用中密钥管理却是颇为脆弱的环节.密钥量的大小至少要和信息量一样大.密钥的传递同样也有安全问题,只有发送者将密钥传递到接收者手中,这个体制才是安全的.

习　题

1.设明文空间共含有 5 个信息 $m_i(1 \leqslant i \leqslant 5)$,并且

$P(m_1)=P(m_2)=\frac{1}{4}, P(m_3)=\frac{1}{8}, P(m_4)=P(m_5)=\frac{3}{16}$,

求 $H(M)$.

2.考虑一个密码体制 $M=\{a,b,c\}, K=\{k_1,k_2,k_3\}$ 和 $C=\{1,2,3,4\}$.假设加密矩阵为

	a	b	c
k_1	2	3	4
k_2	3	4	1
k_3	1	2	3

已知密钥概率分布为 $P(K_1)=P(K_2)=\frac{1}{4}, P(K_3)=\frac{1}{2}$,且明文概率分布为 $P(a)=\frac{1}{3}$, $P(b)=\frac{1}{4}, P(c)=\frac{5}{12}$,计算 $H(M), H(K), H(C), H(M/C), H(K/C)$.

3.证明公式

$$H(X,Y,Z) = H(X,Y) + H(Z/X,Y).$$

4.若 DES 数据加密标准报文由 n 个字符组成,每个字符需用 5bit 来表达,故 $s_n=2^{5n}$,

n 位有意义的报文数目为 $t_n = 2^{4.19n}$,求多余度 r^* 和唯一解码量 u_d.

5. 证明一个密码体制完全保密的充分必要条件为 $H(M/C) = H(M)$.

第四章　序列密码和移位寄存器

§4.1　引　言

香农证明了一次一密密码体制是不可破的.这一结果给密码学研究以很大的刺激."一次一密"密码在理论上是不可破译的这一事实使人们感觉到,如果能以某种方式仿效"一次一密"密码,则将可以得到保密性很高的密码,长期以来,人们试图以序列密码方式仿效"一次一密"密码,从而促进了序列密码的研究和发展.目前,序列密码是世界军事、外交等领域应用的主流密码体制.

序列密码的加密过程是先把报文、语音、图像和数据等原始明文转换成明文数据序列,然后将它同密钥序列进行逐位加密生成密文序列发送给接收者.接收者用相同的密钥序列对密文序列进行逐位解密来恢复明文序列.序列密码不存在数据扩展和错误传播,实时性好,加、解密实现容易,因而是一种应用广泛的密码系统.序列密码的思想起源于 20 世纪 20 年代,最早的二进序列密码系统是 Vernam 密码.Vernam 密码将明文消息转化为二进制数字序列,密钥序列也为二进数字序列,加密是按明文序列和密钥序列逐位模 2 相加进行,解密也是按密文序列和密钥序列逐位模 2 相加进行.当 Vernam 密码中的密钥序列是完全随机的二进序列时,它就是一次一密密码.一次一密密码是完全保密的,但它的密钥产生、分配和管理都极为困难,因而这种系统没得到广泛的应用,随着微电子技术和数学理论的发展,基于伪随机序列的序列密码就应运而生了.在通常的序列密码中,加、解密用的密钥序列是伪随机序列,它的产生容易且有较成熟的理论工具,所以序列密码是当前最通用的密码系统.

伪随机序列是由密钥流产生器产生,密钥流产生器实际上是一给定的算法,产生的密钥流通常是 0－1 数据流.序列密码可以看成多表密码的一种,后面将看到这些密钥流有其周期,如果它的周期很小,它将非常类似于 Vigenere 密码.所以,希望密钥流有尽可能大的周期,至少应和明文的长度相等,并且随机性良好,使得密码分析者对它无法预测.也就是说,即便截获其中一段,也无法推测后面是什么.如果密钥流是周期的,要完全做到随机这一点是有困难的.严格地说,这样的序列不可能做到随机,只能要求截获比周期短的一段时不会泄露更多的信息,这样的序列称为伪随机序列.

序列密码的安全保密性主要依赖于密钥序列,因而什么样的伪随机序列是安全可靠的密钥序列,以及如何实现这种序列就成了序列密码中研究的一个主要问题，而与此密切相关的伪随机序列理论等课题也成了目前人们研究的一个热点．于是，序列密码的关键是产生密钥序列的算法；目前已有许多产生优质密钥序列的算法．

§4.2 序列密码的一般原理

由于报文、数据和图像等消息都可以通过某一编码技术转化为二进数字序列，因而我们假定序列密码中的明文空间 M 是由所有可能的二进数字序列组成的集合．设 K 为密钥空间，由于序列密码应使用尽可能长的密钥，而很长的密钥的存储、分配都很困难，于是人们采用一个短的密钥 $k\in K$ 来控制某种算法 A 产生出长的密钥序列，供加解密使用，而短密钥 k 的存储、分配都较容易．序列密码的成败取决于算法 A 的保密程度和复杂程度，常常算法 A 公开，k 保密，是一种科学密码，各国的核心密码都不公布算法 A．即对于每一个短密钥 $k\in K$，由算法 A 确定一个二进序列 $A(k)=k_1k_2\cdots$，当明文 $m\in M$，$m=m_1\ m_2\cdots m_n$ 时，在密钥 k 下的加密过程为：对 $i=1,2,\cdots,n$，计算 $c_i=m_i\oplus k_i$，密文为 $c=E(m,k)=c_1c_2\cdots c_n$，其中$\oplus$表示模2加；对密文 c 的解密过程为：对 $i=1,\cdots,n$，计算 $m_i=c_i\oplus k_i$，由此恢复明文 m．通常称密钥 k 为种子密钥，由 k 通过算法A 产生的序列$A(k)=k_1k_2\cdots$称为密钥序列．因而序列密码系统可用图 4－1 表示．

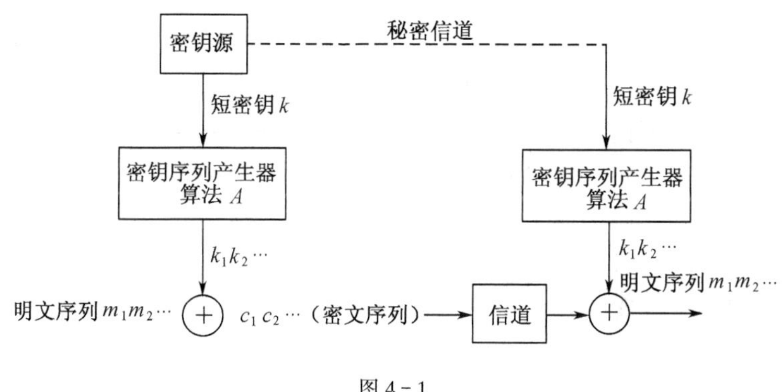

图 4－1

由此可见，序列密码的安全性主要依赖于密钥序列 $A(k)=k_1k_2\cdots$，当 $k_1k_2\cdots k_n$ 是离散无记忆的二进均匀分布的信源产生的随机序列时，则该系统就是一次一密密码，它是不可破的．但通常 $A(k)$是一个由 k 通过确定性算法产生的伪随机序列，因而此时，该系统就不再是完全保密的．设计序列密码系统的关键是设计密钥序列 $A(k)$，$k\in K$，而破译序列密码也只需求出所使用

的密钥序列 $A(k)$,因此序列密码系统中的密钥序列的设计应考虑如下几个因素:

(1)系统的安全保密性;

(2)密钥 k 易于分配、保管,更换简便;

(3)产生密钥序列简单、快速.

为了满足上面三个要求,到目前为止,密钥序列的产生大多数是基于移位寄存器,因为移位寄存器结构简单,运行速度快.为了使序列密码达到要求的安全保密性,不可破的一次一密密钥系统中的完全随机密钥序列为一般的密钥序列应具有的性能提供了参考准则,即如下的伪随机准则:

(1)极大的周期.现代密码机的数据率高达每秒 10^8bit.如果 10 年内不使用周期重复的$\{k_i\}$,则要求$\{k_i\}$的周期不小于 3×10^{16}或 2^{55}.

(2)良好的随机统计特性,即序列中每位接近均匀分布.

(3)序列线性不可预测性充分大.

因为确定性算法产生的序列是周期或准周期的,在高速率的现代通信中,若密钥序列周期 p 很短,则从下面两组密文:$m_0\oplus k_0, m_1\oplus k_1,\cdots,m_{p-1}\oplus k_{p-1},m_p\oplus k_0,m_{p+1}\oplus k_1,\cdots,m_{2p-1}\oplus k_{p-1}$ 的相加结果 $m_0\oplus m_p, m_1\oplus m_{p+1},\cdots,m_{p-1}\oplus m_{2p-1}$和语言冗余度就可获得一些关于明文的信息.因而周期长是必要的;良好的随机统计特性是为了使密钥序列能很好地掩盖住明文.对序列密码的攻击除了仅知密文攻击外,还可进行已知明文攻击.在已知明文攻击中,从明文中的一部分 $m_r,m_{r+1},\cdots,m_s$ 和对应的密文部分 $c_r,c_{r+1},\cdots,c_s$,可简单地确定部分密钥序列 $k_r=m_r\oplus c_r,k_{r+1}=m_{r+1}\oplus c_{r+1},\cdots,k_s=m_s\oplus c_s$,因而系统应能抵抗从 $k_r,k_{r+1},\cdots,k_s$ 求出整个密钥系列 $A(k)$的攻击.线性不可预测性则是为了防止从部分密钥序列通过线性关系简单地推导出整个密钥序列的测度.

上面三个准则对保证序列密码的安全性是必要的,但并不是充分的.随着设计密钥序列产生器的方法不同,确保系统安全性的其它方面要求也会各不相同.在此我们仅对实用中最感兴趣的二元情形即 $GF(2)$上的序列密码原理作了介绍,但其理论是可以在任何有限域 $GF(q)$中进行研究的.

§4.3 线性移位寄存器

移位寄存器是序列密码中产生密钥序列的一个主要组成部分.一个 $GF(2)$上 n 级的反馈移位寄存器可用图 4-2 表示.图中标有 $a_1,a_2,\cdots,a_{n-1},a_n$ 的小方框表示二值(0,1)存储单元,可以是一个双稳触发器,信号流从左向右.这 n 个二值存储单元称为该反馈移位寄存器的级.在任一时刻,这些级的内容构成该反馈移位寄存器的状态.这个反馈移位寄存器的状态对应于一个 $GF(2)$上的 n 维向量,共有 2^n 种可能的状态.每个时刻的状态可用 n 长序列

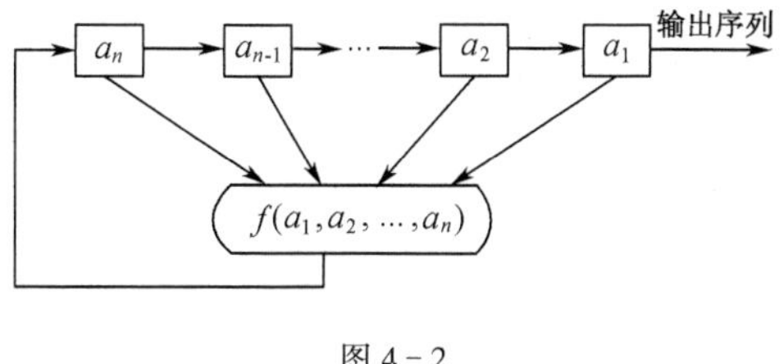

图 4-2

$$a_1,a_2,\cdots,a_n$$

或 n 维行向量

$$(a_1,a_2,\cdots,a_n)$$

表示.其中 a_i 为当时第 i 级存储器的内容.

在主时钟确定的周期区间上,每一级存储器 a_i 都将其内容向下一级 a_{i-1} 传递,并根据寄存器当时的状态计算 $f(a_1,a_2,\cdots,a_n)$作为 a_n 下一时间的内容.称函数 $f(a_1,a_2,\cdots,a_n)$为反馈函数,其中反馈函数 $f(a_1,a_2,\cdots,a_n)$为 n 元布尔函数,即 n 个变元$a_1,a_2,\cdots,a_n$ 可以独立地取 0 和 1 这两个可能的值,对 n 个变元$a_1,a_2,\cdots,a_n$ 作与、或、取反等运算,最后函数值也为 0 或 1 的函数.这样的反馈函数共有 2^{2^n} 个(因为 $a_1,a_2,\cdots,a_n$ 共有 2^n 种不同序列,而对每一序列对应输出有 0 和 1 两种选择).所以在时钟脉冲时,如果反馈移位寄存器的状态为

$$S_t = (a_t,a_{t+1},\cdots,a_{t+n-1}),$$

则

$$a_{t+n} = f(a_t,a_{t+1},\cdots,a_{t+n-1}). \tag{1}$$

这个 a_{t+n}又是移位寄存器的输入.在 a_{t+n}的驱动下,移位寄存器的各个数据向前推移一位,使状态变为

$$S_{t+1} = (a_{t+1},a_{t+2},\cdots,a_{t+n}).$$

同时,整个移位寄存器的输出为 a_t.由此我们得到一系列数据

$$a_1,a_2,\cdots,a_n,\cdots \tag{2}$$

它们满足关系式(1),我们称无穷序列(2)为一个反馈移位寄存器序列.

定义 4.1 序列 $a_1,a_2,\cdots,a_n,\cdots$称为周期序列,若存在正整数 T 使得

$$a_{i+T} = a_i, i = 1,2,\cdots \tag{3}$$

满足(3)式的最小正整数 T 称为序列 $\{a_i\}$ 的周期.

例 4.1 有一三级移位寄存器如图 4-3,

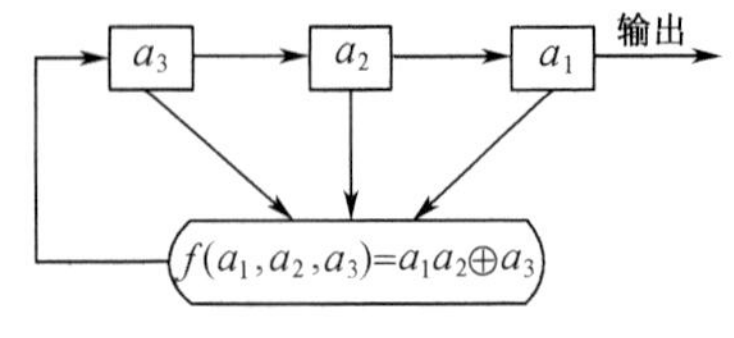

图 4-3

其中初态为 $S_1=(a_1,a_2,a_3)=(1,0,1)$. 则

状态 $(a_3a_2a_1)$			输出
1	0	1	1
1	1	0	0
1	1	1	1
0	1	1	1
1	0	1	1
1	1	0	0
…	…	…	…

所以此移位寄存器输出序列为 101110111011…它是周期为 4 的序列.

若移位寄存器的反馈函数 $f(a_1,a_2,\cdots,a_n)$ 是 $a_1,a_2,\cdots,a_n$ 的线性函数,则称为线性移位寄存器(LFSR),否则称为非线性移位寄存器.

设 $f(a_1,a_2,\cdots,a_n)$ 为线性函数,则 f 可写成

$$f(a_1,a_2,\cdots,a_n)=c_na_1\oplus c_{n-1}a_2\oplus\cdots\oplus c_1a_n,$$

其中 $c_i=0$ 或 1, $c_1,c_2,\cdots,c_n$ 为反馈系数. 对于二进制作用下, $c_1,\cdots,c_n$ 的作用就相当于一个开关,用断开和闭合来表示 0 和 1,这样的线性函数共 2^n 个.

线性移位寄存器如图 4-4 所示:

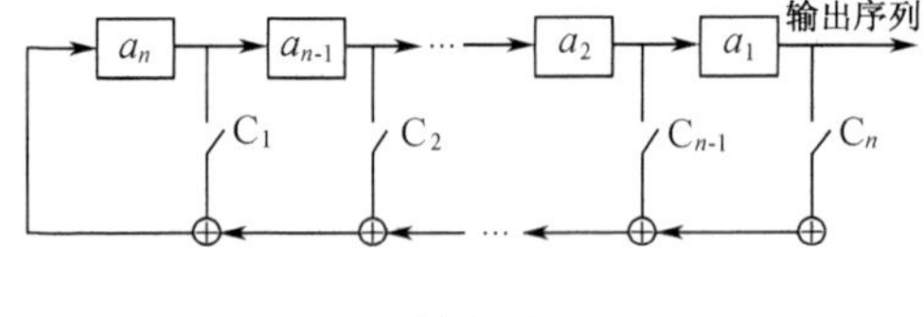

图 4-4

输出序列 $\{a_t\}$ 满足

$$a_{n+t}=c_na_t\oplus c_{n-1}a_{t+1}\oplus\cdots\oplus c_1a_{n+t-1},$$

其中 t 为非负正整数.

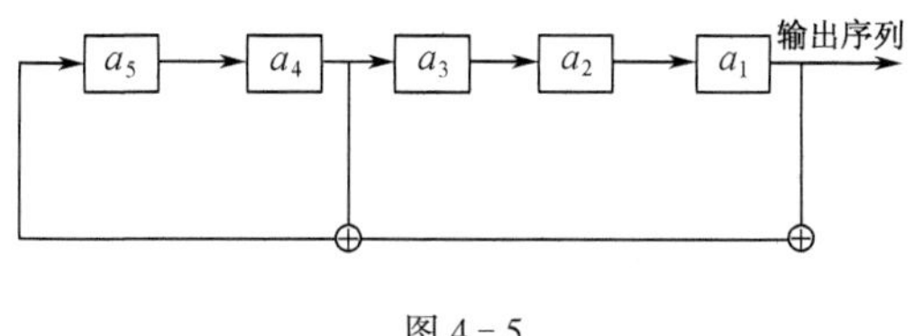

图 4-5

例 4.2 有一五级线性移位寄存器如图 4-5 所示. 其中初态为$(a_1,a_2,a_3,a_4,a_5)=(10011)$,则输出序列为

$$1001101001000010101110110001111100110\cdots,$$

周期为 $2^5-1=31$.

在线性移位寄存器中总是假定 $c_1,c_2,\cdots,c_n$ 中至少有一个系数不为 0,若不然,就相当于 $f(a_1,a_2,\cdots,a_n)\equiv 0$,不论初始状态如何,在 n 个脉冲后状态必然是 $00\cdots0$,以后一直维持这个状态. 若只有一个系数不为 0,设仅有 a_j 项非 0,实际上是一种延迟装置,一般对于 n 级线性移位寄存器,总假定 $c_n=1$.

线性移位寄存器输出序列的性质完全由其反馈函数所决定. n 级线性移位寄存器最多有 2^n 个不同的状态. 若其初始状态为零,则其状态恒为零. 若其初始状态为非零,则其后继状态不会为零. 因此 n 级线性移位寄存器的状态周期小于等于 2^n-1. 其输出序列的周期与状态周期相等,当然也小于等于 2^n-1. 只要选择合适的反馈函数(后面讨论)便可使序列的周期达到最大值 2^n-1,并称此时的输出序列为最大长度线性移位寄存器序列,简称为 m 序列.

§4.4 线性移位寄存器的一元多项式表示

设 n 级线性移位寄存器的输出序列$\{a_i\}$满足递推关系

$$a_{k+n} = c_1a_{k+n-1}\oplus c_2a_{k+n-2}\oplus\cdots\oplus c_na_k, \tag{4}$$

对任何 $k\geqslant 1$ 成立. 这种递推关系我们可用一个一元高次多项式

$$p(x) = 1 + c_1x + c_2x^2 + \cdots + c_nx^n$$

表示,我们称之为该线性移位寄存器的联系多项式或特征多项式.

设 n 级线性移位寄存器对应于递推关系(4). 由于 $a_i\in GF(2)$, $i=1,2,\cdots,n$,故共有 2^n 组初始状态,即有 2^n 个递推序列,其中非恒为零的序列有 2^n-1 个. 令这 2^n-1 个非零序列的全体为 $G(P(x))$. 即 $G(P(x))$表示由满足递推关系(4)构成的集合. 对于 $G(P(x))$中任一序列$\{a_j\}$,有母函数

$$A(x) = \sum_{i=1}^{\infty} a_ix^{i-1}.$$

定理 4.1 设 $p(x)=1+c_1x+c_2x^2+\cdots+c_nx^n$ 是 $GF(2)$上的多项式,

且递推序列$\{a_i\}\in G(P(x))$. 令

$$A(x)=\sum_{i=1}^{\infty}a_ix^{i-1},$$

则

$$A(x)=\frac{\phi(x)}{p(x)},$$

其中

$$\phi(x)=\sum_{i=1}^{n}c_{n-i}x^{n-i}\sum_{j=1}^{i}a_jx^{j-1}.$$

证明 在等式

$$a_{n+1}=c_1a_n\oplus c_2a_{n-1}\oplus\cdots\oplus c_na_1,$$

$$a_{n+2}=c_1a_{n+1}\oplus c_2a_n\oplus\cdots\oplus c_na_2,$$

$$\cdots$$

的两边分别乘以$x^n,x^{n+1},\cdots$,再求和,可得

$$\begin{aligned}&A(x)-(a_1+a_2x+\cdots+a_nx^{n-1})\\=&c_1x[A(x)-(a_1+a_2x+\cdots+a_{n-1}x^{n-2})]\\&+c_2x^2[A(x)-(a_1+a_2x+\cdots+a_{n-2}x^{n-3})]\\&+\cdots\\&+c_nx^nA(x),\end{aligned}$$

移项整理后得到

$$\begin{aligned}&(1+c_1x+c_2x^2+\cdots+c_nx^n)A(x)\\=&(a_1+a_2x+\cdots+a_nx^{n-1})\\&+c_1x(a_1+a_2x+\cdots+a_{n-1}x^{n-2})\\&+c_2x^2(a_1+a_2x+\cdots+a_{n-2}x^{n-3})\\&+\cdots\\&+c_{n-1}x^{n-1}a_1,\end{aligned}$$

即

$$p(x)A(x)=\sum_{i=1}^{n}c_{n-i}x^{n-i}\sum_{j=1}^{i}a_jx^{j-1}=\phi(x).$$

所以

$$A(x)=\frac{\phi(x)}{p(x)}.$$ □

注意 $GF(2)$上有 $a+a=0$.

根据定理 4.1,若序列$\{a_t\}\in G(p_n(x))$,其中 $p_n(x)$是 n 级线性移位寄

存器的特征多项式,则$\{a_t\}$的母函数 $A(x)=\dfrac{\phi(x)}{p_n(x)}$,其中$\phi(x)$的次数低于$n$,最多为 $n-1$ 次,下面证明 $p(x)|q(x)$是 $G(p(x))\subset G(q(x))$的充要条件.

引理 序列$\{a_t\}_1^\infty\in G(p(x))\Leftrightarrow$存在 $r(x)\in z(x)$且 $\deg r(x)<\deg p(x)$,使得

$$A(x)=\frac{r(x)}{p(x)}$$

定理 4.2 $p(x)|q(x)$的充要条件是 $G(p(x))\subset G(q(x))$.

证明 若 $p(x)|q(x)$,则设 $q(x)=p(x)r(x)$,

$$A(x)=\frac{\phi(x)}{p(x)}=\frac{\phi(x)r(x)}{p(x)r(x)}=\frac{\phi(x)r(x)}{q(x)}.$$

这就证明了

若 $p(x)|q(x)$,序列$\{a_t\}\in G(p(x))$,则$\{a_t\}\in G(q(x))$,即

$$G(p(x))\subset G(q(x)).$$

反之,若 $G(p(x))\subset G(q(x))$.

则对应于多项式$\phi(x)$,有$\{a_t\}\in G(p(x))$以 $A(x)=\dfrac{\phi(x)}{p(x)}$为母函数.特别是,以$\dfrac{1}{p(x)}$为母函数的序列$\{a_t\}\in G(p(x))$,根据假定$\{a_t\}\in G(q(x))$,故有 $r(x)$,$\{a_t\}$的母函数 $A(x)$也等于$\dfrac{r(x)}{q(x)}$,从而

$$\frac{1}{p(x)}=\frac{r(x)}{q(x)},$$

即

$$q(x)=p(x)r(x).$$

所以

$$p(x)\mid q(x).$$ □

定理 4.2 说明可用 n 级线性移位寄存器产生的序列,也可以用级数更多的线性移位寄存器来实现.

定义 4.2 设 $p(x)$为 $GF(2)$上的多项式,使 $p(x)|x^p-1$ 的最小 p 称为$p(x)$的周期或 $p(x)$的阶.

定理 4.3 若 $p(x)$为 $GF(2)$上的 n 次多项式,且 $p(x)$是序列$\{a_i\}$的特征多项式,p 为$p(x)$的阶,则$\{a_i\}$的周期 $r|p$.

证明 因为 $p(x)$的阶为 p,所以 $p(x)|x^p-1$.
故有 $q(x)$,使得

$$x^p-1=p(x)q(x).$$

又

$$p(x)A(x)=\phi(x),$$

所以

$$p(x)q(x)A(x)=\phi(x)q(x),$$

即

$$(x^p-1)A(x)=\phi(x)q(x).$$

$q(x)$的次数为 $p-n$,$\phi(x)$的次数不超过 $n-1$,故$(x^p-1)A(x)$的次数不超过$(p-n)+(n-1)=p-1$.这就证明了

$$a_{i+p}=a_i,$$

对于任意正整数 i 都成立.设 $p=kr+t, 0\leqslant t<r$,

$$a_{i+p}=a_{i+kr+t}=a_{i+t}=a_i,$$

所以

$$t=0.$$

即

$$r\mid p.$$ □

n 级 LFSR 的输出序列的周期 r 不依赖于初始条件,而依赖于特征多项式 $p(x)$.我们感兴趣的是 LFSR 遍历 2^n-1 个非零状态,这时序列的周期达到最大 2^n-1,即 m 序列.显然对于特征多项式一样,而仅仅初始条件不同的两个 LFSR 输出的序列,一个设为$\{a_i^{(1)}\}$,另一个是$\{a_i^{(2)}\}$,则其中一个必是另一个的移位,也就是存在一个常数 k,使得

$$a_i^{(1)}=a_{k+i}^{(2)}, i=1,2,\cdots.$$

下面讨论当特征多项式满足什么条件时,LFSR 输出序列为 m 序列.

定理 4.4 若 $p(x)$是 n 次不可约多项式,且 $p(x)$的阶为 m,$\{a_i\}\in G(p(x))$.则序列$\{a_i\}$的周期为 m.

证明 设$\{a_i\}$的周期为 r,由定理 4.3,$r\mid m$,故 $r\leqslant m$.

设 $A(x)$为$\{a_i\}$的母函数,则

$$A(x)=\frac{\phi(x)}{p(x)}.$$

即

$$A(x)\cdot p(x)=\phi(x)\neq 0.$$

$\phi(x)$的次数不超过 $n-1$.

而

$$\begin{aligned}A(x)=\sum_{i=1}^{\infty}a_ix^{i-1}&=a_1+a_2x+\cdots+a_rx^{r-1}\\&+x^r(a_1+a_2x+\cdots+a_rx^{r-1})\\&+(x^r)^2(a_1+a_2x+\cdots+a_rx^{r-1})\end{aligned}$$

$$
\begin{aligned}
&+\cdots \\
&=\frac{a_1+a_2x+\cdots+a_rx^{r-1}}{1-x^r} \\
&=\frac{a_1+a_2x+\cdots+a_rx^{r-1}}{x^r-1} \quad (\text{因为在 } GF(2) \text{上}),
\end{aligned}
$$

于是

$$A(x)=\frac{a_1+a_2x+\cdots+a_rx^{r-1}}{x^r-1}=\frac{\phi(x)}{p(x)}.$$

所以

$$p(x)(a_1+a_2x+\cdots+a_rx^{r-1})=\phi(x)(x^r-1).$$

由

$$p(x)\text{不可约},$$

有

$$(p(x),\phi(x))=1,$$
$$p(x)\mid x^r-1,$$

所以

$$m\leqslant r.$$

总起来有 $r=m$. □

定理 4.5 n 级 LFSR 产生的状态序列有最大周期 2^n-1 的必要条件是其特征多项式是不可约的.

证明 n 级 LFSR 的状态序列的周期与输出序列的周期是相等的. 设周期达到最大 2^n-1,除 0 状态外,周期与初始状态无关,由特征多项式唯一确定. 设特征多项式为 $p(x)$,若 $p(x)$可约,令 $p(x)=g(x)h(x)$,$g(x)$不可约,$g(x)$的次数为 $k<n$,由于 $G(g(x))\subset G(p(x))$,而 $G(g(x))$中序列周期一方面不超过 2^k-1,另一方面又等于 2^n-1,这是矛盾的. 故 $p(x)$不可约.

□

以下例子说明定理 4.5 的逆命题不一定成立,这就是 LFSR 的特征多项式为不可约多项式,但其输出序列不一定是 m 序列.

例 4.3 设 $f(x)=x^4+x^3+x^2+x+1$ 为 $GF(2)$上的多项式,这时 $f(x)$是不可约多项式,但它的输出序列

$$\{a_i\}=(000110001100011\cdots)$$

周期为 5,不是 m-序列.

解 $f(x)$的不可约性由多项式 $x, x+1, x^2+x+1$ 不能整除 $f(x)$而得. $\{a_i\}$为 $f(x)$的输出序列只需用

$$a_k=a_{k-1}\oplus a_{k-2}\oplus a_{k-3}\oplus a_{k-4}$$

进行检验即可,对任何 $k\geqslant 4$.

定义 4.3 $p(x)$为 n 次不可约多项式,若 $p(x)$的阶为2^n-1,称 $p(x)$为 n 次本原多项式.

定理 4.6 设$\{a_i\}\in G(p(x))$,则$\{a_i\}$为 m 序列的充要条件是$p(x)$为本原多项式.

证明 设 $p(x)$为 n 次多项式

"$\Leftarrow$"若 $p(x)$是本原多项式,则其阶为 2^n-1,且 $p(x)$为不可约多项式,由定理 4.4,$\{a_i\}$的周期等于 $p(x)$的阶 2^n-1,故$\{a_i\}$是 m 序列.

"$\Rightarrow$"若$\{a_i\}\in G(p(x))$的周期为2^n-1,由定理 4.3,2^n-1 整除 $p(x)$的阶,而 $p(x)$的阶不超过 2^n-1,故 $p(x)$的阶为2^n-1.

若 $p(x)$可约,设 $p(x)=g(x)h(x)$,$g(x)$不可约,$g(x)$的次数为 k,$k<n$.有 $G(g(x))\subset G(p(x))$,这样$\{a_i\}\in G(g(x))$一方面周期应为 2^n-1,另一方面又不会超过 2^k-1 产生矛盾,故 $p(x)$不可约,这就证明了 $p(x)$为本原多项式. □

$\{a_i\}$为 m 序列的关键在于$p(x)$为本原多项式,n 次本原多项式的个数

$$\lambda(n)=\frac{\phi(2^n-1)}{n},$$

其中ϕ为欧拉函数.已经证明,对于任意的正整数 n,至少存在一个 n 次本原多项式,且 n 次本原多项式有表可查.这表明,对于任意的 n 级线性移位寄存器,至少有一种连接方式使其输出序列为 m 序列.

例 4.4 设 $p(x)=x^4+x+1$,$p(x)$为 4 次本原多项式,以其为特征多项式的线性移位寄存器输出序列为 100100011110101100100011110101…,它是周期为 $2^4-1=15$ 的 m 序列.

解 由 $p(x)\mid x^{15}-1$,但不存在 $l<15$,使得 $p(x)\mid x^l-1$,所以 $p(x)$的阶为 15.

$p(x)$的不可约性由多项式 x,$x+1$,x^2+x+1 不能整除$p(x)$即得,于是 $p(x)$为本原多项式.

$p(x)$为特征多项式的输出序列满足递推关系

$$a_k=a_{k-1}\oplus a_{k-4}$$

进行检验即可,对任何 $k\geqslant 4$.

§4.5 m 序列的伪随机性

为讨论 m 序列的随机性,我们先讨论随机序列的一般特性.

设序列$\{a_i\}=(a_1a_2a_3\cdots)$为 0－1 序列,称序列中形式为 $0\underbrace{11\cdots1}_{k\text{个}1}0$ 的一

段为一个长为 k 的 1 游程，$1\underbrace{00\cdots0}_{k个0}1$ 的一段为一个长为 k 的 0 游程.

定义 4.4 $GF(2)$上周期为 T 的序列$\{a_i\}$的自相关函数定义为

$$R_a(\tau)=\frac{1}{T}\sum_{k=1}^{T}(-1)^{a_k}(-1)^{a_{k+\tau}},0\leqslant\tau\leqslant T-1.$$

周期序列$\{a_i\}$的自相关函数表示序列$\{a_i\}$与$\{a_{i+\tau}\}$(从序列$\{a_i\}$后移 τ 位便得到)在一个周期内对应位相同的位数与对应位相异的位数之差的一个参数，即相同位的数目减去不同位的数目再除以周期 T. 当 $\tau=0$ 时，$R_a(\tau)=1$；当 $\tau\neq0$ 时，称 $R_a(\tau)$为异相自相关函数. 因而异相自相关函数是序列随机性的一个指标.

Golomb 对伪随机周期序列提出了应满足的如下三个随机性公设：

(1)在序列的一个周期内，0 与 1 的个数相差至多为 1；

(2)在序列的一个周期内，长为 1 的游程数占游程总数的$1/2$，长为 2 的游程数占游程总数的$1/2^2$，…，长为 i 的游程数占$1/2^i$，…，且在等长的游程中 0 的游程个数和 1 的游程个数相等；

(3)异相自相关函数是一个常数.

但严格满足这三个公设的伪随机序列是很少的.

公设(1)说明 0－1 序列$\{a_i\}$中 0 与 1 出现的概率“基本”上相同；公设(2)说明 0 与 1 在第 n 个位置上出现的概率是相同的；公设(3)表明若将$\{a_i\}$与$\{a_{i+\tau}\}$比较，无法得到关于$\{a_i\}$的实质性信息(例如它的周期)，在第一章讨论 Vigenere密码的分析时，曾利用此函数提供的信息，以帮助破译.

从密码系统的角度看，一个伪随机序列还应满足下面的条件：

(1)$\{a_i\}$的周期相当大；

(2)$\{a_i\}$的确定是计算上容易的；

(3)由密文及相应的明文的部分信息，不能确定整个$\{a_i\}$.

下面讨论 m 序列的随机性，即证明它满足 Golomb 的随机性三公设.

定理 4.7 $GF(2)$上 n 级 m 序列$\{a_i\}$具有如下性质：

(1)在一个周期内，0，1 出现次数分别为 $2^{n-1}-1$ 和 2^{n-1}次.

(2)在一个周期内，总游程数为 2^{n-1}，对 $1\leqslant i\leqslant n-2$，长为 i 的游程有 2^{n-i-1}个，且 0，1 游程各半，长为 $n-1$ 的 0 游程一个，长为 n 的 1 游程一个.

(3)$\{a_i\}$的自相关函数为

$$R_a(\tau)=\begin{cases}1, & 当\ \tau=0,\\ -\dfrac{1}{2^n-1}, & 当\ 0<\tau\leqslant 2^n-2,\end{cases}$$

即异相自相关函数是一个常数.

证明 在 n 级 m 序列的一个周期内，除了全零状态外，$GF(2)$上每个 n

长的状态都恰好出现一次．这 2^n-1 个状态在 a_1 位有 2^{n-1}个是 1，其余的 $2^{n-1}-1$ 个是 0，这就证明了(1)．

(2)关于游程特性，对 $n=1,2$，易证结论成立．

对 $n>2$，当 $1\leqslant i\leqslant n-2$ 时，n 级 m 序列的一个周期内，长为 i 的 0 游程数目等于序列中如下形式的状态数目：$1\underbrace{00\cdots0}_{i个0}1*\cdots*$，其中 $n-i-2$ 个 $*$ 号位置可任取 0 和 1 值．因而这种状态数目为 2^{n-i-2}个．同理可得长为 i 的 1 游程数目也为 2^{n-i-2}个．

由于寄存器中不会出现全 0 状态，所以不会出现 0 的 n 游程．而且必然有一个 1 的 n 游程，但也不可能有长度更大的 1 游程，因为若出现 1 的 $n+1$ 游程，必然有两个全 1 状态相邻，这是不可能的．这就证明了 1 的 n 游程必然出现在如下的串中：

$$0\underbrace{11\cdots1}_{n个1}0$$

当这 $n+2$ 位通过移位寄存器时，便依次产生以下状态：

$$0\underbrace{11\cdots1}_{n-1个1}\quad\underbrace{11\cdots1}_{n个1}\quad\underbrace{11\cdots1}_{n-1个1}0$$

由于 $0\underbrace{11\cdots1}_{n-1个1}$，$\underbrace{11\cdots1}_{n-1个1}0$ 这两个状态只能各出现一次，所以不会有 1 的 $n-1$ 游程．

会出现 1 个 0 的 $n-1$ 游程：

$$1\underbrace{00\cdots0}_{n-1个0}1$$

它产生 $1\underbrace{00\cdots0}_{n-1个0}$ 和$\underbrace{00\cdots0}_{n-1个0}1$ 两个状态．

于是在一个周期内，总游程数为：

$$2\left(1+\sum_{r=1}^{n-2}2^{n-r-2}\right)=2^{n-1}.$$

这就证明了(2)．

(3)$\{a_i\}$是周期为 2^n-1 的 m 序列，对于任一正整数 τ，$0<\tau<2^n-1$，$\{a_i\}+\{a_{i+\tau}\}$在一个周期内为 0 的位的数目正好是序列$\{a_i\}$和$\{a_{i+\tau}\}$对应位相同的位的数目．其中$\{a_{i+\tau}\}$是将序列$\{a_i\}$平移 τ 位所得的序列．

设序列$\{a_i\}$满足递推关系：

$$a_{h+n}=c_1a_{h+n-1}\oplus c_2a_{h+n-2}\oplus\cdots\oplus c_na_h,$$

故

$$a_{h+n+\tau}=c_1a_{h+n+\tau-1}\oplus c_2a_{h+n+\tau-2}\oplus\cdots\oplus c_na_{h+\tau},$$

$$a_{h+n}\oplus a_{h+n+\tau}=c_1(a_{h+n-1}\oplus a_{h+n+\tau-1})$$

$$\oplus c_2(a_{h+n-2} \oplus a_{h+n+\tau-2})$$
$$\oplus \cdots$$
$$\oplus c_n(a_h \oplus a_{h+\tau}).$$

令 $b_j = a_j \oplus a_{j+\tau}$，由递推序列 $\{a_j\}$ 可推得递推序列 $\{b_j\}$，且 $\{b_j\}$ 满足

$$b_{h+n} = c_1 b_{h+n-1} \oplus c_2 b_{h+n-2} \oplus \cdots \oplus c_n b_h,$$

即若 $\{a_j\} \in G(p(x))$，则 $\{b_j\} \in G(p(x))$. 为了计算异相自相关函数 $R_a(\tau)$，只要将递推序列 $\{b_j\}$ 在一周期中 0 的个数减去 1 的个数，再除以 $2^n - 1$，注意到 $\{b_j\}$ 实际上也是 m 序列. 所以

$$R_a(\tau) = \frac{2^{n-1} - 1 - 2^{n-1}}{2^n - 1} = -\frac{1}{2^n - 1}. \qquad \square$$

由定理 4.7 可见，m 序列具有很好的随机统计特性.

§4.6 m 序列密码的破译

设所用线性移位寄存器产生的是 m 序列，可利用 m 序列设计加密算法，这种加密算法的构思如图 4－6 所示：

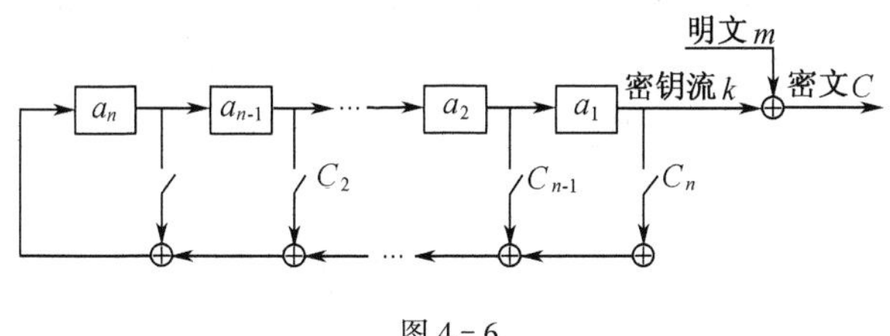

图 4－6

算法的密钥取决于初始状态和 $c_1, c_2, \cdots, c_n$ 的值. 由前所述，这样的 n 级线性移位寄存器对应的特征多项式是本原多项式. 因 n 次本原多项式有 $\lambda(n)$ 个，非 0 初始状态有 $2^n - 1$ 个，故共有 $\lambda(n)(2^n - 1)$ 个不同的密钥或密钥流.

虽然特征多项式 $p(x)$ 完全决定了线性移位寄存器输出序列的性质，当特征多项式为本原多项式时，线性移位寄存器输出序列周期最长为 $2^n - 1$，而且随机性良好. 然而线性移位寄存器序列密码却是可破译的.

设 S_h 和 S_{h+1} 表示线性移位寄存器输出序列任意连续的两个向量，其中

$$S_h = \begin{pmatrix} a_h \\ a_{h+1} \\ \vdots \\ a_{h+n-1} \end{pmatrix}, \quad S_{h+1} = \begin{pmatrix} a_{h+1} \\ a_{h+2} \\ \vdots \\ a_{h+n} \end{pmatrix}.$$

假定序列 $\{a_j\}$ 满足线性递推关系

$$a_{h+n} = c_1 a_{h+n-1} \oplus c_2 a_{h+n-2} \oplus \cdots \oplus c_n a_h$$

这可以表示成

$$\begin{pmatrix} a_{h+1} \\ a_{h+2} \\ \vdots \\ a_{h+n} \end{pmatrix} = \begin{pmatrix} 0 & 1 & 0 & \cdots & 0 \\ 0 & 0 & 1 & \cdots & 0 \\ \vdots & \vdots & \vdots & & \vdots \\ 0 & 0 & 0 & \cdots & 1 \\ c_n & c_{n-1} & c_{n-2} & \cdots & c_1 \end{pmatrix} \begin{pmatrix} a_h \\ a_{h+1} \\ \vdots \\ a_{h+n-2} \\ a_{h+n-1} \end{pmatrix}$$

或 $S_{h+1} = MS_h$，其中

$$M = \begin{pmatrix} 0 & 1 & 0 & \cdots & 0 \\ 0 & 0 & 1 & \cdots & 0 \\ \vdots & \vdots & \vdots & & \vdots \\ 0 & 0 & 0 & \cdots & 1 \\ c_n & c_{n-1} & c_{n-2} & \cdots & c_1 \end{pmatrix}$$

矩阵 M 称为反馈多项式 $p(x) = 1 + c_1 x + c_2 x^2 + \cdots + c_n x^n$ 的伴侣矩阵，它和 $p(x)$ 互相确定.

进一步假定破译者知道了一段长 $2n$ 位的明密文对，即已知

$$m = m_1 m_2 \cdots m_{2n}, \quad c = c_1 c_2 \cdots c_{2n}.$$

于是可求出一段长 $2n$ 位的密钥序列

$$K = k_1 k_2 \cdots k_{2n},$$

其中 $k_i = m_i \oplus c_i = m_i \oplus (m_i \oplus k_i)$. 由此可推出线性移位寄存器的连续 $n+1$ 个状态：

$$S_1 = (k_1\ k_2\ \cdots\ k_n)' = (a_1\ a_2\ \cdots\ a_n)',$$
$$S_2 = (k_2\ k_3\ \cdots\ k_{n+1})' = (a_2\ a_3 \cdots\ a_{n+1})',$$
$$\cdots\cdots$$
$$S_{n+1} = (k_{n+1}\ k_{n+2}\ \cdots\ k_{2n})' = (a_{n+1}\ a_{n+2}\ \cdots\ a_{2n})'.$$

作矩阵

$$X = (S_1\ S_2\ \cdots\ S_n),$$

而

$$(a_{n+1}\ a_{n+2}\ \cdots\ a_{2n}) = (c_n\ c_{n-1}\ \cdots\ c_1) \begin{pmatrix} a_1 & a_2 & \cdots & a_n \\ a_2 & a_3 & \cdots & a_{n+1} \\ \vdots & \vdots & & \vdots \\ a_n & a_{n+1} & \cdots & a_{2n-1} \end{pmatrix}$$
$$= (c_n\ c_{n-1}\ \cdots\ c_1) X,$$

若 X 可逆,则

$$(c_n c_{n-1} \cdots c_1) = (a_{n+1} a_{n+2} \cdots a_{2n}) X^{-1}.$$

下面我们证明 X 可逆.

因为 X 是由 $S_1, S_2, \cdots, S_n$ 作为它的列向量,要证 X 可逆,只要证明这 n 个向量线性无关.

由序列递推关系:

$$a_{h+n} = c_1 a_{h+n-1} \oplus c_2 a_{h+n-2} \oplus \cdots \oplus c_n a_h,$$

可推出向量的递推关系

$$\begin{aligned} S_{h+n} &= c_1 S_{h+n-1} \oplus c_2 S_{h+n-2} \oplus \cdots \oplus c_n S_h \\ &= \sum_{i=1}^{n} c_i S_{h+n-i} \pmod 2. \end{aligned}$$

如果存在最小整数 $m \leqslant n+1$,使 $S_1, S_2, \cdots, S_m$ 线性相关,即存在不全为 0 的系数 $l_1, l_2, \cdots, l_m$,其中不妨设 $l_1 = 1$,使得

$$S_m + l_2 S_{m-1} + l_3 S_{m-2} + \cdots + l_m S_1 = 0,$$

即

$$S_m = l_m S_1 + l_{m-1} S_2 + \cdots + l_2 S_{m-1} = \sum_{j=1}^{m-1} l_{j+1} S_{m-j}.$$

对于任一整数 i 有

$$\begin{aligned} S_{m+i} = M^i S_m &= M^i (l_m S_1 + l_{m-1} S_2 + \cdots + l_2 S_{m-1}) \\ &= l_m M^i S_1 + l_{m-1} M^i S_2 + \cdots + l_2 M^i S_{m-1} \\ &= l_m S_{i+1} + l_{m-1} S_{i+2} + \cdots + l_2 S_{m+i-1}, \end{aligned}$$

对任何 $i \geqslant 1$,密钥流必须满足

$$a_{m+i} = \sum_{j=1}^{m-1} l_{j+1} a_{m+i-j} \pmod 2.$$

观察到,如果 $m \leqslant n$,那么满足线性迭代式的密钥流的级数小于 n,这个与它的级数是 n 矛盾,故 $m = n+1$,从而矩阵 X 必是可逆的.

例 4.5 假设破译者得到密文串 101101011110010 和相应的明文串 011001111111001.那么他能计算出密钥流比特是 110100100001011.假定攻击者也知道密钥流是使用 5 级线性移位寄存器产生的,那么他能解由开始 10 个密钥流比特得到的下述矩阵方程

$$(a_6\ a_7\ a_8\ a_9\ a_{10}) = (c_5\ c_4\ c_3\ c_2\ c_1) \begin{pmatrix} a_1 & a_2 & a_3 & a_4 & a_5 \\ a_2 & a_3 & a_4 & a_5 & a_6 \\ a_3 & a_4 & a_5 & a_6 & a_7 \\ a_4 & a_5 & a_6 & a_7 & a_8 \\ a_5 & a_6 & a_7 & a_8 & a_9 \end{pmatrix},$$

即

$$(0\,1\,0\,0\,0) = (c_5\ c_4\ c_3\ c_2\ c_1)\begin{pmatrix}1\,1\,0\,1\,0\\1\,0\,1\,0\,0\\0\,1\,0\,0\,1\\1\,0\,0\,1\,0\\0\,0\,1\,0\,0\end{pmatrix},$$

而

$$\begin{pmatrix}1\,1\,0\,1\,0\\1\,0\,1\,0\,0\\0\,1\,0\,0\,1\\1\,0\,0\,1\,0\\0\,0\,1\,0\,0\end{pmatrix}^{-1} = \begin{pmatrix}0\,1\,0\,0\,1\\1\,0\,0\,1\,0\\0\,0\,0\,0\,1\\0\,1\,0\,1\,1\\1\,0\,1\,1\,0\end{pmatrix},$$

从而得到

$$(c_5\ c_4\ c_3\ c_2\ c_1) = (0\,1\,0\,0\,0)\begin{pmatrix}0\,1\,0\,0\,1\\1\,0\,0\,1\,0\\0\,0\,0\,0\,1\\0\,1\,0\,1\,1\\1\,0\,1\,1\,0\end{pmatrix}.$$

所以

$$(c_5\ c_4\ c_3\ c_2\ c_1) = (1\,0\,0\,1\,0).$$

这样用来产生密钥流的迭代公式是：

$$a_{i+5} = c_5 a_i \oplus c_2 a_{i+3} = a_i \oplus a_{i+3}.$$

§4.7 非线性序列

线性移位寄存器序列密码在已知明文攻击下是可破译的这一事实促使人们向非线性领域探索.目前研究得比较充分的方法有非线性移位寄存器序列，对线性移位寄存器序列进行非线性组合，利用非线性分组密码产生非线性序列、存储变换等.

一、非线性移位寄存器序列

根据图 4-2 可知，令反馈函数 $f(a_1, a_2, \cdots, a_n)$ 为非线性函数便构成非线性移位寄存器，其输出序列为非线性序列.输出序列的周期最大可达 2^n，并称周期达到最大值的非线性移位寄存器序列为 M 序列. M 序列具有下面定理所述的随机统计特性：

定理 4.8 在 n 级 M 序列的一个周期内，0 与 1 的个数各为 2^{n-1}，在 M

序列的一个周期中，总游程数为 2^{n-1}，对$1\leqslant i\leqslant n-2$，长为 i 的游程数为 2^{n-1-i}，其中 0,1 游程各半，长为 $n-1$ 的游程不存在，长为 n 的 0 游程和 1 游程各 1 个.

证明 在 M 序列的状态构成的一个周期内，$GF(2)$上的每个 n 长状态恰好出现一次，而由状态圈中各状态的第 1 分量构成的序列就是对应的 M 序列的一个周期，故其中 0,1 各为 2^{n-1}个. 关于游程特性，对 $n=1,2$，易证结论成立. 对 $n>2$ 时，当$1\leqslant i\leqslant n-2$时，$n$ 级 M 序列的一个周期中，长为 i 的 0 游程数目等于序列中如下形式的状态数目：$1\underbrace{00\cdots0}_{i个0}1*\cdots*$，其中 $n-i-2$ 个 $*$ 号位置可任取 0 和 1 值. 因为任何一个 0 的 i 游程总会在通过移位寄存器时处在这样的位置，所以 0 的 i 游程的数目为 2^{n-i-2}. 对长为 n 的 0 游程其形式为 $1\underbrace{00\cdots0}_{n个0}1$，由 M 序列周期为 2^n 知，必然有一个 0 的 n 游程. 但也不可能有长度更大的 0 游程. 因为若出现 0 的 $n+1$ 游程，必然有两个全 0 状态相邻，这是不可能的，一定有 $f(00\cdots0)=1$. 由 $1\underbrace{00\cdots0}_{n个0}1$ 通过移位寄存器时，便依次产生以下状态：

$$1\underbrace{00\cdots0}_{n-1个0}\qquad\underbrace{00\cdots0}_{n个0}\qquad\underbrace{00\cdots0}_{n-1个0}1$$

由于 $1\underbrace{00\cdots0}_{n-1个0}$ 和$\underbrace{00\cdots0}_{n-1个0}1$ 这两个状态在一个周期内只能各出现一次，所以不会有 0 的 $n-1$ 游程. 1 游程数目类似可得. 于是在 M 序列的一个周期内总游程数为

$$2\left(1+\sum_{i=1}^{n-2}2^{n-i-2}\right)=2^{n-1}. \qquad \square$$

称两个周期序列为不同的，若其中一个不能由另一个经适当移位而得到.

定理 4.9 $GF(2)$上 n 级M 序列的数目为 $2^{2^{n-1}-n}$个.

证明略.

由上面性质可见，M 序列具有很好的随机统计特性，又有大量的不同序列可供选用，因而它在序列密码中一直是人们研究的主要内容之一.

n 级移位寄存器共有 2^{2^n}种不同的反馈函数，而线性反馈函数只有 2^n 种，其余均为非线性. 可见非线性反馈函数的数量是巨大的. 但是值得注意的是并非这些非线性反馈函数都能产生良好的密钥序列，其中 M 序列是比较好的一种.

例 4.6 令 $n=3$，$f(a_1,a_2,a_3)=a_1\oplus a_3\oplus 1\oplus a_2a_3$，由于与运算为非线性运算故反馈函数为非线性函数. 设初态为(1 0 1).

状　态			输出
a_3	a_2	a_1	
1	0	1	1
1	1	0	0
1	1	1	1
0	1	1	1
0	0	1	1
0	0	0	0
1	0	0	0
0	1	0	0
1	0	1	1
…	…	…	…

所以此非线性移位寄存器输出序列为 1011100010…它是周期为 8 的序列，为 M 序列.

一般的非线性反馈移位寄存器尚处于艰难的研究之中，所以目前人们研究更多的还是在 LFSR 基础上的非线性化问题.

二、对线性移位寄存器进行非线性组合

利用线性移位寄存器序列容易设计、随机性良好等优点，对一个或多个线性移位寄存器序列进行非线性组合可以获得良好的非线性序列.

1. J－K 触发器及 pless 体制

J－K 触发器工作原理如图 4－7：

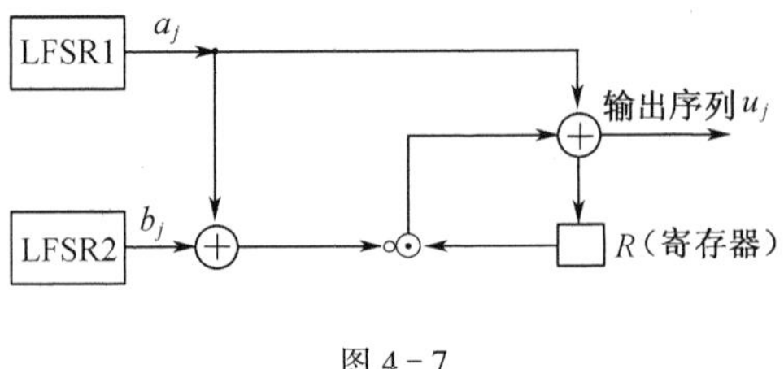

图 4－7

其中 LFSR1 是 m 级线性移位寄存器，LFSR2 是 n 级线性移位寄存器，输出序列分别为 $\{a_j\}$，$\{b_j\}$，整个 J－K 触发器输出序列为 $\{u_j\}$. 输出序列 $\{u_j\}$ 后续位对先导位有依赖关系，从而达成较复杂的非线性关系.

输出序列 $\{u_j\}$ 可由驱动序列 $\{a_j\}$ 与 $\{b_j\}$ 表示如下：

$$\begin{cases} u_1 = a_1, \\ u_j = (\overline{a_j + b_j}) u_{j-1} + a_j, j > 1. \end{cases} \tag{4.7.1}$$

不难证明以下定理：

定理 4.10　设 J－K 触发器输出序列 $\{u_j\}$ 由式(4.7.1)定义，其中 $\{a_j\}$、

$\{b_j\}$分别是 m 级与 n 级 m 序列，$(m,n)=1$，且 $a_1+b_1=1$，则序列$\{u_j\}$的周期为$(2^m-1)(2^n-1)$.

例 4.7 设 $m=2,n=3$，周期序列

$$\{a_i\} = 101101101\cdots$$
$$\{b_i\} = 11101001110100\cdots$$

那么，由$\{a_i\}$与$\{b_i\}$驱动的 J－K 触发器输出序列$\{u_i\}$的前 25 位是

1011011010011101010010011

由于

$$(\overline{a_{22}+b_{22}})u_{21} = (\overline{a_1+b_1})u_{21} = u_{21} = 1,$$
$$u_{22} = (\overline{a_{22}+b_{22}})u_{21} + a_{22} = 1 + a_{22} = 1 + a_1 = \overline{a}_1 \neq u_1.$$

于是$\{u_i\}$的周期不等于$(2^2-1)(2^3-1)=21$.

但是，如果改记

$$\{a_i\} = 011011011\cdots$$
$$\{b_i\} = 11010011101001\cdots$$

很容易检验输出序列$\{u_i\}$具有周期$(2^2-1)(2^3-1)=21$.

从式(4.7.1)可以发现，如果输出序列相邻位的值 u_{j-1},u_j 已知，立即可以求出 a_j,b_j 之一. 因为

$$u_j = \begin{cases} a_j, & 若\ u_{j-1} = 0, \\ \overline{b}_j, & 若\ u_{j-1} = 1. \end{cases}$$

这是(二输入端)J－K 触发器不安全的一个证据. 为了克服上述弱点，V. S. Pless 提出了一种基于 J－K 触发器的对多个线性移位寄存器序列进行组合的密码体制，简称为 pless 体制.

Pless 体制(如图 4－8)中 LFSR1～LFSR8 为 8 个线性移位寄存器，相邻两个送入一个 J－K 触发器，四个 J－K 触发器的输出送入一个四路选择器，四路选择器依次轮换输出四个 J－K 触发器的输出，这里的选址器映射

$$\theta(j) \equiv j + c \pmod 4,$$

其中 c 是指示初始输出通路的常数.

当 8 个线性移位寄存器的级数都互素时，且满足定理 4.10 的条件，输出序列周期可达它们各自周期的乘积.

Pless 体制的一个直观上的弱点是最后的选择器依次轮换输出. 如果改为随机方式，似乎要好些.

2. 钟控序列.

一个基本的钟控序列产生器如图 4－9 所示：

它由两个不同的线性移位寄存器 LFSR1 和 LFSR2 以及一个采样函数 S 组

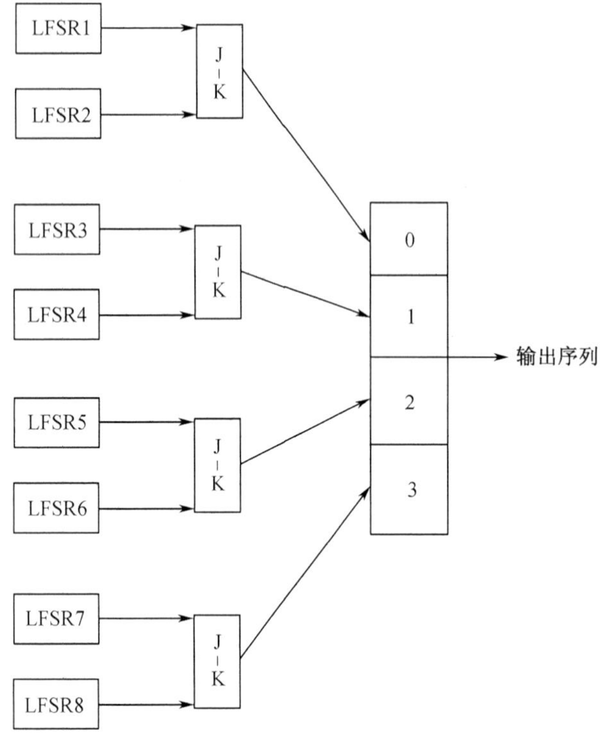

图 4-8

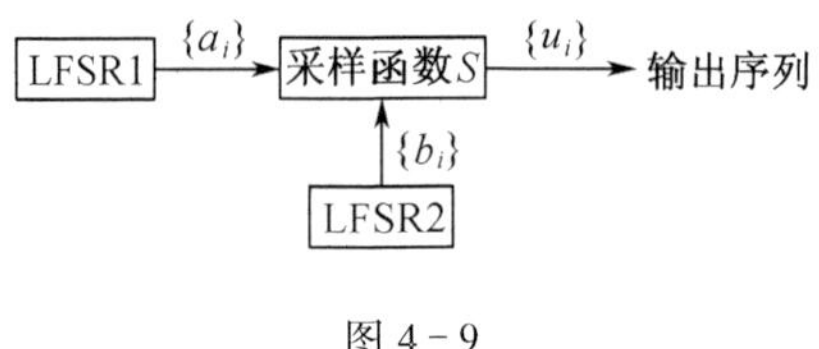

图 4-9

成,通常 $S(i)=\sum_{j=0}^{i}b_j$, $i=0,1,2,\cdots$,而输出的钟控序列$\{u_i\}$,其中 $u_i=a_{s(i)}$ $i=0,1,2,\cdots$.用于产生密钥序列的钟控序列产生器一般由多个基本钟控序列产生器的级联组成.

一种应用较为广泛的钟控序列是移位-删除钟控序列(如图 4-10).其中 LFSR1 和 LFSR2 各自单独运行,且有相同的时钟脉冲控制移位.LFSR1 的最后两级输出相乘后控制 LFSR2 的输出.如果 $c_j=1$,LFSR2 移位一步,但不输出;如果 $c_j=0$,则LFSR2移位一步,且输出 b_j.得到的序列$\{z_j\}$称为移位-删除钟控序列.

例 4.8 给定$\{a_j\}$和$\{b_j\}$的特征多项式分别为 $f(x)=x^4+x+1$ 和$g(x)$

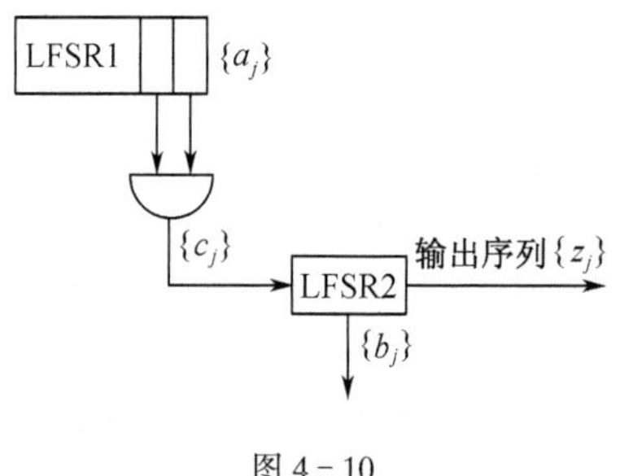

图 4-10

$=x^4+x^3+1$,初态分别为$(a_1a_2a_3a_4)=(1011)$和$(b_1b_2b_3b_4)=(1001)$,则有

j	1	2	3	4	5	6	7	8	9	10	11	12	13	14	15	16	17
$\{a_j\}$	1	0	1	1	0	0	1	0	0	0	1	1	1	1	0	1	0
$\{c_j\}$	0	0	1	0	0	0	0	0	0	0	1	1	1	0	0	0	
$\{b_j\}$	1	0	0	1	1	0	1	0	1	1	1	1	0	0	0	1	0
$\{z_j\}$	1	0	1	1	0	1	0	1	1	0	0	1					

记

$$z_j = b_{j+S(j)}, \quad w(j) = j + S(j-1) - 1,$$

则有求 $S(j)$的递归算法如下:

$$S(1)=0,$$

$$S(j) = \sum_{k=1}^{w(j)+t(j)} c_k,$$

如果 $c_{w(j)}=0$,取 $t(j)=0$,如果 $c_{w(j)}=1$,取 $t(j)$ 等于 $c_{w(j)}$ 所属 1-游程长度.

$\{c_j\}$唯一确定一个递增的整数序列 $S(j)$,而 $S(j)$也唯一确定$\{c_j\}$.

设控制序列$\{c_j\}$的周期为 p_1,LFSR2 正常情况下的输出序列的周期为 p_2,那么,当且仅当 LFSR2 跑过$[p_1,p_2]$个比特后,$\{c_j\}$和$\{b_j\}$才返回到各自的初始值.令 $\sum_{j=1}^{p_1} c_j = w_1$,则$\{z_j\}$ 的周期

$$p = p_2(p_1 - w_1)/(p_1,p_2),$$

特别,当$p_1=p_2=2^n-1$时,$p=p_1-w_1=2^n-2^{n-2}-1$,
其中$[p_1,p_2]$和(p_1,p_2)分别表示 p_1 与 p_2 的最小公倍数和最大公因数.

此种移位-删除钟控序列当 LFSR2 的级数 m 小于等于LFSR1的级数 n 的情况下是不安全的.要此种钟控序列安全可靠,m 应大于$c_n^1+c_n^2-1$.于是,要么 n 很小,要么 m 很大.而当 n 很小时,容易为穷举攻击所破,m 很大时,硬件的实现上又相当浪费.为了解决这个矛盾,用$\{c_j\}$去控制由 LFSR2 及某个前馈函数组成的大于 2 端的前馈网络的输出.具体讨论略.

三、利用非线性分组密码产生非线性序列.

利用已有的好的分组密码,如 DES,可以产生良好的非线性序列.

图 4-11 给出一种输出块反馈方案.其中 R 为 n 级寄存器,E_B 为 n 位分组密码,如 DES,I_0 为寄存器 R 的初始状态并称为种子,K 为密钥.分组密码把寄存器的状态作为明文,并加密成密文.密文的最右位作为密钥序列输出,而整个密文反馈到寄存器,用作下一次加密的输入.为了提高效率可用每次加密结果的最右一个字符作为密钥序列,用以对明文的一个字符进行加密.如果 E_B 是强的,则输出序列将是强的.这一方案的缺点是费时.

图 4-12 给出一种计数器方案.其中 C 为 n 级计数器.E_B 对计数器 C 的每一状态进行加密,并把最右的密文位作为密钥序列输出.同样,为了提高效率可按字符为单位处理.

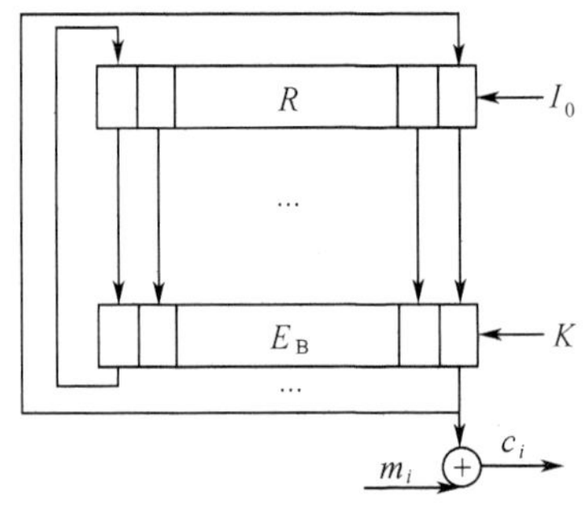

图 4-11

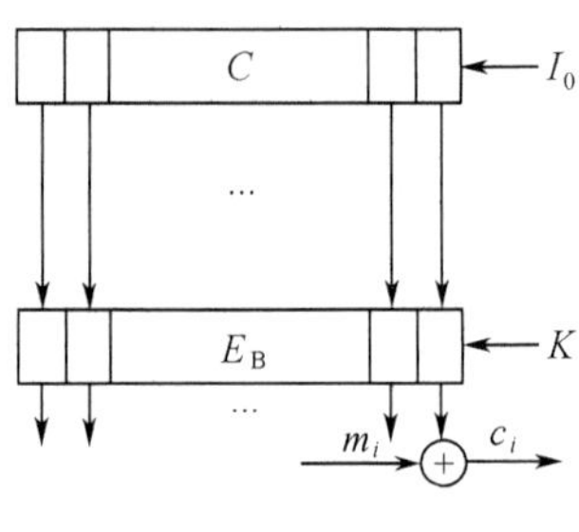

图 4-12

计数器方案的一个显著优点是,可以随机地产生第 i 个密钥序列位,而不必先产生前 $i-1$ 个密钥位.这只要把计数器置成 I_0+i-1 便可.因此,特别适于计算机随机文件的加密,因为随机文件要求能随机地访问.这对数据库加密是有意义的.

四、存储变换.

众所周知,时空折换是计算机科学中的一个基本观点.利用大容量存储器可以换得运算的高速度.同时,只要合理安排存储数据,则从存储器读出的数据与地址之间便呈现非线性关系,而且由读出的数据反求地址是极困难的.基于此,采用大容量存储器并合理安排存储数据,可以高速地产生非线性序列.如图 4-13 所示:

其工作过程如下:

(1)以 $A_1, A_2, \cdots, A_n$ 为地址,读出该单元的内容 $D_{01}, D_{02}, \cdots, D_{0n}$,然后将输入数据 $D_{i1}, D_{i2}, \cdots, D_{in}$ 写入该单元.数据与地址保持非线性关系.

(2)读出数据 $D_{01}, D_{02}, \cdots, D_{0n}$ 经等概变换得到 $M_1, M_2, \cdots, M_n$.

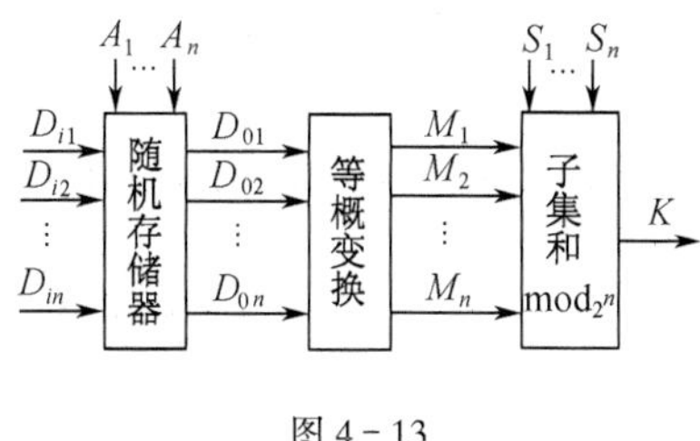

图 4-13

(3)$M_1, M_2, \cdots, M_n$ 在背包控制向量 $S_1, S_2, \cdots, S_n$ 的控制下产生子集和.具体地,若 $S_i = 1$,则 M_i 参与子集和,否则不参与.子集和的二进制表示便为所得的密钥序列.

其中所用的地址、输入数据、背包控制向量可采用 m 序列或其它随机序列.

等概变换本质上是一个查表运算.首先应确保非线性,其次要确保等概性.这要求表的大小至少为 2^n 个单元,且表的内容为整数 $0 \sim 2^n - 1$ 的一个随机排列.显然有 $2^n!$ 种不同的排列,去掉线性关系的排列,选择空间是极大的.这种密码学性质是非常诱人的.

所谓子集和就是对输入各分量的某一子集的各元素求和.若已知子集,求子集和十分容易,而反过来已知子集和要求出子集则十分困难.这便是组合学上著名的背包问题.这一特性使存储变换的保密性大大提高.

习　　题

1.如果序列 $\{a_i\}$ 的周期为 r,且对任意非负整数 i 有 $a_{i+q} = a_i$,证明 $r \mid q$.

2. 3 级线性反馈移位寄存器在 $c_3 = 1$ 时可有 4 种线性反馈函数,设初态为 $(a_3 a_2 a_1) = (101)$,求各线性反馈函数的输出序列及周期.

3. 4 级线性反馈移位寄存器在 $c_4 = 1$ 时有 8 种线性反馈函数,设初态为 $(a_4 a_3 a_2 a_1) = (1011)$,确定这些线性反馈函数中哪一些将给出周期为 $2^4 - 1$ 的密钥流.

4.设 n 级线性移位寄存器的特征多项式为 $p(x)$,初始状态为 $(a_n a_{n-1} \cdots a_2 a_1) = (10\cdots00)$,即 $a_n = 1, a_{n-1} = \cdots = a_2 = a_1 = 0$,则其输出序列的周期等于 $p(x)$ 的阶.

5.如果 $f(x) = 1 + c_1 x + c_2 x^2 + \cdots + c_n x^n$,那么我们称 $\overline{f(x)} = x^n f(1/x) = x^n + c_1 x^{n-1} + c_2 x^{n-2} + \cdots + c_{n-1} x + c_n$ 为 $f(x)$ 的互反多项式.设 $f_1(x)$ 和 $f_2(x)$ 是 $GF(2)$ 上的任意两个多项式,则 $\overline{f_1(x) \cdot f_2(x)} = \overline{f_1(x)} \cdot \overline{f_2(x)}$.

6.假设破译者得到密文串 1010110110 和相应的明文串 0100010001.假定攻击者也知道密钥流是使用 3 级线性移位寄存器产生的,试破译该密码系统.

7.设 $n = 4, f(a_1, a_2, a_3, a_4) = a_1 \oplus a_4 \oplus 1 \oplus a_2 a_3$,初态为 $(a_4 a_3 a_2 a_1) = (1011)$,试求此非线性移位寄存器的输出序列及周期.

8. 设 $J-K$ 触发器中 $\{a_i\}$ 是 3 级 m 序列, $\{b_i\}$ 为 4 级 m 序列,且

$$\{a_i\} = 11101001110100\cdots$$

$$\{b_i\} = 00101101101100000101101101 1000\cdots$$

试求 $J-K$ 触发器的输出序列 $\{u_i\}$ 及周期.

9. 设基本钟控序列产生器中 $\{a_i\}$ 是 2 级 m 序列, $\{b_i\}$ 是 3 级 m 序列,其中

$$\{a_i\} = 101101\cdots$$

$$\{b_i\} = 10011011001101\cdots$$

试求输出序列 $\{u_i\}$ 及它的周期.

10. 设移位-删除钟控序列中 $\{a_i\}$ 和 $\{b_i\}$ 的特征多项式分别为 $f(x)=x^4+x+1$ 和 $g(x)=x^3+x+1$,初态分别为 $(a_4a_3a_2a_1)=(1001)$ 和 $(b_3b_2b_1)=(101)$,试求输出序列 $\{z_i\}$.

第五章　RSA 公钥密码体制

§5.1　概　　论

1976 年，Diffie 和 Hellman 在“密码学的新方向”一文中提出了公钥密码的新概念，开创了现代密码学的新领域. 这一领域虽然只有短短的二十几年时间，但投入研究人员之多，他们来自学科之广，发表的论文之众是其它任何一门学科所不能比的. 所以很快便获得了一整套很系统的成果.

1. 传统密码在密钥分配与管理上是极困难的. 在任何密文未发送之前，A 方和 B 方必须利用安全通道进行密钥 K 的预先通信，在实际应用中，这可能是非常困难的. 例如，假设 A 方和 B 方相隔很远，并已确定他们将用电子邮件进行通信. 在这种情况下，A 方和 B 方可能不能获得合理的安全信道. 将密钥传送自动化还是难题，送密钥太麻烦. 另外，使用传统的密码体制进行秘密通信，显然要求不同用户间应约定不同的密钥. 这样，若网络上有 n 个用户，n 个用户都能够秘密地交换信息，则将需要 $\frac{n(n-1)}{2}$ 个密钥. 如 $n=1000$ 时，$C_{1000}^2=500000$，这么多密钥的管理和必需的更换都将是十分繁重的工程. 更有甚者，每个用户必须记下与其它 $n-1$ 个用户通信所用的密钥，数量如此之大，只能记录在本上或储存在计算机内存或外存上，这本身就是极不安全的. 因而，传统密码不适合计算机网络应用. 鉴于这种密钥分发方面的困难等原因，Diffie 与 Hellman 提出了公钥密码体制的思想.

2. 在商业上有时不可能作到通信双方事先预约使用相同密钥.

公钥密码体制将加密密钥与解密密钥分开，并将加密密钥公开，解密密钥保密. 这样，每个用户拥有两个密钥：公开钥和秘密钥，并且所有公开钥均被记录在类似电话号码簿的密码本中. 这种密码体制的安全性是从已知的公开钥、加密算法与在信道上截获的密文不能求出明文或秘密钥.

一般公钥密码体制原理如图 5-1，其中加、解密变换 E_B，D_B 满足如下三个条件：

(1) D_B 是 E_B 的逆变换，即 $\forall\, m\in M$（明文空间），均有

$$D_B(c)=D_B(E_B(m))=m.$$

(2) 在已知 B 的公开钥与秘密钥的条件下，E_B 与 D_B 均是多项式时间的确定性算法.

(3)对 $\forall m \in M$,找到算法 D_B^*,使得 $D_B^*(E_B(m)) = m$ 是非常困难的. 这里所谓非常困难是指在现有的资源与算法下,寻找 D_B^* 是不现实的.

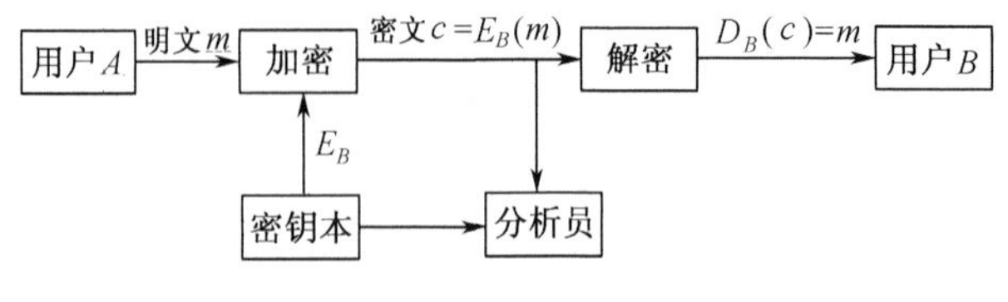

图 5-1　公钥密码体制框图

一个非常重要的结论是:公钥密码体制永远不能提供无条件的安全性. 这是因为能截取到密文 C 的敌人能够利用公开的加密规则 E_B 依次加密每一个明文 m,直到他找到一个满足 $c = E_B(m)$的 m 为止. 这个 m 是 c 的解密,所以我们研究公钥体制的计算安全性.

依据称为陷门单向函数的抽象的概念来考虑公钥密码体制是有益的,现在我们非正式地定义这个概念.

B 方公开的加密变换 E_B 是很容易计算的,但计算 D_B^* 满足 $D_B^*(c) = m$(即解密)将是困难的(对除了 B 外的其他人而言),容易计算但很难求逆的特性经常称为单向特性,我们希望 E_B 是个单向函数.

在密码体制中,单向函数起着非常重要的作用. 对构造公钥密码体制和在它的其它领域内单向函数是非常重要的. 那么,什么样的函数叫单向函数呢? 一般说来,当一个函数 f 是一对一的,且对任意 x 容易计算 $f(x)$,但计算 f^{-1}非常困难,即已知 y,找出 x 满足 $f(x) = y$ 非常困难,这种函数 f 称为单向函数.

这里有一个可认为是单向函数的例子. 假设 n 是两个大的素数 p 和 q 的乘积,e 是一个正整数,那么定义

$$f(x) \equiv x^e (\mathrm{mod}\, n).$$

适当选择 e 和 n,事实上它是 RSA 加密函数,后面我们将更多地谈论它.

如果我们打算构造一个公钥密码体制,找到一个单向函数并不是充分的条件. 从 B 方观点来看,我们并不认为 E_B 是单向函数,因为他想解密从各种有效途径中得到的报文. 因此 B 拥有一个陷门,该陷门是由一个秘密信息组成,它使得求 E_B 的逆是容易且必要的,即 B 能够有效地解密,因为他知道有关 K 的一些额外的秘密知识. 如果一个函数是单向函数,但在具有某种陷门知识时很容易计算逆,我们就称这个函数是一个陷门单向函数.

我们在后面将看到对于上述定义函数 f 如何找到陷门,这将导出 RSA 密码体制.

§5.2 计算复杂性理论

计算复杂性理论是分析密码技术的计算要求和研究破译密码的固有难度的基础.它对密码算法及技术进行比较,然后确定它们的安全性.因此,在有关密码理论和密码技术的书刊中,经常会遇到有关计算复杂性的问题,下面简要介绍计算复杂性理论的基本概念.

5.2.1 算法复杂性

用于破译密码算法的计算复杂性,决定了该密码的强度.算法的计算复杂性是用该算法所需的计算时间(T)和存储空间(S)要求来度量的.当给定一个特定的求解问题的算法后,执行这个算法的计算时间要求和存储空间要求也就随之确定,但我们不能以一个具体的计算机来作这个实验,所以通常都把这个抽象的计算时间要求和存储空间要求理解为该实例所需的输入数据的长度 n 的函数$f(n)$,n 越大,所需花费的时间代价和空间代价 $f(n)$也就越大.函数 $f(n)$通常表示为形如 $O(g(n))$的"量级"函数,并称 $O(g(n))$为"大O"表示法,$f(n)=O(g(n))$表示存在满足下面要求的常数 c 和n_0

$$f(n) \leqslant c \mid g(n) \mid, \text{当 } n \geqslant n_0.$$

例如,设$f(n)=8n+10$,那么 $f(n)=O(n)$,因为

$$8n+10 \leqslant 9n, \text{当 } n \geqslant 10,$$

即$g(n)=n, c=9, n_0=10$.如 $f(n)$是下面形式的多项式:

$$f(n) = a_t n^t + a_{t-1} n^{t-1} + \cdots + a_1 n + a_0,$$

式中 t 为常数,那么有$f(n)=O(n^t)$,即忽略全部常数和低阶项.

用量级函数来度量一种算法的时间和空间要求,其优点在于它与所用的体制无关,因而就不必知道具体系统中不同指令的准确的定时关系和代表不同类型数据所用的比特数.同时,它还能清楚地表示出算法的时间和空间要求,是如何地随输入长度的增长而增加.例如,$T=O(n^2)$,那么输入长度加倍,就会使运行时间增加 4 倍.如果$T=O(2^n)$,那么输入尺寸增加一比特,算法运行时间增加一倍.

通常,算法按其时间和空间的复杂性进行分类.如果一个算法的复杂性是不依赖于 n:$O(1)$,那么它是"常数级的."如果它的复杂性随 n 线性增长,那么它是"线性的".O 随n 线性增长的其他一些算法也称之为"二次方的","三次方的"等等.所有这些算法都是"多项式的",他们的复杂性是 $O(n^t)$,在这里 t 是一个常数.有一个多项式的时间复杂性的算法族被称之为多项式时间算法.

复杂性是 $O(t^{f(n)})$ 的算法，t 在此是一个常数，$f(n)$ 是 n 的函数，被称为“指数的”.

任何密码算法的一个基本要求是：加解密只需要多项式时间的代价，破译需要指数时间的代价.

当 n 增长时，算法的时间复杂性能够在显示算法是否实际可行方面有巨大差别. 表 5－1 给出了当 $n=10^6$ 时，并假设计算机每秒能执行 10^6 条指令，对不同的算法族的运行时间.

表 5－1　不同算法族运行时间

类型	复杂性	运算次数	运行时间
常数的	$O(1)$	1	1 微秒
线性的	$O(n)$	10^6	1 秒
二次方的	$O(n^2)$	10^{12}	11.6 天
三次方的	$O(n^3)$	10^{18}	32000 年
指数的	$O(2^n)$	10^{301030}	3.1×10^{301016}年

从表 5－1 可以看出，计算机能够在一个微秒内完成一个常数阶的算法，在一秒内完成一个线性阶的算法，在 11.6 天内完成一个二次方阶的算法. 而为了完成一个三次方阶的算法，那将会花费 32000 年，这并非骇人的事实，但如果宇宙在那之前还存在的话，从计算机上最终得到一个解决方案将是可能的. 而解决指数阶的算法是枉费心机的，不管你认为（那时的）计算能力、并行处理能力是多么的强.

现在来看看对一个密码体制的强力攻击问题，这种攻击的时间复杂性是与可能的密钥总数成比例的，它是密钥长度的指数函数. 如果 n 是密钥长度，那么强力攻击的复杂性是 $O(2^n)$. 若在 DES 数据加密标准中，若用 112 比特密钥替代原有的 56 比特密钥，强力攻击对 56 比特密钥的复杂性是 2^{56}（2285 年，假定 10^6次/秒）；而对 112 比特密钥，其复杂性是 2^{112}（10^{20}年，假定 10^6 次/秒）. 前一个处于可被破译的边缘；后一个是绝对不可能的.

5.2.2　问题复杂性和 NP 完全问题

利用多项式算法的概念可以把问题加以分类，如果一个问题，已经找到了一个多项式算法，就称这个问题是一个 P－问题，或者说它属于 P 类. 若一个算法中每一步计算中，下一步是唯一确定的，则称该算法为确定性的，属于 P 类的算法都是确定性的，并且是 P－时间受限的，即执行时间是多项式时间. 若一个算法，在它的某个计算步骤必须从一个有限的可选择项中选一个作为下一步，则该算法称为非确定性的. 而 NP 问题则是指用非确定性算法在多项式时间内可以解决的问题,即不确定性多项式类.或者也可以说,对于一个问题的任何实例,我们对所给出的任意一个猜测,都能在多项式时间里判定这个猜测是否正确.用 P、NP 分别表示 P 问题类、NP 问题类,则显然有 $P \leqslant NP$.但是,对每个 NP 问题,究竟有没有确定性算法在多项式时间内求解?即是否有 $P = NP$?虽然许多 NP 问题看上去比 P 问题困难得多,但至今还没有证明 $P \neq NP$.这是计算复杂性理论中的著名难题.

设 x_1 和 x_2 是两个问题,若 x_1 可用多项式时间的确定性算法转化为 x_2,而 x_2 的解又可以用多项式时间的确定性算法转化为 x_1 的解,则称 x_1 可归约为 x_2,记为 $x_1 \propto x_2$.利用归约的概念,可以将问题进行转化.例如,若 $x_1 \propto x_2$,则对 x_1 的研究可以转化为对 x_2 的研究.

设 x 是一个给定的问题,如果对 $\forall x' \in NP$ 均有 $x' \propto x$,则称 x 是 NP 困难问题,并且 $x \in NP$,则 x 称为 NP 完全问题或 NPC 问题.显然,如果能证明任意一个 NP 完全问题属于 P 问题,则 $NP = P$.因此,NPC 问题是 NP 问题中最困难的问题,它们的已知最快算法在最坏情况下均具有指数阶的时间复杂性.

在现代密码中,一个密码系统的破译常常可归结为求解某个数学问题,数学问题的算法求解的复杂性可通过计算复杂性理论来描述,因此计算复杂性理论为破译密码的计算复杂度提供了实际的度量方法.而计算复杂性理论中的一些典型的数学问题又给人们提供了设计实用安全的高强度密码系统的基础.例如基于 NPC 类中的背包问题而设计的背包公开钥密码系统,基于 NP 问题的大数因子分解问题的 RSA 公开钥密码系统等.因此算法与问题的复杂性理论已成为现代密码系统设计与分析的重要基础.

下面介绍几个常用的 NP 问题:

(1)背包问题(Knapsack 问题)

这个问题的名字与向背包中装东西有关.是否存在一种选择众多物品中若干物品的方法使其“和”(它们占有的空间量)恰巧等于该背包的容量?该问题可表达为整数和的情况.设 $a_1, a_2, \cdots, a_n$ 是 n 个非负整数的序列,s 是一个整数,问方程 $a_1x_1 + a_2x_2 + \cdots + a_nx_n = s$ 是否有满足 $x_i \in \{0,1\}, 1 \leqslant i \leqslant n$ 的解?背包问题是 NP 问题,进一步地,它还是一个 NPC 问题.

例如 $4x_1 + 7x_2 + x_3 + 12x_4 + 10x_5 = 17$ 有解.而 $4x_1 + 7x_2 + x_3 + 12x_4 + 10x_5 = 25$ 无解.

(2)整数分解问题.

已知正整数 n,是否存在 $n_1, n_2, 1 < n_1, n_2 < n$ 使 $n = n_1n_2$?这是一个著名的 NP 问题,求解它的已知最快的确定性算法仍需要进行

$$O(\exp(\sqrt{\lg n \cdot \lg(\lg n)}))$$

次算术运算.倾向性的意见仍为分解问题不是 NPC 问题.

(3)矩阵覆盖问题(简称 MC 问题).

一个整数环 **Z** 上的 n 阶方阵 A 和 $s \in \mathbf{Z}$,是否存在 $x_i \in \{0,1\}, 1 \leqslant i \leqslant n$ 使得

$$(x_1, \cdots, x_n) A \begin{pmatrix} x_1 \\ x_2 \\ \vdots \\ x_n \end{pmatrix} = s \quad ?$$

MC 问题是一个 NPC 问题.背包问题可以看成 MC 问题特例.

例如

$$A = \begin{pmatrix} a_1 & 0 & \cdots & 0 \\ 0 & a_2 & \cdots & 0 \\ \vdots & \vdots & & \vdots \\ 0 & 0 & \cdots & a_n \end{pmatrix}$$

$$(x_1 \cdots x_n) A \begin{pmatrix} x_1 \\ x_2 \\ \vdots \\ x_n \end{pmatrix} = a_1 x_1^2 + \cdots + a_n x_n^2$$

$$= a_1 x_1 + \cdots + a_n x_n .$$

当前,已有数百个问题证明是 NP 完全问题. NP 完全问题的发现是很重要的.因为它为人们提供了一种判定一个问题是“难”问题的标准.以往,当一个新的数学问题被提出来以后,一般总要在若干年后,经过不少人的努力而仍不能解决时,才会被公认为“难”的问题.但是有了 NP 完全性理论后,往往出现下述情况:一个问题刚提出来,接着就可以证明它是“难”的,办法就是证明它是 NP 完全问题.因为目前一般认为,NP 完全问题不可能找到多项式算法.

§5.3 必备的数论知识

在描述 RSA 如何工作之前,我们需要讨论更多的有关模算术和数论的一些事实,我们需要的基本结果是中国剩余定理、欧拉函数和欧几里得算法.

5.3.1 同余方程和中国剩余定理

若整数 x_1 满足线性同余式

$$ax \equiv b(\bmod m),$$

即

$$ax_1 \equiv b(\bmod m).$$

可证明模 m 与 x_1 同余的所有整数都满足这个线性同余式.

例如 $3x \equiv 1\ (\bmod 5)$, $x \equiv 2\ (\bmod 5)$是这个线性同余式的解.

定理 5.1 同余式

$$ax \equiv b\ (\bmod m) \tag{1}$$

有解的充要条件是 $d \mid b$,其中 $d=(a,m)$. 令 $m'=m/d$,若 x_0 是(1)的一个解,则(1)的所有解 x 均满足

$$x \equiv x_0(\bmod m').$$

证明 若 x_0 是(1)的一个解,则 $ax_0-km=b$,所以,$d=(a,m)$除尽 b,即 $d \mid b$.

反之,若 $d \mid b$,令 $b=b'd$,

$$a = a'd, m = m'd,$$

则$(a',m')=1$,即存在整数 p 和 q,使得

$$pa' + qm' = 1.$$

从而

$$b = bpa' + bqm' = b'dpa' + b'dqm' = pb'a + qb'm,$$

即 pb'满足同余式(1).

不难验证,若 x_0 是(1)的解,则 x_0+km'也是(1)的解,其中 k 是任一整数.

因为

$$a(x_0 + km') = ax_0 + akm' = ax_0 + a'dkm' = ax_0 + a'km$$
$$\equiv ax_0 \equiv b\ (\bmod m),$$

同时,若 x'_0 是(1)的任意一个解,可以证明

$$x'_0 \equiv x_0(\bmod m').$$

若

$$ax_0 \equiv b\ (\bmod m), ax'_0 \equiv b(\bmod m).$$

则

$$a(x_0 - x'_0) \equiv 0(\bmod m).$$

所以

$$x_0 \equiv x'_0(\bmod m/d),$$

即

$$x_0 \equiv x'_0(\bmod m'). \qquad \square$$

推论 设$(a,m)=1$,则同余式 $ax \equiv b\ (\bmod m)$恰有唯一解 $x \equiv$

$x_0(\bmod m)$.

定理 5.2 下列两个同余式

$$x \equiv b_1(\bmod m_1), x \equiv b_2(\bmod m_2) \tag{2}$$

有一个共同解的充要条件是

$$b_1 \equiv b_2(\bmod d), \text{其中 } d = (m_1, m_2).$$

证明 设 x_1 满足(2)的两个同余式,则

$$x_1 = b_1 + k_1 m_1 = b_2 + k_2 m_2,$$

从而

$$k_2 m_2 \equiv b_1 - b_2(\bmod m_1). \tag{3}$$

由定理 5.1 可知,(3)式中 k_2 存在的充要条件是

$$(m_1, m_2) \mid (b_1 - b_2). \qquad \square$$

对于 n 个联立同余式同样有类似结果.

定理 5.3 联立同余式

$$x \equiv b_i(\bmod m_i), i = 1,2,\cdots,n$$

有一共同解的充要条件是

$$(m_i, m_j) \mid (b_i - b_j), i \neq j, i, j = 1,2,\cdots,n.$$

中国剩余定理 设 $m_1, m_2, \cdots, m_k$ 是两两互素的正整数,$M = m_1 \cdots m_k$,$M_i = \dfrac{M}{m_i}(i = 1, \cdots, k)$,则同余式组

$$x \equiv b_i(\bmod m_i), i = 1,2,\cdots,k \tag{4}$$

有唯一解

$$x \equiv b_1 M_1 y_1 + b_2 M_2 y_2 + \cdots + b_k M_k y_k(\bmod M), \tag{5}$$

其中$M_i y_i \equiv 1 \ (\bmod m_i), i = 1, \cdots, k$.

证明 由于$(m_i, m_j) = 1, i \neq j$,即得$(M_i, m_i) = 1$. 由定理 1 推论知对每一 M_i,有唯一 y_i 存在使得$M_i y_i \equiv 1 \ (\bmod m_i)$. 另一方面,由 $M = m_i M_i$,因此 $m_j \mid M_i, i \neq j$,故

$$\sum_{j=1}^{k} M_j y_j b_j \equiv M_i y_i b_i \equiv b_i(\bmod m_i), i = 1, \cdots, k,$$

即(5)是(4)的解.

下面证明(5)是模 M 的唯一解. 如若不然,设 x 和 $\bar{x}$ 是(4)式模 M 的两个解,即

$$x \equiv \bar{x} \equiv b_j(\bmod m_j), j = 1,2,\cdots,k.$$

那么

$$m_j \mid (x - \bar{x}).$$

所以

$$M \mid (x - \bar{x}) \text{ 或 } x \equiv \bar{x} \pmod{M}.$$

这就证明了对于模 M,(4)的解是唯一的. □

例 5.1 求解

$$\begin{cases} x \equiv 0 \pmod{3}, \\ x \equiv 1 \pmod{5}, \\ x \equiv 2 \pmod{7}. \end{cases}$$

解 $M=105, M_1=35, M_2=21, M_3=15$

$$35y_1 \equiv 1 \pmod{3}, y_1 = 2,$$
$$21y_2 \equiv 1 \pmod{5}, y_2 = 1,$$
$$15y_3 \equiv 1 \pmod{7}, y_3 = 1.$$

所以

$$\begin{aligned} x &= 35 \times 2 \times 0 + 21 \times 1 \times 1 + 15 \times 1 \times 2 \\ &\equiv 51 \pmod{105}. \end{aligned}$$

5.3.2 欧几里得算法

欧几里得算法就是§1.2.2 中介绍的辗转相除法.从§1.2.2 可以看到利用欧几里得算法可以迅速地找出给定的两个整数 a 和 b 的最大公因数(a, b),并判断 a 和 b 是否互素.在求得(a,b)的同时,还能给出满足$(a,b)=ua+vb$ 的两个常数 u,v.当$(a,b)=1$ 时,利用欧几里得算法可找出两常数 u,v 使得

$$ua + vb = 1.$$

于是可得

$$ua \equiv 1 \pmod{b},$$
$$vb \equiv 1 \pmod{a}.$$

于是 u 是 a 模 b 的乘法逆,v 是 b 模 a 的乘法逆.求乘逆是近世代数中域运算的一个重要内容,也是利用孙子定理解线性同余方程组的重要组成部分,在IDEA 的密钥变换过程中,也多次用到求 16bit 密钥 Z 在乘法⊙下的逆元 Z^{-1},即 $Z \odot Z^{-1}=1$ 或 $Z \cdot Z^{-1} \equiv 1 \pmod{(2^{16}+1)}$.

下面举一个例子说明利用欧几里得算法求乘法逆的方法.

例 5.2 求$\overline{w}$使得 $1001\,\overline{w} \equiv 1 \pmod{3837}$.

解因为$(1001,3837)=1$,

所以$\overline{w}$是存在且唯一的.

而

$$3837 = 3 \times 1001 + 834,$$
$$1001 = 1 \times 834 + 167,$$

$$834 = 4 \times 167 + 166,$$
$$167 = 166 + 1,$$

所以

$$\begin{aligned} 1 &= 167 - 166 = 167 - (834 - 4 \times 167) \\ &= 5 \times 167 - 834 \\ &= 5 \times (1001 - 834) - 834 \\ &= 5 \times 1001 - 6 \times 834 \\ &= 5 \times 1001 - 6 \times (3837 - 3 \times 1001) \\ &= 23 \times 1001 - 6 \times 3837. \end{aligned}$$

$$23 \times 1001 \equiv 1 \pmod{3837}.$$
$$\overline{w} \equiv 23 \pmod{3837}.$$

由此例可看出用欧几里得算法求乘法逆比较方便.为便于计算机实现,我们先来推导欧几里得算法的几个递推公式,然后给出在计算机上容易实现的算法原理.

为方便起见,设 a,b 为给定的两个正整数,且 $a>b$,$b \nmid a$.在欧几里得算法中,反复应用带余除法 $a=qb+r, 0 \leqslant r < b$,可得下面 $k+1$ 个等式(记 $a_0=a, a_1=b$):

$$\begin{aligned} a_0 &= q_0 a_1 + a_2, \\ a_1 &= q_1 a_2 + a_3, \\ &\cdots\cdots \\ a_{k-1} &= q_{k-1} a_k + a_{k+1}, \\ a_k &= q_k a_{k+1} + a_{k+2}, \text{这里 } a_{k+2} = 0. \end{aligned}$$

其中 $0=a_{k+2}<a_{k+1}<a_k<\cdots<a_2<a_1<a_0$, $q_i>0\ (i=0,1,2,\cdots,k)$.$(a,b)=(a_0,a_1)=(a_1,a_2)=\cdots=(a_k,a_{k+1})=(a_{k+1},a_{k+2})=(a_{k+1},0)=a_{k+1}$.为便于计算机实现,将上述等式用矩阵表示成以下形式:

$$(a_1,a_2)=(a,b)\begin{pmatrix}0 & 1\\ 1 & -q_0\end{pmatrix},$$

$$(a_2,a_3)=(a_1,a_2)\begin{pmatrix}0 & 1\\ 1 & -q_1\end{pmatrix},$$

$$\cdots\cdots$$

$$(a_k,a_{k+1})=(a_{k-1},a_k)\begin{pmatrix}0 & 1\\ 1 & -q_{k-1}\end{pmatrix},$$

$$(a_{k+1},a_{k+2})=(a_k,a_{k+1})\begin{pmatrix}0 & 1\\ 1 & -q_k\end{pmatrix}.$$

为便于迭代，引进如下几个递推式：

设 $s_0=1, u_0=0, t_0=0, v_0=1$，则有

$$(a,b)=(a,b)\begin{pmatrix}1&0\\0&1\end{pmatrix}=(a,b)\begin{pmatrix}s_0&u_0\\t_0&v_0\end{pmatrix},$$

$$\begin{aligned}(a_1,a_2)&=(a,b)\begin{pmatrix}0&1\\1&-q_0\end{pmatrix}\\&=(a,b)\begin{pmatrix}s_0&u_0\\t_0&v_0\end{pmatrix}\begin{pmatrix}0&1\\1&-q_0\end{pmatrix}\\&=(a,b)\begin{pmatrix}u_0&s_0-q_0u_0\\v_0&t_0-q_0v_0\end{pmatrix}\\&=(a,b)\begin{pmatrix}s_1&u_1\\t_1&v_1\end{pmatrix},\end{aligned}$$

式中 $s_1=u_0, u_1=s_0-q_0u_0=1, t_1=v_0, v_1=t_0-q_0v_0=-q_0$.

$$\begin{aligned}(a_2,a_3)&=(a_1,a_2)\begin{pmatrix}0&1\\1&-q_1\end{pmatrix}\\&=(a,b)\begin{pmatrix}s_1&u_1\\t_1&v_1\end{pmatrix}\begin{pmatrix}0&1\\1&-q_1\end{pmatrix}\\&=(a,b)\begin{pmatrix}s_2&u_2\\t_2&v_2\end{pmatrix},\end{aligned}$$

式中 $s_2=u_1, u_2=s_1-q_1u_1, t_2=v_1, v_2=t_1-q_1v_1$.一般有

$$(a_i,a_{i+1})=(a,b)\begin{pmatrix}s_i&u_i\\t_i&v_i\end{pmatrix},\quad i=0,1,\cdots,k+1,$$

$$s_i=u_{i-1}, u_i=s_{i-1}-q_{i-1}u_{i-1}, t_i=v_{i-1}, v_i=t_{i-1}-q_{i-1}v_{i-1},$$

其中 $i=1,2,\cdots,k+1$.

综上所述，可得下列递推关系式：

初始条件：$a_0=a, b_0=b(a>b>0, b\nmid a)$

$$\begin{cases}s_0=1, u_0=0, t_0=0, v_0=1,\\a_{i-1}=q_{i-1}a_i+a_{i+1}, q_{i-1}>0, & i=1,\cdots,k+1,\\u_i=s_{i-1}-q_{i-1}u_{i-1}, s_i=u_{i-1}, & i=1,\cdots,k+1,\\v_i=t_{i-1}-q_{i-1}v_{i-1}, t_i=v_{i-1}, & i=1,\cdots,k+1,\\a_{i+1}=u_ia+v_ib, & i=0,1,\cdots,k+1.\end{cases}\tag{1}$$

为方便起见，可在递推关系式(1)中消去 s_i 和 t_i $(i=1,2,\cdots,k+1)$，从而得以下递推关系式：

初始条件：$a_0 = a, b_0 = b (a > b > 0, b \nmid a)$

$$\begin{cases} s_0 = 1, u_0 = 0, t_0 = 0, v_0 = 1, \\ s_1 = 0, u_1 = 1, t_1 = 1, v_1 = -q_0, \\ a_{i-1} = q_{i-1}a_i + a_{i+1}, q_{i-1} > 0, & i = 1,2,\cdots,k+1, \\ u_i = u_{i-2} - q_{i-1}u_{i-1}, & i = 2,3,\cdots,k+1, \\ v_i = v_{i-2} - q_{i-1}v_{i-1}, & i = 2,3,\cdots,k+1, \\ a_{i+1} = u_i a + v_i b, & i = 0,1,\cdots,k+1. \end{cases} \tag{2}$$

显然，递推关系式(1)与(2)等价．由于当 $a_{k+2} = 0$ 时，$(a, b) = a_{k+1}$．由递推关系式(1)，可得欧几里得算法的原理图 5－2 所示．最后输出的 g 即为(a, b)，u 和 v 满足方程：

$$ua + vb = (a, b).$$

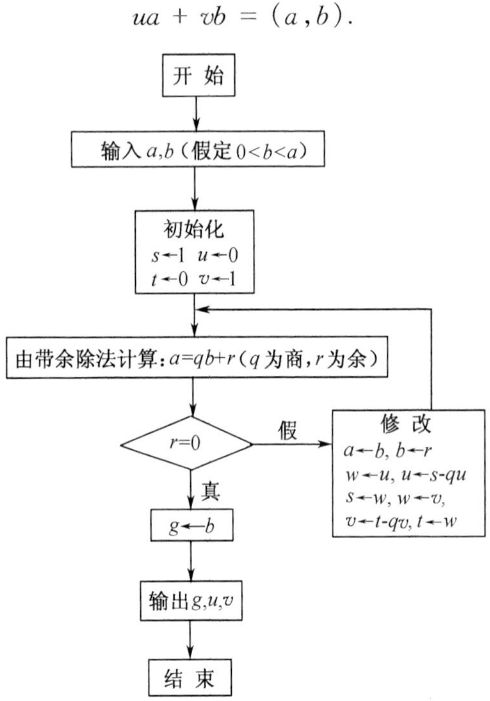

图 5－2　欧几里得算法原理图

由前面可以看到利用欧几里得算法还可以求乘法逆．若$(a, b) = 1$，由图 5－2的算法求出的 u, v 满足

$$ua + vb = 1,$$

于是 u 是a 模b 的乘法逆，v 是b 模a 的乘法逆，但求乘法逆往往求满足 $0 \leqslant u < b, 0 \leqslant v < a$ 的u 和 v，实际上可以证明（在这里略）用带余除法（也称辗转

相除法或欧几里得算法)得到的 u,v 一定满足以下不等式:

$$|u| \leqslant b,\ |v| \leqslant a,$$

于是只需对图 5-2 欧几里得算法原理图稍加修改即可使输出的 u 和 v 满足 $0 \leqslant u < b, 0 \leqslant v < a$,这就是通常需求的逆元.

5.3.3 Wilson 定理

Wilson 定理给出 p 是素数的一个充分必要条件,此定理在理论上具有比较重要的价值.

定理(Wilson) p 是素数的充分必要条件是

$$(p-1)! \equiv -1 \pmod{p}. \tag{1}$$

证明 "⇒" $p=2,3$ 时,(1)式显然成立. 现设 $p>3$ 是一个奇素数,$S=\{2,3,\cdots,p-2\}$,$a \in S$ 因为$(a,p)=1$,故有整数 $0 \leqslant m < p, 0 \leqslant n < a$ 使

$$ma + np = 1,$$

即得

$$ma \equiv 1 \pmod{p}.$$

易知 $m \neq 1, m \neq p-1$,故 $m \in S$,且 $am \equiv 1 \pmod{p}$. 现在,我们来证明 $a \neq m$,否则,由 $a=m$ 推出

$$(m-1)(m+1) \equiv 0 \pmod{p}. \tag{2}$$

而 $m \neq 1, m \neq p-1$,故(2)不能成立. 现取 $a' \in S, a' \neq a, a' \neq b$,则有 $b' \in S$,使 $a'b' \equiv 1 \pmod{p}$,而且 $b' \neq a', b' \neq a, b' \neq b$. 如此讨论下去,便知 S 中的数可分成$\frac{p-3}{2}$对,每一对数 a,b 满足

$$ab \equiv 1 \pmod{p}.$$

故得

$$2 \cdot 3 \cdots (p-2) \equiv 1 \pmod{p},$$

即得

$$(p-1)! \equiv -1 \pmod{p}.$$

"⇐"设$(p-1)! \equiv -1 \pmod{p}$且 $p=ab$,其中 $1<a<p, 1<b<p$. 因为

$$1 < a < p,\text{所以 } a \mid (p-1)!.$$

根据假定$(p-1)! \equiv -1 \pmod{p}$,有

$$p \mid [(p-1)! + 1].$$

而 $a \mid p$,所以

$$a \mid [(p-1)! + 1].$$

又

$$[(p-1)!+1]-(p-1)!=1,$$

所以

$$a \mid 1.$$

这跟 $a>1$ 的假定相矛盾,故 p 是素数. □

5.3.4 欧拉函数

所有模 m 和 r 同余的整数组成一个剩余类 C_r. 显然这个剩余类中的任何一个数可以确定这个剩余类. 每个整数总是和 m 个数 $0,1,\cdots,m-1$ 中的一个数同余. $0,1,\cdots,m-1$ 中任意两个数模 m 不同余.

一组整数 $r_1,r_2,\cdots,r_m$ 分别属于模 m 的不同同余类时,则称它构成一组模 m 的完全剩余集. 最常用的模 m 的完全剩余集为 $0,1,\cdots,m-1$,称为模 m 的非负最小完全剩余集,今后用记号 Z_m 表示集合即

$$Z_m=\{0,1,\cdots,m-1\}.$$

剩余类 C_r 中的每一个数可表示为

$$r+qm \qquad q=0,\pm 1,\pm 2,\cdots$$

所以剩余类 C_r 中的每一个数和 m 互素的充要条件是 r 和 m 互素. 在与模 m 互素的全部剩余类中,各取一数所组成的集叫做模 m 的一组缩系. 和 m 互素的同余类的数目用 $\Phi(m)$ 表示,称为是 m 的 Euler 函数,今后与 m 互素的模 m 的剩余集记为 Z_m^*,所以 Z_m^* 中有元素 $\Phi(m)$ 个.

定义5.1 欧拉函数 $\Phi(m)$ 是一个定义在正整数上的函数,$\Phi(m)$ 的值等于序列 $0,1,2,\cdots,m-1$ 中与 m 互素的数的个数.

由定义知 $\Phi(1)=1,\Phi(2)=1,\cdots$,当 p 是素数时,$\Phi(p)=p-1$.

定理 5.4 若 m_1 和 m_2 互素,则 $\Phi(m_1m_2)=\Phi(m_1)\Phi(m_2)$.

证明 设 x 是一个正整数,满足

$$0\leqslant x\leqslant m_1m_2-1.$$

设

$$x\equiv r_1(\bmod m_1),x\equiv r_2(\bmod m_2),$$

其中 $0\leqslant r_1\leqslant m_1-1,0\leqslant r_2\leqslant m_2-1$,则 r_1,r_2 为 x 所唯一确定.

反之,给定 r_1、r_2 可唯一确定 x,即 x 和一对数偶 (r_1,r_2) 一一对应. x 和 m_1m_2 互素,当且仅当 x 分别和 m_1、m_2 都互素,同时 x 和 m_i 互素的充要条件是 r_i 和 m_i 互素,$i=1,2$.

这就证明了与 m_1m_2 互素的数 x 的数目等于数偶 (r_1,r_2) 的数目,其中 r_1 和 m_1 互素,r_2 和 m_2 互素. 比 m_1 小而与 m_1 互素的 r_1 的数目为 $\Phi(m_1)$,小于 m_2 而与 m_2 互素的 r_2 的数目为 $\Phi(m_2)$,这样的数偶 (r_1,r_2)

的数目为 $\Phi(m_1)\Phi(m_2)$. 即 $\Phi(m_1m_2)=\Phi(m_1)\Phi(m_2)$. □

定理 5.5 若 $m=p_1^{\alpha_1}p_2^{\alpha_2}\cdots p_k^{\alpha_k}$,其中 $p_1,p_2,\cdots p_k$ 为素数,则 $\Phi(m)=m\left(1-\frac{1}{p_1}\right)\left(1-\frac{1}{p_2}\right)\cdots\left(1-\frac{1}{p_k}\right)$.

证明 首先证明对于素数 p 有

$$\Phi(p^\alpha)=p^\alpha\left(1-\frac{1}{p}\right),$$

在区间 $0\leqslant x<p^\alpha$ 上的整数,或是 p 的倍数,或与 p^α 互素,其中 p 的倍数有

$$0,p,2p,\cdots,(p^{\alpha-1}-1)p,$$

共为 $p^{\alpha-1}$个,所以和 p^α 互素的数目为 $p^\alpha-p^{\alpha-1}=p^\alpha\left(1-\frac{1}{p}\right)$. 于是

$$\begin{aligned}\Phi(m)&=p_1^{\alpha_1}\left(1-\frac{1}{p_1}\right)p_2^{\alpha_2}\left(1-\frac{1}{p_2}\right)\cdots p_k^{\alpha_k}\left(1-\frac{1}{p_k}\right)\\&=m\left(1-\frac{1}{p_1}\right)\left(1-\frac{1}{p_2}\right)\cdots\left(1-\frac{1}{p_k}\right).\end{aligned}$$ □

定理5.6 (Euler 定理) 若$(a,m)=1$,则 $a^{\Phi(m)}\equiv1\ (\mathrm{mod}\,m)$.

证明 设 $\Phi(m)=k$,并令 $r_1,r_2,\cdots,r_k$ 是模 m 的一组缩系. 因为$(a,m)=1$,所以 $ar_1,ar_2,\cdots,ar_k$ 也和m 互素,且两两不相同余,否则若

$$ar_i\equiv ar_j(\mathrm{mod}\,m),$$

则有$r_i\equiv r_j(\mathrm{mod}\,m)$与假定矛盾. 所以

$$a^kr_1r_2\cdots r_k\equiv r_1r_2\cdots r_k(\mathrm{mod}\,m).$$

由于 $r_1,r_2,\cdots,r_k$ 与m 互素,故得

$$a^k\equiv1\ (\mathrm{mod}\,m).$$ □

推论(Fermat 定理) 若 p 是素数,$(a,p)=1$,则 $a^{p-1}\equiv1\ (\mathrm{mod}\,p)$.

由此推论可得下面定理:

定理 5.7(Fermat 定理) 若 p 是素数,则

$$a^p\equiv a\ (\mathrm{mod}\,p).$$

从 $a^{\Phi(m)}\equiv1\ (\mathrm{mod}\,m)$可知,若$(a,m)=1$,则相对于模 m,a 的逆元素为 $a^{\Phi(m)-1}$. 可用此结论求解同余方程.

例 5.3 若$(a,m)=1$,则 $ax\equiv b\ (\mathrm{mod}\,m)$有唯一解

$$x\equiv a^{\Phi(m)-1}b\ (\mathrm{mod}\,m).$$

例5.4 求 $5^{201}\equiv?\ (\mathrm{mod}\,11)$.

解 $5^{\Phi(11)}=5^{10}\equiv1\ (\mathrm{mod}\,11)$,

$5^{201}=(5^{10})^{20}\cdot5\equiv5\ (\mathrm{mod}\,11)$.

5.3.5 平方剩余和 Jacobi 符号

定义 5.2 假设 p 是一个奇素数且 a 是一个整数，$1\leqslant a\leqslant p-1$. 如果同余方程 $x^2\equiv a\pmod{p}$ 有解 $x\in Z_p$，a 定义为模 p 的平方剩余. 如果 $a\not\equiv 0\pmod{p}$ 且 a 不是模 p 的平方剩余，a 定义为模 p 的非平方剩余.

例 5.5 模 11 的平方剩余是 1,3,4,5 和 9，因为 $(\pm 1)^2=1$，$(\pm 5)^2=3$，$(\pm 2)^2=4$，$(\pm 4)^2=5$ 和 $(\pm 3)^2=9$（这里所有运算在 Z_{11} 中进行）.

引理 若 p 是奇素数，$p\nmid a$，则

$$x^2\equiv a\pmod{p}$$

或无解或有两个模 p 不同余的解.

证明 若 $x^2\equiv a\pmod{p}$ 有解 x'，则不难验证 $-x'$ 是另一个与 x' 不同余的解.

$$(-x')^2\equiv x'^2\equiv a\pmod{p},$$

同时

$$x'\not\equiv -x'\pmod{p},$$

否则

$$2x'\equiv 0\pmod{p}.$$

这跟 p 是奇素数，且 $p\nmid a$ 的假定相矛盾.

再没有其它不同余的解了. 如若 x'' 是 $x^2\equiv a\pmod{p}$ 另外的解，则

$$x''^2\equiv x'^2\equiv a\pmod{p},$$

所以

$$x''^2\equiv x'^2\pmod{p},$$

$$p\mid(x''^2-x'^2)=(x''+x')(x''-x'),$$

$$x''\equiv x'\pmod{p}\ \text{或}\ x''\equiv -x'\pmod{p}.$$

故只有两个不同余的解. □

定理 5.8 若 p 是奇素数，则整数 $1,2,\cdots,p-1$ 中正好有 $(p-1)/2$ 个是模 p 的平方剩余，其余的 $(p-1)/2$ 个是非平方剩余.

证明 为从 1，2，…，$p-1$ 中求出模 p 的所有平方剩余，计算 1，2，…，$p-1$ 的平方模 p 的最小正剩余，因为共有 $p-1$ 个非零剩余，且

$$x^2\equiv a\pmod{p}$$

的解的数目或为零或有两个，故正好有 $(p-1)/2$ 个模 p 的平方剩余在 $1,2,\cdots,p-1$ 中，其余 $(p-1)/2$ 个为非平方剩余. □

为研究平方剩余的需要，引进特殊概念如下：

定义 5.3 假设 p 是一个奇素数，对任何 $a\geqslant 0$，我们定义勒让德符号

$\left(\frac{a}{p}\right)$为：

$$\left(\frac{a}{p}\right)=\begin{cases}0, & \text{如果 } a\equiv 0\ (\bmod p),\\ 1, & \text{如果 } a \text{ 是模 } p \text{ 的平方剩余},\\ -1 & \text{如果 } a \text{ 不是模 } p \text{ 的平方剩余}.\end{cases}$$

定理5.9(欧拉准则)　令 p 是一奇素数，则

$$\left(\frac{a}{p}\right)\equiv a^{(p-1)/2}(\bmod p).$$

证明　若$\left(\frac{a}{p}\right)=1$，即 $x^2\equiv a\ (\bmod p)$有解，设为 x'. 利用 Fermat 定理

$$a^{(p-1)/2}\equiv(x'^2)^{(p-1)/2}\equiv x'^{p-1}\equiv 1\ (\bmod p),$$

从而

$$\left(\frac{a}{p}\right)\equiv a^{(p-1)/2}(\bmod p),$$

此时定理为真.

如若$\left(\frac{a}{p}\right)=-1$，即 $x^2\equiv a\ (\bmod p)$无解. 对于每一个整数 i：$1\leqslant i\leqslant p-1$，总对应一个 j，使得

$$ij\equiv a\ (\bmod p).$$

由于 $x^2\equiv a\ (\bmod p)$无解，故 $i\neq j$. 因此，$1,2,\cdots,p-1$ 可以分成$(p-1)/2$ 对，每一对之积为 a. 因此$(p-1)!\ \equiv a^{(p-1/2)}(\bmod p)$. Wilson 定理告诉我们

$$(p-1)!\equiv -1\ (\bmod p),$$

故

$$\left(\frac{a}{p}\right)\equiv a^{p-1/2}(\bmod p).$$

若$\left(\frac{a}{p}\right)=0$，则 $p\mid a$，$a^{(p-1/2)}\equiv 0\ (\bmod p)$，总之有

$$\left(\frac{a}{p}\right)\equiv a^{(p-1/2)}(\bmod p).$$

□

定理 5.10　若 p 是奇素数，a 和 b 都不被 p 除尽，则

(1)若 $a\equiv b\ (\bmod p)$，则$\left(\frac{a}{p}\right)=\left(\frac{b}{p}\right)$；

(2)$\left(\frac{a}{p}\right)\left(\frac{b}{p}\right)=\left(\frac{ab}{p}\right)$；

(3)$\left(\frac{a^2}{p}\right)=1$.

证明　(1)$\left(\frac{a}{p}\right)\equiv a^{(p-1)/2}(\bmod p)$,

$$\left(\frac{b}{p}\right)\equiv b^{(p-1)/2}(\bmod p).$$

若$a\equiv b\pmod{p}$，则$\left(\frac{a}{p}\right)=\left(\frac{b}{p}\right)$. □

(2)、(3)证明略.

于是，对于任意整数 n，总可表为 $n=\pm 2^m q_1^{l_1}\cdots q_s^{l_s}$ 其中 $2<q_1<\cdots<q_s$，q_i 为素数时有

$$\left(\frac{n}{p}\right)=\left(\frac{\pm 1}{p}\right)\left(\frac{2}{p}\right)^m\left(\frac{q_1}{p}\right)^{l_1}\cdots\left(\frac{q_s}{p}\right)^{l_s}.$$

又$\left(\frac{1}{p}\right)=1$. 所以任给一个整数 n，计算$\left(\frac{n}{p}\right)$时，只需算出下面的三种值$\left(\frac{-1}{p}\right)$，$\left(\frac{2}{p}\right)$，$\left(\frac{q}{p}\right)$，$q$ 是奇素数.

定理 5.11 对任意奇素数 p，

$$\left(\frac{-1}{p}\right)=(-1)^{\frac{p-1}{2}}=\begin{cases}1, & p\equiv 1\pmod{4},\\ -1, & p\equiv 3\pmod{4}.\end{cases}$$

定理 5.12 对任意奇素数 p

$$\left(\frac{2}{p}\right)=(-1)^{\frac{p^2-1}{8}}=\begin{cases}1, & p\equiv\pm 1\pmod{8},\\ -1, & p\equiv\pm 3\pmod{8}.\end{cases}$$

证明 考虑以下$\frac{p-1}{2}$个同余式

$$\begin{aligned}
p-1&\equiv 1\times(-1)\pmod{p},\\
2&\equiv 2\times(-1)^2\pmod{p},\\
p-3&\equiv 3\times(-1)^3\pmod{p},\\
4&\equiv 4\times(-1)^4\pmod{p},\\
&\vdots\\
r&\equiv \frac{p-1}{2}(-1)^{\frac{p-1}{2}}\pmod{p},
\end{aligned}$$

其中

$$r=\begin{cases}p-\dfrac{p-1}{2}, & p\equiv 3\pmod{4},\\ \dfrac{p-1}{2}, & p\equiv 1\pmod{4}.\end{cases}$$

将以上$\frac{p-1}{2}$个同余式相乘，注意左边都是偶数得：

$$\begin{aligned}
&2\times 4\times 6\times\cdots\times(p-3)(p-1)\\
&\equiv\left(\frac{p-1}{2}\right)!(-1)^{1+2+\cdots+\frac{p-1}{2}}\pmod{p}
\end{aligned}$$

$$2^{\frac{p-1}{2}}\cdot\left(\frac{p-1}{2}\right)!\equiv\left(\frac{p-1}{2}\right)!(-1)^{\frac{p^2-1}{8}}(\bmod p),$$

所以

$$(-1)^{\frac{p^2-1}{8}}\equiv 2^{\frac{p-1}{2}}\equiv\left(\frac{2}{p}\right)(\bmod p),$$

$$\left(\frac{2}{p}\right)=(-1)^{\frac{p^2-1}{8}}.$$ □

十九世纪初,高斯证明了以下结果,通常称高斯引理.

高斯引理 设 p 是一个奇素数,$(p,n)=1$,且$\frac{1}{2}(p-1)$个数

$$\langle n\rangle_p,\langle 2n\rangle_p,\cdots,\langle\frac{(p-1)n}{2}\rangle_p$$

中有 m 个大于$\frac{1}{2}p$,则

$$\left(\frac{n}{p}\right)=(-1)^m.$$

其中符号$\langle n\rangle_p$ 表示n 模p 的非负最小剩余.

证明略.

定理 5.13(二次互反律) 设 $p>2,q>2$ 是两个素数,$p\neq q$.则

$$\left(\frac{q}{p}\right)=(-1)^{\frac{(p-1)(q-1)}{4}}\left(\frac{p}{q}\right).$$

证明利用高斯引理,略.

例 5.6 $\left(\frac{438}{73}\right)=\left(\frac{2\times 3\times 73}{73}\right)=0.$

$$\begin{aligned}\left(\frac{126}{31}\right)&=\left(\frac{2\times 3^2\times 7}{31}\right)=\left(\frac{2}{31}\right)\left(\frac{3^2}{31}\right)\left(\frac{7}{31}\right)\\&=\left(\frac{7}{31}\right)=(-1)^{\frac{(31-1)(7-1)}{4}}\left(\frac{31}{7}\right)\\&=-\left(\frac{3}{7}\right)=-(-1)^{\frac{(3-1)(7-1)}{4}}\left(\frac{7}{3}\right)\\&=\left(\frac{1}{3}\right)\\&=1.\end{aligned}$$

下面我们定义一般形式的勒让德符号.

定义 5.4 假设 n 是一个奇正整数,n 的素数幂分解是 $p_1^{\alpha_1}\cdots p_k^{\alpha_k}$,设 $a\geqslant 0$ 是一个正整数,Jacobi 符号$\left(\frac{a}{n}\right)$定义为

$$\left(\frac{a}{n}\right)=\prod_{i=1}^{k}\left(\frac{a}{p_i}\right)^{\alpha_i}.$$

例 5.7 计算雅可比符号$\left(\frac{6278}{9975}\right)$.

解 $9975=3\times 5^2\times 7\times 19$,
这样我们有

$$\begin{aligned}\left(\frac{6278}{9975}\right)&=\left(\frac{6278}{3}\right)\left(\frac{6278}{5}\right)^2\left(\frac{6278}{7}\right)\left(\frac{6278}{19}\right)\\&=\left(\frac{2}{3}\right)\left(\frac{3}{5}\right)^2\left(\frac{6}{7}\right)\left(\frac{8}{19}\right)\\&=-1.\end{aligned}$$

当 n 是素数时,Jacobi 符号也就是 Legendre 符号. 当 n 是合数时,Jacobi 符号$\left(\frac{a}{n}\right)$不能提供$x^2\equiv a \pmod{n}$是否有解. 我们知道若 $x^2\equiv a \pmod{n}$有解,则$\left(\frac{a}{n}\right)=1$. 这只要注意到若 p 是 n 的素数因子,则当 $x^2\equiv a \pmod{n}$有解时,$x^2\equiv a \pmod{p}$也有解就可以了. 不过 Jacobi 符号等于 1 时,$x^2\equiv a \pmod{n}$可能无解. 比如 $n=p_1p_2$,只要找到 a,关于 p_1 和 p_2 都不是平方剩余,即

$$\left(\frac{a}{p_1}\right)=\left(\frac{a}{p_2}\right)=-1,$$

但

$$\left(\frac{a}{n}\right)=\left(\frac{a}{p_1}\right)\left(\frac{a}{p_2}\right)=1.$$

Jacobi 符号也有与 Legendre 符号相类似的性质. 下面我们在没有证明的情况下列出这些特性:

定理 5.14 设 m, m_1 为正奇数

(1)若 $n\equiv n_1 \pmod{m}$, $(n,m)=1$,则$\left(\frac{n}{m}\right)=\left(\frac{n_1}{m}\right)$;

(2)若$(n,m)=(n,m_1)=1$,则

$$\left(\frac{n}{m}\right)\left(\frac{n}{m_1}\right)=\left(\frac{n}{mm_1}\right);$$

(3)若$(n,m)=(n_1,m)=1$,则

$$\left(\frac{n}{m}\right)\left(\frac{n_1}{m}\right)=\left(\frac{nn_1}{m}\right).$$

定理 5.15 $\left(\frac{-1}{m}\right)=(-1)^{\frac{m-1}{2}}$.

定理 5.16 $\left(\frac{2}{m}\right)=(-1)^{\frac{m^2-1}{8}}$.

定理 5.17 若 m,n 是二正奇数,且$(m,n)=1$,则

$$\left(\frac{m}{n}\right)=(-1)^{\frac{(m-1)(n-1)}{4}}\left(\frac{n}{m}\right).$$

例 5.8 $\left(\frac{7411}{9283}\right)=-\left(\frac{9283}{7411}\right)=-\left(\frac{2}{7411}\right)^4\left(\frac{117}{7411}\right)$

$=-\left(\frac{117}{7411}\right)=-\left(\frac{7411}{117}\right)=-\left(\frac{40}{117}\right)$

$=-\left(\frac{2}{117}\right)^3\left(\frac{5}{117}\right)=\left(\frac{5}{117}\right)=\left(\frac{117}{5}\right)=\left(\frac{2}{5}\right)=-1.$

§5.4 RSA公钥系统

1977 年，Rivest，Shamir 和 Adleman 联合提出一种基于数论中欧拉定理的公钥密码系统，简称 RSA 公钥系统，它的安全性是基于大数因子分解，后者在数学上是一个困难问题.

5.4.1 RSA 加密算法

1. RSA 体制用户 i 的公开加密变换 E_i 与保密的解密变换 D_i 的生成：

(1)随机选取两个 100 位(指十进制)以上的素数 p_i 和 q_i.

(2)计算 $n_i=p_iq_i$，$\Phi(n_i)=(p_i-1)(q_i-1)$.

(3)随机选取整数 e_i，满足$(e_i,\Phi(n_i))=1$.

(4)利用欧几里得算法计算 d_i 满足 $e_id_i\equiv 1(\mathrm{mod}\Phi(n_i))$.

(5)公布 n_i，e_i 作为 E_i，记为 $E_i=\langle n_i,e_i\rangle$. 保密 p_i，q_i，d_i，$\Phi(n_i)$作为 D_i，记为 $D_i=\langle p_i,q_i,d_i,\Phi(n_i)\rangle$.

加密算法：$c=E_i(m)=m^{e_i}(\mathrm{mod}n_i)$.

解密算法：$m=D_i(c)=c^{d_i}(\mathrm{mod}n_i)$.

下面证明上述加、脱密过程是正确的，这只需证明脱密运算 D_i 能恢复明文即可. 即

$$D_i(c)=c^{d_i}=(m^{e_i})^{d_i}\equiv m^{k\Phi(n_i)+1}\equiv m(\mathrm{mod}n_i).$$

下面证明对任何 k 及任何 $m<n_i$ 均有

$$m^{k\Phi(n_i)+1}\equiv m\ (\mathrm{mod}n_i).$$

证明 (1)若$(m,n_i)=1$，显然成立.

(2)若$(m,n_i)\neq 1$，

因为 $n_i=p_iq_i$，所以(m,n_i)必含 p_i 和 q_i 之一，不妨设为 p_i(因为 $m<n_i$).

令$(m,n_i)=p_i$，则 $m=cp_i$，$1\leqslant c<q_i$. 有

$$m^{\Phi(q_i)}\equiv 1\ (\mathrm{mod}q_i),$$

$$m^{k\Phi(q_i)(p_i-1)}\equiv 1\ (\mathrm{mod}q_i),$$

$$m^{k\Phi(n_i)} = 1 + aq_i,$$
$$m^{k\Phi(n_i)+1} = m + aq_icp_i,$$

故

$$m^{k\Phi(n_i)+1} = m \pmod{n_i}.$$

2. RSA 体制的加解密过程:

RSA 体制为分组密码体制,利用 RSA 加密第一步需将明文数字化,相对于用户 i 并取长度小于 lb n_i 位的数字作明文块,即相对于用户 i 的明文字母表和密文字母表均取 $Z_{n_i}=\{0,1,\cdots,n_i-1\}$.

加密过程:设用户 j 欲将明文 m 加密后传给用户 i,则用户 j 实施下列各步

(1)在公开钥数据库中查得用户 i 的公开钥 $E_i=\langle n_i,e_i\rangle$.

(2)将 m 分组为 $m=m_1m_2\cdots m_r$, $m_\alpha\in Z_{n_i}$, $\alpha=1,2,\cdots,r$.

(3)对每一分组作加密变换,即对 $\alpha=1,\cdots,r$ 作 $c_\alpha=E_i(m_\alpha)\equiv m_\alpha^{e_i}\pmod{n_i}$.

(4)将密文 $c=c_1c_2\cdots c_r$ 传给用户 i.

解密过程:用户 i 收到密文 $c=c_1c_2\cdots c_r$ 后,先对每一分组密文作解密变换,即对 $\alpha=1,\cdots,r$ 作 $m_\alpha=D_i(c_\alpha)\equiv c_\alpha^{d_i}\pmod{n_i}$, 接着合并分组得 $m=m_1m_2\cdots m_r$, 这就是用户 j 传来的明文.

以下约定:设 $m=m_1m_2\cdots m_r$, $c=c_1c_2\cdots c_r$ 如上所述,我们用记号 $c=E_i(m)$ 与 $m=D_i(c)$ 分别表示整个明文加密后的密文与整个密文解密后的明文,实际上它们是分组加密与解密的.

例 5.9 假设用户 i 选择了 $p_i=43$, $q_i=59$,那么 $n_i=43\times59=2537$. $\Phi(n_i)=42\times58=2436$,取 $e_i=13$. 利用欧几里得算法将产生 d_i, $d_ie_i\equiv1\pmod{2436}$.

$$\begin{aligned}2436&=187\times13+5,\\13&=2\times5+3,\\5&=3+2,\\3&=2+1,\end{aligned}$$

所以

$$\begin{aligned}1&=3-2=3-(5-3)=2\times3-5\\&=2\times(13-2\times5)-5=2\times13-5\times5\\&=2\times13-5\times(2436-187\times13)\\&=-5\times2436+937\times13,\end{aligned}$$

$$937\times13\equiv1\pmod{2436},$$
$$d_i=937.$$

用户 i 将$E_i=\langle n_i, e_i\rangle$公开，将 $D_i=\langle p_i, q_i, d_i, \Phi(n_i)\rangle$保密.

若用户 j 有明文 public key encryptions 加密后传送给用户 i，他从公开钥数据库查得用户 i 的公开钥$E_i=\langle 2537,13\rangle$，将明文数字化得：

1520 0111 0802 1004 2404 1302 1724 1519 0814 1318

加密得密文：

0095 1648 1410 1299 1365 1379 2333 2132 1751 1324.

RSA 的安全性是基于希望加密函数$E(m)=m^{e_i}(\mathrm{mod}\, n_i)$是一个单向函数，所以对敌人来说要解密密文将是计算上不可行的. 使用户 i 能解密的陷门是分解 $n_i=p_iq_i$ 的知识，因为 i 知道这个分解，所以他能计算 $\Phi(n_i)=(p_i-1)(q_i-1)$，从而利用欧几里得算法来计算解密指数 d_i. 后面我们将更多地谈论 RSA 的安全性.

下面我们考虑模求幂运算，即形式为$x^c(\mathrm{mod}\, n)$的函数的计算. 在 RSA 中加密和解密都是关于模取幂的运算. $x^c(\mathrm{mod}\, n)$的计算能使用 $c-1$ 个模乘法来完成，然而如果 c 大的话，它是非常无效的. 注意 c 可能与 $\Phi(n)-1$ 一样大，假设 n 以二进制形式表示有k 比特，即$k=[\mathrm{lb}\, n]+1$，c 与k 比较的话，它可以是 k 的指数级的大.

一个著名的“平方-和-乘法”方法将计算$x^c(\mathrm{mod}\, n)$的模乘法的数目缩小到至多为 $2l$，这里 l 是c 的二进制表示比特数.

平方-和-乘法假设指数 c 以二进制形式表示为

$$c=\sum_{i=0}^{l-1} c_i 2^i,$$

这里 $c_i=0$ 或 1，$0\leqslant i\leqslant l-1$. 计算 $z=x^c(\mathrm{mod}\, n)$的算法如下：

(1)$z=1$,

(2)for $i=l-1$ downto 0 do,

(3)$z=z^2(\mathrm{mod}\, n)$,

(4)*if* $c_i=1$ 则 $z=z\times x\ (\mathrm{mod}\, n)$.

很容易计算通过平方-和-乘法算法完成的模乘法的数目. 这里总要进行 l 次平方(第 3 步). 在第 4 步中模乘法的数目等于 c 的二进制表示中 1 的数目，它是一个在 0 与 l 之间的整数. 这样，模乘法的总数目至少为 l，至多为 $2l$.

例 5.10 看前面例 1 中数字如 $1520^{13}(\mathrm{mod}2537)$的计算.

$13=(1101)_2=1\times 2^3+1\times 2^2+0\times 2+1$,

$i=3, c_3=1, z=z^2*x=1^2\times 1520=1520\ (\mathrm{mod}2537)$,

$i=2, c_2=1, z=1520^2\times 1520\equiv 1268(\mathrm{mod}2537)$,

$i=1, c_1=0, z=1268^2\equiv 1903(\mathrm{mod}2537)$,

$i=0, c_0=1, z=1903^2\times1520\equiv95\ (\bmod 2537)$.

5.4.2 RSA 安全性讨论

若 $n=pq$ 被因数分解,则 RSA 便被攻破.因为若 p,q 已知,则 $\Phi(n)=(p-1)(q-1)$便可算出,解密密钥 d 便可利用欧几里得算法求出.因此 RSA 的安全依赖于因数分解的困难性,目前因数分解速度最快的方法,其时间复杂性为 $e^{\sqrt{\ln n\cdot\ln\ln(n)}}$就以现在所知道的最好方法来估计,一台每秒运行 10^6 次位运算的电子计算机分解,

50 位的数需 3.9 小时;

75 位的数需 104 天;

100 位的数需 74 年;

200 位的数需 3.8×10^9 年;

300 位的数需 4.9×10^{15}年.

若 n 被分解成功,则 RSA 便被攻破.但还不能证明对 RSA 攻击的难度和分解 n 相当,故对 RSA 攻击的困难程度不比大数分解更难.当然,若从求 $\Phi(n)$入手对 RSA 进行攻击,它的难度和分解 n 相当.

已知 n 和$\Phi(n)$,不难求得 $p+q$ 和$p-q$,从而求得 p 和q.

因为

$$\Phi(n)=(p-1)(q-1)=n-(p+q)+1,$$

所以

$$\begin{cases}p+q=n-\Phi(n)-1,\\(p-q)^2=(p+q)^2-4pq=(n-\Phi(n)+1)^2-4n.\end{cases}$$

反过来已知$n=pq$,则 $\Phi(n)=(p-1)(q-1)$.

基于对 RSA 系统安全性的考虑,在设计 RSA 系统的时候,p,q 应满足:

1. p,q 要足够大,一般应在 $10^{100}\sim10^{125}$之间,这样可以基本保证不会在有效时间内被密码分析人员破译出参数.

2. 如果 $p>q$,要求差值 $p-q$ 不宜太小,最好与 p、q 位数接近.如果 p 和q 的数值相当接近,则$\frac{1}{2}(p+q)\approx\sqrt{n}$,并且$\frac{1}{2}(p-q)$是一个相当小的数,因此等式

$$\left(\frac{p+q}{2}\right)^2-n=\left(\frac{p-q}{2}\right)^2$$

的右端是一个相当小的平方数,这样就可以利用 Fermat 因数分解法将 n 分解因数.

3. $p-1$ 和 $q-1$ 的最大公约数 $d=(p-1,q-1)$应尽量的小.否则,将有

d^2 个整数 b,使得 n 对基 b 是伪素数,这就增大了将 n 因数分解的可能性.

注:定理* 5.18 设 $n = pq$ 是两个不同的奇素数之积, $d = (p-1, q-1)$,则 n 是对基 b 的伪素数的充要条件是 $b^d \equiv 1 \pmod{n}$.

证明 设 n 是对基 b 的伪素数,即 $b^{n-1} \equiv 1 \pmod{n}$,

$$b^{n-1} \equiv 1 \pmod{p},$$

$$n - 1 = pq - 1 \equiv q - 1 \pmod{(p-1)}.$$

于是利用 Fermat 定理得到:

$$b^{q-1} \equiv 1 \pmod{p}, \qquad b^{p-1} \equiv 1 \pmod{p}.$$

因为

$$(p-1, q-1) = d,$$

所以存在整数 x 与 y 使得

$$x(p-1) + y(q-1) = d.$$

有

$$b^{x(p-1)+y(q-1)} \equiv b^d \pmod{p},$$

$$b^d \equiv 1 \pmod{p}, \tag{1}$$

同理

$$b^d \equiv 1 \pmod{q}. \tag{2}$$

将(1)、(2)两式联合得到 $b^d \equiv 1 \pmod{n}$.

反过来,若 $b^d \equiv 1 \pmod{n}$,则由

$$d \mid (n-1) = pq - 1 = (p-1)q + q - 1,$$

有

$$b^{n-1} \equiv 1 \pmod{n}.$$

即 n 是对基 b 的伪素数. □

推论* 若 $n = pq$ 是不同的奇素数之积, $d = (p-1, q-1)$,则有 d^2 个 $b \in Z_n^*$,使得 n 对基 b 是伪素数.

证明 若 n 对基 b 是伪素数,则 $b^d \equiv 1 \pmod{n}$等价于同余方程组

$$\begin{cases} b^d \equiv 1 \pmod{p}, & (3) \\ b^d \equiv 1 \pmod{q}. & (4) \end{cases}$$

设 g 是模 p 的原根, $k = \mathrm{ind}_g b$ 即 $b \equiv g^k \pmod{p}$.

则(3)式等价于

$$g^{kd} \equiv 1 \pmod{p},$$

也即

$$kd \equiv 0 \pmod{(p-1)}.$$

因为

$$(d, p-1) = d,$$

所以它有 d 个对模 $p-1$ 不同余的解,即

$$k_i = i \cdot \frac{p-1}{d}, i = 0,1,\cdots,d-1.$$

同理可证(4)有 d 个对模 $q-1$ 不同余的解.所以由(3)、(4)所成的方程组的解的个数是 d^2.即有 d^2 个 b 使得 n 对基 b 是伪素数. □

4. $p-1$ 与 $q-1$ 都应该至少含有一个大的素因子,$p+1$ 与 $q+1$ 也应该至少含有一个大的素因子,否则就可能利用 Pollard $p-1$ 和 Willams $p+1$ 方法求出 n 的真因数.

综合上述,我们定义强素数 p 如下:

定义 5.5 若素数 p 满足条件(1)或(2)时,则称 p 为强素数.

条件(1):$p=2r+1$,且 $r \equiv s-1 \pmod{s}$;

条件(2):$p \equiv 1 \pmod{r}$ 且 $r \equiv 1 \pmod{t}$ 且 $p \equiv s-1 \pmod{s}$ 其中 r,s,t,p 均为大素数.

对于第一种情况,安全条件很强,若 RSA 系统选取两个互异的素数 p,q 满足以下条件:

$$p = 2r_1 + 1, q = 2r_2 + 1,$$

其中 r_1,r_2 均为大素数时,但这样的 p,q 非常难找.而对于第二种情况,安全条件稍弱.

那么是否存在一种 RSA 的破译方法,该方法不依赖于分解 n 呢?虽未发现,然而没有严格的论证.一个值得注意的是存在这样的例子.

$$m = m_{k-1}^{e} \pmod{n}.$$

例5.11 取 $p=17,q=11$,则 $n=pq=187,e=7$,明文 $m=123$.可以证明 m 经过 RSA 继续变换可得 $m_4=m$,即连续 4 次进行 RSA 变换恢复到原文.

$m_0=m=123, 123^7 \equiv 183 \pmod{187}$,

$m_1=183$, $\quad 183^7 \equiv 72 \pmod{187}$,

$m_2=72$, $\quad 72^7 \equiv 30 \pmod{187}$,

$m_3=30$, $\quad 30^7 \equiv 123 \pmod{187}$,

$m_4=123$, $\quad 123^7 \equiv 183 \pmod{187}$.

这样的加密系统是不可靠的,这也是 RSA 公钥密码体制存在的一种潜在弱点,下面给出 RSA 公钥密码体制的一种改进方案.

§5.5 RSA 公钥密码体制的一种改进方案

5.5.1 RSA 公钥密码体制的一种潜在弱点

对于 RSA 公钥密码体制,如果密码分析者试图从分解模 n 为两个素因

子入手,以获取秘密解密密钥,是无法奏效的.但这并不意味着密码分析者不能通过其它途径来破译该体制.

美国学者 Simmons 首先指出了破译 RSA 方案的一种途径.Simmons 指出的方法可以描述如下:

RSA 公钥体制利用公开钥$[e,n]$对明文 m 进行加密

$$m^e \equiv c \pmod{n}. \tag{1}$$

密码分析者从不保密信道上截获到密文 c,由于他不知道秘密密钥 d,因而无法按

$$c^d \equiv m \pmod{n} \tag{2}$$

译成明文.此时密码分析者不去设法获取 d,而对密文 c 利用公钥依次进行如下变换

$$\begin{aligned} &c^e \equiv c_1 \pmod{n}, \\ &c_1^e \equiv c_2 \pmod{n}, \\ &\quad\cdots\cdots \\ &c_{\beta-1}^e \equiv c_\beta \pmod{n}, \\ &c_\beta^e \equiv c_{\beta+1} \equiv c \pmod{n}. \end{aligned} \tag{3}$$

也就是当上述模求幂运算依次迭代$(\beta+1)$步后,其运算结果恰好等于密文 c.对照(1)式不难知道第 β 步的变换结果c_β 就是明文m.这样,Simmons 方法利用众所周知的公钥$[e,n]$和截获的密文 c 成功地破译出了 RSA 体制所加密的明文 m.这个破译方法的理论根据是基于下述定理.

定理 5.19 设 n 为素数或不同素数之积,如果$(e,\Phi(n))=1$,则

$$a^{e^h} \equiv a \pmod{n}$$

式中 h 为某一正整数.

证明 如果按如下迭代公式连续地求 a 的模 n 的e 次幂:

$$a_i^e \equiv a_{i+1} \pmod{n},\ i = 0,1,\cdots,a_0 = a$$

由于$(e,\Phi(n))=1$,所以每次变换均为一一映射,由此推知,重复上述变换,一定可以得到:

$$a^{e^i} \equiv a^{e^j} \pmod{n},\text{设 } j > i,$$

由此可得:

$$a^{e^{i-i}} \equiv a^{e^{j-i}} \pmod{n},$$

即

$$a^{e^h} \equiv a \pmod{n}.$$

式中 $h=j-i$ 为某一正整数.由上可见,当依次求 a 的e 次剩余时,在重复 h

次后，将会重新得到最初的 a，我们称此为模求幂运算的特殊周期性，h 称为周期．显然它密切依赖于 e 和 n．

例 5.12 设 RSA 公钥密码体制的一组参数为 $p=383, q=563, n=pq=383\times563=215629, e=49, d=56957$，加密、解密变换式为

$$m^{49}\equiv c\ (\mathrm{mod}215629),$$
$$c^{56957}\equiv m\ (\mathrm{mod}215629).$$

设明文信息 $m=123456$，由于

$$(123456)^{49}\equiv 1603\ (\mathrm{mod}215629)$$

密码分析者利用公钥〈49，215629〉和密文 $c=1603$，按式(3)进行运算可得 $c_1\equiv180661, c_2\equiv109265, c_3\equiv131172, c_4\equiv98178, c_5\equiv56372, c_6\equiv63846, c_7\equiv146799, c_8\equiv85978, c_9\equiv123456, c_{10}\equiv1603=c\ (\mathrm{mod}215629)$．由此可见仅仅经过 10 步变换，就得到 $c_{10}=c$，由此可知 $c_9=m=123456$．这是因为

$$49^{10}\equiv 1\ (\mathrm{mod}\Phi(n)),$$

这里周期 β 仅等于 10，固然是由于加密指数 e 所作的特定选择决定的．

如何选择 RSA 公钥体制中的有关参数才能保证 β 足够大，以致使得上述破译方法成为不实际呢？Rivest 等人指出，当 $(p-1)$ 和 $(q-1)$ 不具有小素因数时，可以迫使周期 β 足够大，使得 RSA 体制在实际上仍是不可破译的．具体在选择素数 p 和 q 时可按 §5.4 节中定义的强素数中选．

5.5.2 RSA 公钥体制改进方案

仔细分析式(3)不难发现，密码分析者之所以能利用模求幂运算的特殊周期性破译 RSA 体制，原因在于加密指数 e 是属于公钥，如加密指数也是保密的，也即如设法隐匿加密指数，则就堵塞了密码分析者可以利用的缝隙．

用什么方法来隐匿加密指数？隐匿了加密指数，合法的接收者又如何才能解密？为了便于理解所述方案，这里不妨打一个浅显的比喻．设用户 A 需要把一组保密信息 P 经普通邮路传到另一地的用户 B，为了使保密信息 P 不被无关的第三者获知，可以采用如下的方法：

用户 A 用一把只有自己能锁也能开的“数码锁 a”把保密信息 P（或密钥 K）锁于“箱子”内，经普通信道送到 B，B 无法（事实上也不必）打开“数码锁 a”，而在“箱子”上加锁另一把只有 B 自己能锁也能开的“数码锁 b”，此时，“箱子”内的信息同时受到“数码锁 a”和“数码锁 b”的保护．然后，将该“箱子”仍经普通信道送回给发方 A．用户 A 收到“箱子”后，用自己的密钥打开并取去“箱子”上的“数码锁 a”，显然，“箱子”上仍保留了接收方 B 的“数码锁 b”，再经普通信道送到 B．此时，B 能用自己的密钥方便地打开“数码锁 b”，获取“箱子”内的保密信息 P．显然，当“箱子”经普通信道在 A 和 B 之间传送时，均

有“数码锁”的加密保护.这类工作方式保密性比较高,是由卢铁成教授提出的 RSA 改进方案的基本工作模式.

设用户 A 和 B 根据 RSA 公钥密码体制工作密钥参数的设计准则,分别选定了公钥 $\langle e_a, n_a\rangle$,$\langle e_b, n_b\rangle$ 和秘密密钥 $\langle d_a, p_a, q_a\rangle$,$\langle d_b, p_b, q_b\rangle$.假设发方为用户 A,需要把该次按传统密码体制工作所用的随机秘密加密、解密密钥 K,经不保密信道送给用户 B.为了传送密钥 K,发方 A 首先选择两个随机大素数 p_s 和 q_s,且令 $p_s \cdot q_s = n_s$;其次,任意选择一对加密、解密指数 e_s 和 d_s.这组工作密钥参数 $\langle p_s, q_s, d_s, e_s, n_s\rangle$ 的选择原则和 RSA 公钥体制中工作密钥参数 $\langle p_a, q_a, d_a, e_a, n_a\rangle$ 的选择完全相同.

发方 A 和收方 B 之间信息变换和传送过程如图 5－3 所示.由图可见,发方 A 首先利用 RSA 公钥体制的工作模式,将为该次密码通信所选定的两个随机大素数 p_s 和 q_s 送往收方 B,即发方 A 利用收方 B 的公钥 $\langle e_b, n_b\rangle$ 对 p_s 和 q_s 进行加密运算,获相应密文 p_{sc} 和 q_{sc},并经普通信道送到收方 B.用户 B 利用自己的解密密钥 $\langle d_b, n_b\rangle$ 对 p_{sc} 和 q_{sc} 进行解密变换,恢复出 p_s 和 q_s,并得到 $n_s = p_s q_s$.然后,根据 $(d_r, \Phi(n_s)) = 1$,选择收方为该次保密通信而选定的随机解密指数 d_r,再从 $e_r \cdot d_r \equiv 1 \pmod{\Phi(n_s)}$ 选择收方相应的随机加密指数 e_r.

$$
\begin{array}{lcl}
\text{发方 } A & & \text{收方 } B \\
p_a, q_a, d_a, e_a, n_a & & p_b, q_b, d_b, e_b, n_b \\
p_s, q_s, d_s, e_s, n_s, K & & \\
p_s^{e_b} \equiv p_{sc} (\mathrm{mod}\, n_b) & \longrightarrow & p_{sc}^{d_b} \equiv p_s^{e_b d_b} \equiv p_s (\mathrm{mod}\, n_b) \\
q_s^{e_b} \equiv q_{sc} (\mathrm{mod}\, n_b) & \longrightarrow & q_{sc}^{d_b} \equiv q_s^{e_b d_b} \equiv q_s (\mathrm{mod}\, n_b) \\
K^{d_a} \equiv K_s (\mathrm{mod}\, n_a) & & n_s = p_s q_s \\
K_s^{e_b} \equiv K_{sc} (\mathrm{mod}\, n_b) & & \text{由}(d_r, \Phi(n_s)) = 1 \text{ 产生 } d_r \\
 & & \text{由 } e_r d_r \equiv 1 (\mathrm{mod}\, \Phi(n_s)) \text{ 产生 } e_r \\
K_{sc}^{e_s} \equiv K_{scc} (\mathrm{mod}\, n_s) & \longrightarrow & K_{scc}^{e_r} \equiv K_{sc}^{e_s e_r} \equiv K_{sccr} (\mathrm{mod}\, n_s) \\
K_{sccr}^{d_s} \equiv K_{sc}^{e_s e_r d_s} (\mathrm{mod}\, n_s) & & K_{scr}^{d_r} \equiv K_{sc}^{e_r d_r} \equiv K_{sc} (\mathrm{mod}\, n_s) \\
\equiv K_{sc}^{e_r} \equiv K_{scr} (\mathrm{mod}\, n_s) & \nearrow & K_{sc}^{d_b} \equiv K_s^{e_b d_b} \equiv K_s (\mathrm{mod}\, n_b) \\
 & & K_s^{e_a} \equiv K^{d_a e_a} \equiv K (\mathrm{mod}\, n_a)
\end{array}
$$

图 5－3　信号的变换和传送过程

发方 A 为了将该次密码通信用的随机密钥 K 传送到收方 B,首先利用自己的秘密密钥 $\langle d_a, n_a\rangle$ 对 K 进行签名变换,获 K 的签名文本 K_s,接着利用收方 B 的公钥 $\langle e_b, n_b\rangle$ 对 K_s 进行加密变换,获加密的签名文本 K_{sc}.由于加密指

数 e_b 是公开的,为了隐匿由 e_b 进行的加密变换,再利用保密的随机加密指数 e_s 对 K_{sc} 进行一次加密变换,获随机加密文本 K_{scc}:

$$K_{scc} \equiv K_{sc}^{e_s} (\bmod n_s). \tag{4}$$

随机加密文本 K_{scc} 经不保密信道传送到收方 B. 用户 B 既不知道加密指数 e_s,也不知道解密指数 d_s,因而不可能对随机加密文本 K_{scc} 进行解密. 此时,B 并不对 K_{scc} 进行解密,而是利用收方的随机加密密钥 $\langle e_r, n_r \rangle$ 对 K_{scc} 再进行一次加密变换获 K_{sccr}:

$$K_{sccr} \equiv K_{scc}^{e_r} \equiv K_{sc}^{e_s e_r} (\bmod n_s). \tag{5}$$

式(5)的加密变换等效于在加密"箱子"上又加了一把数码锁. 收方 B 将受到随机指数 e_s、e_r 加密保护的 K_{sccr} 经不保密信道返还给发方 A. 用户 A 利用随机解密指数 d_s 对 K_{sccr} 进行解密变换,得到 K_{scr}:

$$K_{sccr}^{d_s} \equiv K_{sc}^{e_s e_r d_s} \equiv K_{sc}^{e_r} \equiv K_{scr} (\bmod n_s). \tag{6}$$

式(6)解密变换的实质是相当于从加密"箱子"上取去发方 A 利用随机指数 e_s 进行加密的数码锁. 在信号 K_{scr} 中仅仅受到收方随机指数 e_r 的加密保护. 发方 A 将信号 K_{scr} 再次经不保密信道传送给收方 B. 用户 B 在收到信号 K_{scr} 后,第一步是利用收方的随机解密指数 d_r 进行解密变换,以取去收方随机指数 e_r 的加密保护,获得信号 K_{sc}:

$$K_{scr}^{d_r} \equiv K_{sc}^{e_r d_r} \equiv K_{sc} (\bmod n_s). \tag{7}$$

第二步是利用收方 B 的秘密解密密钥 d_b 对信号 K_{sc} 进行解密变换,以恢复发方 A 的签名文本 K_s

$$K_{sc}^{d_b} \equiv K_s^{e_b d_b} \equiv K_s (\bmod n_b). \tag{8}$$

第三步是利用发方 A 的公开密钥(e_a, n_a)对 A 的签名文本进行加密变换,以获取随机密钥 K:

$$K_s^{e_a} \equiv K^{d_a e_a} \equiv K (\bmod n_a). \tag{9}$$

这样,利用上述模式,发方 A 就把随机密钥 K 及其签名文本 K_s 经不保密信道传送到了收方 B. 显然,收方 B 无法篡改随机密钥 K,因为他不知道用户 A 的秘密密钥 d_a,无法由篡改了的 K' 产生 A 的签名文本 K_s. 基于同样道理,发方 A 也无法抵赖文本对(K, K_s)是由他发出的,因为用户 B 是利用 A 的公钥(e_a, n_a)从 K_s 中获得 K 的,而只有 A 才能利用他的秘密密钥从 K 产生 K_s. 这样,利用签名文本对(K, K_s)可以成功地解决发收双方就传送内容发生的争端.

利用上述工作模式,不仅可以传送传统密码体制中的随机密钥,当然也可传送保密数据、机密信息本身. 但问题的关键在于利用这种工作模式,是不是能得到比 RSA 体制更强的保密度呢?

5.5.3 RSA 改进方案的安全性分析

一、利用了随机指数对信息提供保护

改进方案的核心是保密信息 K 受到了随机密钥(e_s, n_s)和(e_r, n_s)的加密保护. 对照 RSA 公钥体制的加密变换式(1)可知,(e, n)是公钥,c 是可从不保密信道上截获到的密文,在该式的四个参数中只有明文 m 是待定的未知数. 正因如此,密码分析者有可能利用式(3)来破译该体制. 仔细分析改进方案中发收双方信号的变换和传送过程可知,在不保密信道上传送的包含有保密信号 K 的信号有 K_{scc},K_{sccr} 和 K_{scr},而这几个信号均受到随机指数 e_s,e_r 的加密保护:

$$K_{scc} = \langle ((\langle (\langle k^{d_a} \rangle n_a)^{e_b} \rangle n_b)^{e_s} \rangle n_s = \langle K_{sc}^{e_s} \rangle n_s,$$

$$K_{sccr} = \langle K_{scc}^{e_r} \rangle_{n_s} = \langle K_{sc}^{e_s e_r} \rangle n_s,$$

$$K_{scr} = \langle K_{sccr}^{d_s} \rangle_{n_s} = \langle K_{sc}^{e_r} \rangle n_s,$$

这里引用符号 $\langle x \rangle_n$ 表示整数 x 以 n 为模所得之剩余.

由于密码分析者可能截获的只有信号 K_{scc},K_{sccr} 和 K_{scr},而随机加密指数 e_s,e_r,模数 n_s 和含有 K 的信息 K_{sc} 均属未知,这样,在式(4)、(5)等所示幂剩余变换式的四个参数中,只知道一个或两个,而其它两个或三个均不知道,显然,无论是从数学理论上,还是从密码分析实践中,都无法求解含有保密信息 K 的信号 K_{sc},因为改进方案彻底隐匿了公开加密指数,挫败了密码分析者利用模求幂运算的周期性进行密码分析的企图.

二、随机模 n_s 不影响方案的保密性

也许有人会说,既然有方法破译 RSA 方案,那么(4)中的模数 n_s,甚至它的两个素因子 p_s 和 q_s 也是有可能破译的. 应该说这样的判断是对的. 由图 5-3 可见,p_s 和 q_s 是按照 RSA 方案加密后从发方 A 传送到收方 B 的. 因此,从公钥 $\langle e_b, n_b \rangle$ 和截获到的密文 p_{sc} 和 q_{sc} 来破译 p_s 和 q_s,是和破译 RSA 公钥体制一样困难.

但仔细分析式(4)等不难理解,即使密码分析者已经掌握了 n_s,甚至 p_s 和 q_s (也即 $\Phi(n_s)$),但由于他不知道式(4)中的 e_s 和 K_{sc},也即在四个参数中他只知道两个,这也是一个无法求解的不定方程. 所以随机模 n_s 并不影响改进方案的保密性,从这个意义上说,p_s 和 q_s 用明文从发方传到收方也是可以的. 由此可以认为,改进方案在保密性上要远优于著名的 RSA 方案本身.

三、可以检测秘密密钥的泄露情况

在改进方案中,即使秘密密钥(如 d_b),已经暴露给窃听者,系统有能力发

现这一情况.因为窃听者要想获得保密信息 K,就必须伪装成收方 B 与发送者A 进行信息交换,一旦发生这种情况,发送者在发出 K_{scc}信号后,将会收到两个(或两个以上)回答信号(因为可采取其它措施保证合法的接收者一定会送出回答信号),于是可以断定,有非法者参与了信息交换.此时,发方将立即中止信息交换过程,并通知收方立即更换他的公开密钥和相应的秘密密钥.因此,即使密码分析者通过某种特殊手段,窃得了许多用户的秘密密钥,但他仍无法破坏该体制的正常工作.从这个意义上说,采用改进方案的工作模式,即使丢失秘密密钥,也不致招致严重后果,而能在工作中发现这种情况,从而及时纠正它.

有人认为,采用改进方案的工作模式,有利于窃听者用主动发出询问的欺骗手段进行密码分析(即所谓有源主动破密分析).事实上,这是一种误解,一方面,保密信息 K 是由发送者主动送给接收者的,另一方面,K 要经发方 A 用自己的秘密密钥 d_a 进行一次签名变换,并用收方的公钥 e_b 进行一次加密,而收方要用自己的秘密解密密钥 d_b 和发方 A 的公开密钥 e_a 进行解密和加密变换后,才能获得保密信息 K.正如前面所述,这种工作模式能有效地防止任何第三者伪造冒充合法的发送者,也有效地防止了合法接收者对保密信息 K 的篡改,基于这样的证实方式,就能成功地挫败窃听者的所谓有源主动破密分析.

为了防止敌人用有源干扰来使发方 A 中断传送信息,也可以再利用收方 B 的公开密钥$\langle e_b, n_b\rangle$对图 5-3 中信号 K_{scc}进行一次加密变换

$$K_{scc}^{e_b} \equiv K'_{scc}(\bmod n_b), \tag{10}$$

然后将 K'_{scc}经不保密信道传到收方 B. B 先利用秘密解密密钥$\langle d_b, n_b\rangle$对 K'_{scc}进行解密变换,以恢复 K_{scc}

$$K'^{d_b}_{scc} \equiv K_{scc}^{e_b d_b} \equiv K_{scc}(\bmod n_b). \tag{11}$$

接着按式(5)用随机指数 e_r 对 K_{scc}进行加密,其余过程完全和前面叙述一样.

四、按准一次一密方式进行工作

在改进方案中,传送保密信息 K 的主要工作密钥参数 p_s, q_s, e_s, d_s, e_r 和 d_r,当 K 为传统密钥体制的密钥时,也包括 K 本身,都具有一次使用的特征,即每次通信使用到的这些工作密钥参数都在随机变化.在某种意义上,它接近于一次一密的密码体制,显然它的保密性要远优于工作密钥在一个较长时间内固定不变的 RSA 方案.

综合上述,可以得出结论,改进方案具有极好的保密性.改进方案提高保密性是以在收发双方之间增加了一次信息的往返交换过程为代价的,这在某些应用中,特别是用传统密码体制的密钥 K 时,并不会引起任何困难.

5.5.4 改进方案举例

例 5.13 假设用户 A 采用上述改进方案,要把传统密码体制中所用的随机密钥 $K=1234567$ 经不保密信道传给用户 B.下面给出了发收双方之间信号的变换过程.

设用户 A 的公开密钥加密——解密参数:

$p_a=3457$, $q_a=2347$, $n_a=8113579$,

$d_a=234571$, $e_a=4611427$.

用户 B 的公开密钥加密——解密参数:

$p_b=797$, $q_b=12347$, $n_b=9850559$,

$d_b=987659$, $e_b=5660347$.

发方 A 的随机加密——解密参数和变换信息:

$p_s=5431$, $q_s=991$, $n_s=5382121$,

$d_s=456791$, $e_s=2713511$, $K=1234567$,

$p_{sc}=4739762$, $q_{sc}=2508731$, $K_s=5116799$,

$K_{sc}=2864652$, $K_{scc}=626873$.

收方 B 的随机加密——解密参数和变换信息:

$p_s=5431$, $q_s=991$, $n_s=5382121$,

$e_r=345679$, $d_r=409819$, $K_{sccr}=3180012$.

发方 A 解除随机加密后的密钥:

$K_{scr}=4406633$.

收方 B 解除随机加密后的密钥:

$K_{sc}=2864652, K_s=5116799, K=1234567$.

§5.6 大素数的产生

构造 RSA 公钥密码体制,关键就在于选取大素数 p、q,大素数的产生及测试是密码学领域中的一个重要课题.产生素数的方法可分为以下两类:

1.确定性素数产生方法:

(1)基于 Pocklington 定理(定理 5.20)的确定性素数产生方法,它需要已知 $n-1$ 的部分素因子.

定理 5.20 (Pocklington 定理) 设 $n=R\cdot F+1$,这里 $F=\prod_{j=1}^{r} q_j^{\beta_j}$, q_1, $\cdots$, q_r 是不同的素数,若存在 a 满足:

$$a^{n-1} \equiv 1(\bmod n),$$

且$(a^{(n-1)/q_j}-1, n)=1$,其中 $j=1,2,\cdots\gamma$.那么 n 的每一素因子 p 都有 $p=F\cdot m+1$ 的形式$(m\geqslant 1)$.于是若 $F>\sqrt{n}$,则 n 为素数.

(2)基于 lucas 定理(定理 5.21)的确定性素数产生方法,它需要已知 $n-1$ 的全部素因子.

定理 5.21 (Lucas 定理) 设 $n\in N$,若存在一个整数 a,$1<a<n$,且

$$a^{n-1} \equiv 1(\bmod n),$$

且对 $n-1$ 的每一个素因子 q,都满足 $a^{(n-1)/q}(\bmod n)\neq 1$ 则 n 为素数.

对于确定性素数产生方法的优点在于产生的数一定是素数,缺点是产生的素数带有一定的限制.如果算法设计不当,构造的素数容易产生规律性,使密码分析人员可以容易地追踪到素数的变化,直接猜测到 RSA 系统所使用的素数.

2.概率性素数产生方法:

这一类算法研究得较多,是当今生成大素数的主要算法.在实际应用中,所用的方法是产生大的随机数,然后利用 Solovay-Strassen 或 Miller-Rabin 算法来进行素性测试.这些算法是快速的(即一个整数 n 能在关于 $\log_2^n$ 的多项式时间内得到测试,$\log_2^n$ 是 n 的二进制表示中的比特数).但算法有可能在 n 不为素数时,声明 n 是一个素数.然而通过多次运行此算法,错误概率能降到任意小.

(1)Solovay-Strassen 素性测试

定义 5.6 设 n 是奇数,$(b,n)=1$,若

$$b^{\frac{n-1}{2}} \equiv \left(\frac{b}{n}\right)(\bmod n), \tag{1}$$

其中$\left(\frac{b}{n}\right)$是 Jacobi 符号,则称 n 是对基 b 的 Euler 型概素数.

定理 5.22 设 n 是奇合数,则在 $Z_n{}^*$ 中至少有一半的整数 b 使 $b^{\frac{n-1}{2}}\equiv\left(\frac{b}{n}\right)(\bmod n)$不成立.

证明 设 $b'\in Z_n{}^*$ 不使(1)式成立.并且 $b_1,\cdots,b_k\in Z_n{}^*$ 是使(1)式成立的所有整数,由 Jacobi 符号的性质可知.

$\left(\frac{b'b_i}{n}\right)=\left(\frac{b'}{n}\right)\left(\frac{b_i}{n}\right)\neq(b_ib')^{\frac{n-1}{2}}(\bmod n)$,$1\leqslant i\leqslant k$,即 $b'b_i$ 不使(1)式成立.且当 $i\neq j$ 时,$b'b_i\not\equiv b'b_j(\bmod n)$.否则 $b'b_i\equiv b'b_j(\bmod n)$.又因为$(b',n)=1$,$b_i\equiv b_j(\bmod n)$矛盾.所以 $b'b_i$ 与 $b'b_j$ 是 $Z_n{}^*$ 中的不同整数,所以定理结论成立. □

Solovay-Strassen 概率性素数判定法如下:

(i)从 Z_n 中随机且均匀地产生一数 a；

(ii)计算 $\gcd\{a,n\}$；

(iii)若 $\gcd\{a,n\}\neq 1$,则 n 非素数；

(iv)计算 $\left(\frac{a}{n}\right)$ 及 $a^{\frac{n-1}{2}}(\bmod n)$；

(v)若 $\left(\frac{a}{n}\right)\equiv a^{\frac{n-1}{2}}(\bmod n)$,则 n 可能是素数,否则 n 是合数.

这个算法的正确性至少为 1/2,出错的概率小于 1/2.若随机均匀地产生序列 $a_1,a_2,\cdots a_k$ 都通过此判定法来判定是素数.则 n 是合数的概率为 $\left(\frac{1}{2}\right)^k$,当 k 十分大时,$\left(\frac{1}{2}\right)^k$ 是一个很小的数.

(2)Miller-Rabin 素性测试

定义 5.7 设 n 是正整数,$n-1=2^l m$,其中 l 是非负整数,m 是正奇数,若存在正整数 a,使得 $a^m\equiv 1(\bmod n)$ 或 $a^{2^h m}\equiv -1(\bmod n)$,其中 h 是某个非负整数,$0\leqslant h\leqslant l-1$.则称 n 关于 a 通过 Miller 检验.

定理 5.23 若 p 是素数,a 是正整数.$(p,a)=1$,则 p 关于 a 通过 Miller 检验.

证明 令 $p-1=2^l m$,l 是非负整数,m 是正奇数.令

$$S_k=a^{(p-1)/2^k}=a^{2^{l-k}m},k=0,1,\cdots,l.$$

由于假定 p 是素数,故

$$a^{p-1}\equiv 1(\bmod p),$$

即

$$S_0\equiv 1(\bmod p).$$

又

$$S_1=a^{(p-1)/2},$$

所以

$$S_1{}^2\equiv S_0\equiv 1(\bmod p).$$

故

$$S_1\equiv 1(\bmod p)\text{ 或 }S_1\equiv -1(\bmod p).$$

若

$$S_1\equiv 1(\bmod p),$$

又

$$S_2{}^2=S_1\equiv 1(\bmod p),$$

有

$$S_2\equiv 1(\bmod p)\text{ 或 }S_2\equiv -1(\bmod p),$$

假若已知 $S_0 \equiv S_1 \equiv S_2 \equiv \cdots \equiv S_{l-1} \equiv 1 \pmod{p}$，所以

$$S_l^2 \equiv S_{l-1} \equiv 1 \pmod{p},$$

$$S_l \equiv 1 \pmod{p} \text{ 或 } S_l \equiv -1 \pmod{p},$$

故 p 关于 a 通过 Miller 检验. □

Miller－Rabin 概率性素数测试如下（已知 $n-1=2^l m$）：

(i)在$\{1,2,\cdots,n-1\}$中随机均匀地产生一数 b；

(ii)$j \leftarrow 0$，计算 $z \leftarrow b^m \pmod{n}$，若 $z=1$ 或 $n-1$，则 n 通过测试，结束.

(iii)若 $j=l$，则 n 非素数，结束. 否则转(iv).

(iv)$j \leftarrow j+1$，$z \leftarrow z^2 \pmod{n}$，若 $z=n-1$，则 n 通过测试，结束，否则转(iii).

定理 5.24 若 n 是奇合数，则 n 通过以 b 为基的 Miller-Rabin 测试的数目最多为 $\frac{n-1}{4}$，$1 \leqslant b \leqslant n-1$.

若 n 是正整数，选 k 个小于 n 的正整数，以这 k 个数作为基进行 Miller－Rabin 测试，若 n 是合数，k 次测试全部通过的概率为 $\left(\frac{1}{4}\right)^k$. 比如：$k=100$，$n$ 是合数，但测试全部通过的概率为 $\frac{1}{4^{100}}=6.22\times10^{-61}$，这是很小的数，说明这样的事情几乎不可能发生.

概率性素数产生方法的缺点在于它不能证明该数是素数. 也就是说，产生的数只是伪素数，为合数的可能性很小，但这种可能性依然存在. 优点在于使用概率性素数产生方法，产生的伪素数速度较快，构造的伪素数无规律性.

于是在构造 RSA 体制中的大素数时，首先利用概率性素数测试产生伪素数，然后再利用确定性素数测试法进行检验，这样可以发挥二者的优越性.

§5.7 因数分解

因数分解比大素数的产生更困难，因数分解 $n=pq$ 是有效地对 RSA 公钥攻击的方法，因此大整数因数分解这样一个古老问题又掀起了研究热潮，特别是借助计算机网进行分布式计算取得了新的进展，记录一次次被刷新. 有关因数分解方面值得关注的重大事件如下：1983 年，二次筛选法成功地分解了 69 位十进制数，它是 $2^{251}-1$ 的(合数)因子(这个计算由 Davis，Holdredge 和 Simmons完成)；20 世纪整个 80 年代继续进行这个过程，1989 年 Lenstra 和 Manasse 利用这个方法通过把计算分配给数百台离得很远的工作站已经可以分解 106 位的十进数字. 1990 年，Lenstra，Manasse 和 Pollard 利用数域筛选法 $Q(\sqrt[5]{2})$分解 155 位的一个特例，即 $F_9=2^{2^9}-1$，分解成三个素数，它们分别有

7,49 和 99 位数,计算过程中动用 700 个工作站,整个分解花了 4 个月.1994 年 4 月,Atkins,Graff,lenstra 和 leyland 利用二次筛选法分解了称为 RSA-129 的 129 位十进制数字的数,组织了 600 名专家、1600 台计算机联网计算 9 个月,获得成功.由此说明 RSA 的安全性作为密码系统,n 应大于 200 位.

5.7.1 Fermat 因数分解法

若存在 $u>v$,而且 $u^2\equiv v^2\ (\mathrm{mod}\,n)$,则因数分解 n 可从求 $\gcd\{u+v,n\}$ 或 $\gcd\{u-v,n\}$ 得 n 的因数.

例 5.14 $118^2\equiv 25(\mathrm{mod}\,4633)$,即 $118^2\equiv 5^2(\mathrm{mod}\,4633)$,

$\gcd\{118+5,4633\}=41$,$\gcd\{118-5,4633\}=113$,所以 $4633=41\times 113$.

定义 5.8 $B=\{p_1,p_2,\cdots,p_k\}$ 称为因数基,其中 $\{p_1,p_2,\cdots,p_k\}$ 是一组不同的素数,p_1 可以是 -1,若 $b^2(\mathrm{mod}\,n)$ 可以表达为 B 的数之积,则称 b 关于数 n 为 B 数.

例 5.15 $n=4633$,$B=\{-1,2,3\}$,

$$67^2\equiv 4489\equiv -144=-2^4\times 3^2(\mathrm{mod}\,4633),$$

故 67 关于 4633 是 B 数.又

$$68^2\equiv -9\equiv -3^2(\mathrm{mod}\,4633),$$

$$69^2\equiv 128=2^7(\mathrm{mod}\,4633),$$

故 68,69 关于 4633 均是 B 数.

下面引进向量 $\bar{\beta}=(\alpha_1,\alpha_2,\alpha_3)$,对于每一个 B 数 b;$b^2\ (\mathrm{mod}\,n)$ 因子分解后若含有 -1 的因数,则 $\alpha_1=1$,否则为 0.若含有 2 的因数,方次是偶数,则 $\alpha_2=0$,否则 $\alpha_2=1$.若含 3 的因数方次为偶,则 $\alpha_3=0$,否则 $\alpha_3=1$.

例 5.16 $67^2\equiv -2^4 3^2\ (\mathrm{mod}\,4633)$, $\bar{\beta}_1=(1,0,0)$,

$68^2\equiv -3^2(\mathrm{mod}\,4633)$, $\bar{\beta}_2=(1,0,0)$,

$69^2\equiv 2^7(\mathrm{mod}\,4633)$, $\bar{\beta}_3=(0,1,0)$.

这概念可推广到一般,它用以表达因数基各因数的次数的奇偶性.给定了 n 及因数基 $B=\{p_1,p_2,\cdots,p_k\}$,b 关于 n 是 B 数;对应一向量 $\bar{\beta}=(\alpha_1,\alpha_2,\cdots,\alpha_k)$,$\alpha_i=0$ 或 1,$i=1,2,\cdots,k$.$\alpha_i=0$ 说明 $b^2\ (\mathrm{mod}\,n)$ 中含 p_i 偶次(包括 0),$\alpha_i=1$ 说明 $b^2\ (\mathrm{mod}\,n)$ 中含 p_i 奇次.

若存在 $b_1,b_2,\cdots,b_n$ 使

$$b_i{}^2\equiv a_i=p_1{}^{\alpha_{i1}}p_2{}^{\alpha_{i2}}\cdots p_k{}^{\alpha_{ik}}(\mathrm{mod}\,n),\ i=1,\cdots,n,$$

所有的 $\alpha_{i1},\alpha_{i2},\cdots,\alpha_{ik}$ 都是整数.

$$a_1a_2\cdots a_n=p_1{}^{\sum\limits_{i=1}^{n}\alpha_{i1}}p_2{}^{\sum\limits_{i=1}^{n}\alpha_{i2}}\cdots p_k{}^{\sum\limits_{i=1}^{n}\alpha_{ik}}.$$

若所有的指数 $\sum_{i=1}^{n} \alpha_{ij}, j = 1,2,\cdots,k$ 都是偶数,则右端是完全平方.

令 $r_j = \frac{1}{2}\sum_{i=1}^{n} \alpha_{ij}, j = 1,2,\cdots,k$, $\prod_{l=1}^{n} a_l = (\prod_{j=1}^{k} p_j^{r_j})^2$.

令 $b = \prod_{i=1}^{n} b_i \pmod{n}, c \equiv \prod_{j=1}^{k} p_j^{r_j} \pmod{n}$, 有

$$b^2 \equiv c^2 \pmod{n}.$$

例 5.17 $n = 4633, B = \{-1,2,3\}$,

$67^2 \equiv -2^4 3^2, \bar{\beta}_1 = (1,0,0)$,

$68^2 \equiv -3^2, \bar{\beta}_2 = (1,0,0)$,

所以

$$-144 \times (-9) = (-1)^2 \cdot 2^4 \cdot 3^4,$$

故

$$r_1 = 1, r_2 = 2, r_3 = 2,$$

$$b = b_1 b_2 = 67 \times 68 = 4556 \equiv -77 \pmod{4633},$$

$$c = 2^2 \times 3^2 = 36.$$

有

$$b^2 \equiv c^2 \pmod{4633},$$

$$\gcd\{-77 + 36, 4633\} = 41.$$

有

$$4633 = 41 \times 113.$$

Fermat 因数分解法:

对于给定的整数 n,按以下步骤求 n 的因数:

(1)选定因数基 $B = \{p_1,\cdots,p_h\}$,其中除 p_1 可以是 -1 外,p_i $(2 \leqslant i \leqslant h)$ 是互不相同的素数.

(2)随机地选取 k 个 B 数 b_i $(1 \leqslant i \leqslant k)$,设最小绝对剩余

$a_i \equiv b_i^2 \pmod{n} = p_1^{\alpha_{i1}} p_2^{\alpha_{i2}} \cdots p_h^{\alpha_{ih}}$.

记 $\bar{\alpha}_i = (\alpha_{i1} \pmod{2}, \alpha_{i2} \pmod{2}, \cdots, \alpha_{ih} \pmod{2}) \quad i = 1,2,\cdots,k$.

(3)选取适当的 $\{\bar{\alpha}_{j1},\cdots,\bar{\alpha}_{jm}\} \subset \{\bar{\alpha}_1,\cdots,\bar{\alpha}_k\}$ $(m \leqslant k)$,使得 $\bar{\alpha}_{j1} + \cdots + \bar{\alpha}_{jm} \equiv (0,\cdots,0) \pmod{2}$. 为叙述方便,设 $m = k$, $\bar{\alpha}_{ji} = \bar{\alpha}_i$ $(1 \leqslant i \leqslant k)$,于是,存在整数 $\beta_1,\cdots,\beta_k$ 使得

$$\prod_{i=1}^{k} a_i \equiv \prod_{i=1}^{h} p_i^{\beta_i}, \quad 2 \mid \beta_i, 1 \leqslant i \leqslant k.$$

即

$$b^2 = (\prod_{i=1}^{k} b_i)^2 \equiv \prod_{i=1}^{h} p_i^{\beta_i} = c^2 (\bmod n).$$

(4)若 $b \not\equiv \pm c (\bmod n)$,则可得 n 的真因数.若 $b \equiv \pm c (\bmod n)$,则重复上述步骤,直到可以求出 n 的真因数.

注 1 由线性代数的理论可知,当 $k \geqslant h+1$ 时,满足(3)的 $\bar{\alpha}_{j1}, \cdots, \bar{\alpha}_{jm}$ 总是可以选出的.

注 2 一般地,可以取因数基 B 为不超过 y 的全体素数的集合,其中 y 是适当的数值.此外,可以证明,使用 Fermat 分解因数法求 n 的真因数时,需要 $O(\mathrm{e}^{\sqrt[c]{\ln \cdot \ln\ln n}})$次比特运算,此处 c 是常数.

注 3 在使用 Fermat 因数分解法时,将绝对最小剩余 $b^2 (\bmod n)$ 表示成小素数的乘积是重要的一步.但是,一般地,仅当绝对最小剩余是较小的数时,这才容易做到.为了得到较小的绝对最小剩余 $b^2 (\bmod n)$,可以在靠近 $\sqrt{kn}$ (k 取较小的数值)的数里去选取 B-数,然后使用 Fermat 因数分解法,这样的方法,称为广义 Fermat 分解因数法.

例 5.18 将 $n=1829$ 分解因数.

解 首先,设法选取形如 $[\sqrt{1829k}]$ 或 $[\sqrt{1829k}]+1$ 的数 b,使绝对最小剩余 $b^2 (\bmod 1829)$ 的素因数不太大.在本例中,取因数基 $B=\{-1,2,3,5,7,11,13\}$,对于 $k=1,2,3,4$ 计算

$b_1=[\sqrt{1\times 1829}]=42$, $42^2 \equiv -65 = -5\times 13 (\bmod 1829)$,

$b_2=42+1=43$, $43^2 \equiv 20 = 2^2 \times 5 (\bmod 1829)$,

$b_3=[\sqrt{2\times 1829}]=60$, $60^2 \equiv -58 = -2\times 29 (\bmod 1829)$,

$b_4=60+1=61$, $61^2 \equiv 63 = 3^2 \times 7 (\bmod 1829)$,

$b_5=[\sqrt{3\times 1829}]=74$, $74^2 \equiv -11 (\bmod 1829)$,

$b_6=74+1=75$, $75^2 \equiv 138 = 2\times 3\times 23 (\bmod 1829)$,

$b_7=[\sqrt{4\times 1829}]=85$, $85^2 \equiv -91 = -7\times 13 (\bmod 1829)$,

$b_8=85+1=86$, $86^2 \equiv 2^4 \times 5 (\bmod 1829)$.

由上可见,$b_1, b_2, b_4, b_5, b_7, b_8$ 都是 B-数,与它们相应的向量是:

$$\bar{\alpha}_1 = (1,0,0,1,0,0,1),$$

$$\bar{\alpha}_2 = (0,0,0,1,0,0,0),$$

$$\bar{\alpha}_3 = (0,0,0,0,1,0,0),$$

$$\bar{\alpha}_4 = (1,0,0,0,0,1,0),$$

$$\bar{\alpha}_5 = (1,0,0,0,1,0,1),$$

$$\bar{\alpha}_6 = (0,0,0,1,0,0,0).$$

有两组 B-数可以用于 Fermat 因数分解法,即$\{b_2,b_8\}$与$\{b_1,b_2,b_4,b_7\}$.

由$\{b_2,b_8\}$得到同余式

$$(43\times 86)^2\equiv(2^{\frac{6}{2}}\cdot 5^{\frac{2}{2}})^2\equiv 40^2(\mathrm{mod}1829).$$

由于

$$43\times 86\equiv 40\ (\mathrm{mod}1829),$$

所以从上式中不能得到 1829 的真因数.

由$\{b_1,b_2,b_4,b_7\}$得到同余式

$$(42\times 43\times 61\times 85)^2\equiv(2\times 3\times 5\times 7\times 13)^2(\mathrm{mod}1829),$$

即

$$1459^2\equiv 901^2(\mathrm{mod}1829).$$

由于 $1459\not\equiv\pm 901(\mathrm{mod}1829)$,所以上式给出 1829 的真因数.

$$(1459+901,1829)=59,$$
$$(1459-901,1829)=31,$$

所以

$$1829=59\times 31.$$

5.7.2 连分数因数分解法

1.连分式递推公式

首先介绍任一实数 x,构造它的连分数表示式的步骤,即 x 表示为

$$x=a_0+\cfrac{1}{a_1+\cfrac{1}{a_2+\cdots+\cfrac{1}{a_m}}}=a_0+\frac{1}{a_1+}\frac{1}{a_2+}\frac{1}{a_3+}\cdots\frac{1}{a_m} \qquad (1)$$

有意义,则称它为有限连分数,或记为 $x=[a_0,\cdots,a_m]$.

注意,在本节中,$[a_0,a_1,\cdots,a_m]$表示(1)式中的连分数,而不是最小公倍数.

其中 $a_0=[x]$,令$x\ \ =a_0+\dfrac{1}{x_1}$,

$$x_1=\frac{1}{x-a_0},$$

$$x_1=a_1+\frac{1}{x_2},a_1=[x_1],$$

$$x_2=\frac{1}{x_1-a_1}\cdots$$

引进 $x_0=x$,令 $a_i=[x_i]$,$x_{i+1}=\dfrac{1}{x_i-a_i}$,$i=0,1,2\cdots$这便是连分数的递推公式.

上面步骤到 $x_i - a_i = 0$,即 x_i 为整数时终止.若 x 为无理数,则上面进行到 $i=k$ 时得分式$\frac{b_k}{c_k}$,称之为 x 的第k 次连分式逼近,即 $x \simeq \frac{b_k}{c_k}$,

$$\frac{b_k}{c_k} = a_0 + \frac{1}{a_1 +}\frac{1}{a_2 +}\cdots\frac{1}{a_{k-1} + \frac{1}{a_k}}.$$

例 5.19 $\sqrt{3} = a_0 + \frac{1}{a_1 +}\frac{1}{a_2 +}\cdots\frac{1}{a_k + \cdots}$,其中

$$a_0 = [\sqrt{3}] = 1, x_1 = \frac{1}{\sqrt{3} - a_0} = \frac{1}{\sqrt{3} - 1} = \frac{\sqrt{3} + 1}{2} = 1 + \frac{\sqrt{3} - 1}{2},$$

$$a_1 = [x_1] = 1, x_2 = \frac{1}{x_1 - a_1} = \frac{2}{\sqrt{3} - 1} = \sqrt{3} + 1,$$

$$a_2 = [x_2] = 2, x_3 = \frac{1}{\sqrt{3} + 1 - 2} = \frac{1}{\sqrt{3} - 1} = \frac{\sqrt{3} + 1}{2},$$

$$a_3 = [x_3] = 1, \cdots$$

$$\frac{b_0}{c_0} = 1, \frac{b_1}{c_1} = 1 + \frac{1}{1} = 2, \frac{b_2}{c_2} = 1 + \frac{1}{1 + \frac{1}{2}} = \frac{5}{3},$$

$$\frac{b_3}{c_3} = 1 + \frac{1}{1 + \frac{1}{2 + 1}} = \frac{7}{4}\cdots$$

2.有关定理

定理 5.25 (1)$\frac{b_i}{c_i} = \frac{a_i b_{i-1} + b_{i-2}}{a_i c_{i-1} + c_{i-2}}, i \geqslant 2$;

(2)$b_i c_{i-1} - b_{i-1} c_i = (-1)^{i-1}, i \geqslant 2$;

(3)$b_i = a_i b_{i-1} + b_{i-2}, c_i = a_i c_{i-1} + c_{i-2}, i \geqslant 2$.

证明 (1)因为$\frac{b_0}{c_0} = a_0$, 所以 $b_0 = a_0, c_0 = 1$,

$$\frac{b_1}{c_1} = a_0 + \frac{1}{a_1} = \frac{a_0 a_1 + 1}{a_1}.$$

而

$$(a_1, a_0 a_1 + 1) = 1,$$

故

$$b_1 = a_0 a_1 + 1, c_1 = a_1,$$

$$\frac{b_2}{c_2} = a_0 + \frac{1}{a_1 + \frac{1}{a_2}} = a_0 + \frac{1}{\frac{a_1 a_2 + 1}{a_2}}$$

$$=\frac{a_0a_1a_2+a_0+a_2}{a_1a_2+1}$$

$$=\frac{a_2(a_0a_1+1)+a_0}{a_2c_1+c_0}=\frac{a_2b_1+b_0}{a_2c_1+c_0},$$

所以 $i=2$ 时结论成立.

若对于小于 k 的正整数结论成立,则

$$\frac{b_{k-1}}{c_{k-1}}=\frac{a_{k-1}b_{k-2}+b_{k-3}}{a_{k-1}c_{k-2}+c_{k-3}},$$

并且

$$\frac{b_k}{c_k}=[a_0,a_1,\cdots,a_k]=[a_0,a_1,\cdots,a_{k-2},a_{k-1}+\frac{1}{a_k}]$$

$$=\frac{(a_{k-1}+\frac{1}{a_k})b_{k-2}+b_{k-3}}{(a_{k-1}+\frac{1}{a_k})c_{k-2}+c_{k-3}}=\frac{a_k(a_{k-1}b_{k-2}+b_{k-3})+b_{k-2}}{a_k(a_{k-1}c_{k-2}+c_{k-3})+c_{k-2}}$$

$$=\frac{a_kb_{k-1}+b_{k-2}}{a_kc_{k-1}+c_{k-2}},$$

结论成立.

(2) $i=2$ 时

$$\begin{aligned}b_2c_1-b_1c_2&=(a_2b_1+b_0)c_1-b_1(a_2c_1+c_0)\\&=a_2b_1c_1+b_0c_1-a_2b_1c_1-b_1c_0\\&=b_0c_1-b_1c_0.\end{aligned}$$

而

$$\frac{b_0}{c_0}=a_0,\frac{b_1}{c_1}=a_0+\frac{1}{a_1},$$

故

$$\frac{b_0}{c_0}-\frac{b_1}{c_1}=-\frac{1}{a_1},$$

$$b_0c_1-b_1c_0=-\frac{c_0c_1}{a_1}=-\frac{c_1}{a_1}=-1,$$

所以

$$b_2c_1-b_1c_2=(-1)^1.$$

设结论对于 $k-1$ 时成立即 $b_{k-1}c_{k-2}-b_{k-2}c_{k-1}=(-1)^{k-2}$,

$$\begin{aligned}b_kc_{k-1}-b_{k-1}c_k&=(a_kb_{k-1}+b_{k-2})c_{k-1}-b_{k-1}(a_kc_{k-1}+c_{k-2})\\&=b_{k-2}c_{k-1}-b_{k-1}c_{k-2}=-(b_{k-1}c_{k-2}-b_{k-2}c_{k-1})\\&=(-1)^{k-1}\text{成立}.\end{aligned}$$

(3)由(2)得 $b_i c_{i-1} - b_{i-1} c_i = (-1)^{i-1}$,

故

$$(b_i, c_i) = 1.$$

而

$$\frac{b_i}{c_i} = \frac{a_i b_{i-1} + b_{i-2}}{a_i c_{i-1} + c_{i-2}},$$

所以

$$b_i = a_i b_{i-1} + b_{i-2}, c_i = a_i \cdot c_{i-1} + c_{i-2} \text{ 成立}. \qquad \square$$

推论 $\frac{b_i}{c_i} - \frac{b_{i-1}}{c_{i-1}} = \frac{(-1)^{i-1}}{c_i c_{i-1}}$.

证明 因为 $\frac{b_i}{c_i} - \frac{b_{i-1}}{c_{i-1}} = \frac{b_i c_{i-1} - b_{i-1} c_i}{c_i c_{i-1}} = \frac{(-1)^{i-1}}{c_i c_{i-1}}$. $\square$

这推论说明 $\frac{b_i}{c_i}$, $i=1,2,\cdots$ 围绕着 x 左右跳动.

定理 5.26 $x>1$ 是一实数, $\frac{b_i}{c_i}$ 是 x 的第 i 级连分数,则

$$|b_i^2 - x^2 c_i^2| < 2x.$$

证明 根据定理 5.25 的推论, $\frac{b_{i+1}}{c_{i+1}}$ 与 $\frac{b_i}{c_i}$ 位于 x 的两侧距离不大于 $\frac{1}{c_i c_{i+1}}$ 有

$$\begin{aligned} |b_i^2 - x^2 c_i^2| &= c_i^2 \left| x + \frac{b_i}{c_i} \right| \left| x - \frac{b_i}{c_i} \right| \\ &< c_i^2 \cdot \frac{1}{c_i c_{i+1}} \cdot \left[x + \left(x + \frac{1}{c_i c_{i+1}} \right) \right], \end{aligned}$$

所以

$$\begin{aligned} |b_i^2 - x^2 c_i^2| - 2x &< 2x\left(-1 + \frac{c_i}{c_{i+1}} + \frac{1}{2x c_{i+1}^2} \right) \\ &< 2x\left(-1 + \frac{c_i}{c_{i+1}} + \frac{1}{c_{i+1}} \right) \quad (\text{因为 } x > 1, c_{i+1} \geqslant 1), \end{aligned}$$

又

$$\frac{c_i}{c_{i+1}} + \frac{1}{c_{i+1}} = \frac{c_i + 1}{c_{i+1}},$$

$i>0$, $c_i>1$ 且 c_i 和 c_{i+1} 不相等,否则若 $c_i = c_{i+1}$,则

$$\frac{b_{i+1}}{c_{i+1}} - \frac{b_i}{c_i} = \frac{b_{i+1}}{c_{i+1}} - \frac{b_i}{c_{i+1}} = \frac{b_{i+1} - b_i}{c_{i+1}} = \frac{b_{i+1} c_i - b_i c_{i+1}}{c_{i+1}^2} = \frac{(-1)^i}{c_{i+1}^2},$$

故

$$b_{i+1} - b_i = \frac{(-1)^i}{c_{i+1}},$$

与 b_i 和 b_{i+1} 是正整数且递增的假定矛盾.所以 $c_i \neq c_{i+1}$ 且 $c_{i+1} > c_i + 1$,故

$$\frac{c_i}{c_{i+1}} + \frac{1}{c_{i+1}} = \frac{c_i + 1}{c_{i+1}} < \frac{c_{i+1}}{c_{i+1}} = 1,$$

$$|b_i^2 - x^2 c_i^2| - 2x < 0,$$

即

$$|b_i^2 - x^2 c_i^2| < 2x. \qquad \square$$

定理 5.27 设 n 是正整数,并且 n 不是完全平方数,又设 $\sqrt{n}$ 的渐近分数列是 $\frac{b_k}{c_k}(k=1,2,\cdots)$,则 b_k^2 对于模 n 的绝对最小剩余小于 $2\sqrt{n}$,即

$|b_k^2(\bmod n)| < 2\sqrt{n}$.

证明 以 $x=\sqrt{n}$ 代入 $|b_i^2 - x^2 c_i^2| < 2x$ 得

$$|b_i^2 - nc_i^2| < 2\sqrt{n}.$$

又

$$b_i^2 - nc_i^2 \equiv b_i^2(\bmod n),$$

故

$$|b_i^2(\bmod n)| < 2\sqrt{n}. \qquad \square$$

3.连分式因数分解法及例

假定 n 是待因数分解整数.下面运算都在 $\bmod n$ 下进行.

$$b_{-1}=1, b_0=a_0=[\sqrt{n}],$$

$$x_0=\sqrt{n}-a_0, b_0^2(\bmod n).$$

令 $i=1,2,3,\cdots\cdots$ 进行以下运算,并观察最后 $b_i^2(\bmod n)$ 各数

(1) $a_i = \left[\frac{1}{x_{i-1}}\right], x_i = \frac{1}{x_{i-1}} - a_i$;

(2) $b_i = a_i b_{i-1} + b_{i-2}(\bmod n)$;

(3) $b_i^2(\bmod n) \equiv B_i, |B_i| < 2\sqrt{n}$;

(4)用数 -1 和满足以下条件的素数 p 组成因数基:p 能整除两个以上的 $B_i\ (0 \leqslant i \leqslant k)$,或者,某个 B_i 的标准分解式中含有 p 的偶数次幂;

(5)从 $B_0,\cdots,B_k$ 中选出所有的 B-数,并使用 Fermat 因数分解法.若不能求出 n 的真因数,则选一个 $k_1 > k$,用它代替 k,并重复进行上述步骤.

上述用连分数寻求 B-数,并且将 n 分解因数的方法,称为连分数因数分解法.

例 5.20 将 17873 分解因数

解 记 $b_{-1}=1, b_0=a_0=[\sqrt{17873}]=133$,
利用连分数因数分解法,对于 $i=0,1,2,3,4,5$,计算 a_i, b_i 以及绝对最小剩余

$b_i^2 \pmod{17873}$，得到

$i=0$	1	2	3	4	5
$a_i=133$	1	2	4	2	3
$b_i=133$	134	401	1738	3877	13369
$b_i^2 \pmod{17873}=-184$	83	-56	107	-64	161

在 $b_i^2 \pmod{17873}$ 中，83 与 107 是素数，取因数基 $B=\{-1,2,7,23\}$，则 B_0，B_2，B_4，B_5 都是 B -数.

$$B_0=-184=-2^3\times 23,\quad B_2=-56=-2^3\times 7,$$

$$B_4=-64=-2^6,\quad B_5=161=7\times 23.$$

于是相应的向量为：

$$\bar{\alpha}_0=(1,1,0,1),\quad \bar{\alpha}_2=(1,1,1,0),$$

$$\bar{\alpha}_4=(1,0,0,0),\quad \bar{\alpha}_5=(0,0,1,1),$$

其中 $\bar{\alpha}_0+\bar{\alpha}_2+\bar{\alpha}_5\equiv(0,0,0,0) \pmod 2$. 因此，利用 Fermat 分解因数法，令

$$b=133\times 401\times 13369,\quad c=2^3\times 7\times 23,$$

则 $b^2\equiv c^2 \pmod{17873}$. 但是，因为

$$b\equiv c \pmod{17873},$$

所以无法得到 17873 的真因数. 因此需要多计算几个 b_i，对 $i=6,7,8$，有

$i=6$	7	8
$a_i=1$	2	1
$b_i=17246$	12115	11488
$b_i^2 \pmod{17873}=-77$	149	-88

其中 149 是素数，并且

$$-77=-7\times 11,\quad -88=-2^3\times 11,$$

因此，取新的因数基 $B'=\{-1,2,7,11,23\}$，则 b_0,b_2,b_4,b_5,b_6 与 b_8 都是 B -数，相应的向量是

$$\bar{\alpha}_0=(1,1,0,0,1),$$

$$\bar{\alpha}_2=(1,1,1,0,0),$$

$$\bar{\alpha}_4=(1,0,0,0,0),$$

$$\bar{\alpha}_5=(0,0,1,0,1),$$

$$\bar{\alpha}_6=(1,0,1,1,0),$$

$$\bar{\alpha}_8=(1,1,0,1,0),$$

其中

$$\bar{\alpha}_2+\bar{\alpha}_4+\bar{\alpha}_6+\bar{\alpha}_8=(0,0,0,0,0)(\mathrm{mod}2).$$

令

$$b=401\times3877\times17246\times11488\equiv7272(\mathrm{mod}17873),$$

$$c=(-1)^2\times2^6\times7\times11=4928,$$

则由 $b^2\equiv c^2, b\not\equiv\pm c(\mathrm{mod}17873)$，得到 17873 的因数

$$(7272+4928,17873)=61,$$

$$(7272-4928,17873)=293,$$

所以

$$17873=61\times293.$$

5.7.3 用圆锥曲线分解整数

设 p 为奇素数，$Z_p=\{0,1,\cdots,p-1\}$ 为 p 元有限域. $Z_p{}^*=\{1,2,\cdots,p-1\}$. 考虑仿射平面 $A^2(Z_p)$ 上的圆锥曲线

$$C(Z_p): y^2=ax^2-bx, a,b\in Z_p{}^*. \tag{1}$$

显然原点 $O(0,0)$ 在 $C(Z_p)$ 上. 若 $x\neq0$，令 $y=xt$，由(1)得

$$x(a-t^2)=b. \tag{2}$$

若 $t^2=a$，则(2)不成立. 若 $t^2\neq a$，则

$$x=b/(a-t^2), \tag{3}$$

$$y=bt/(a-t^2). \tag{4}$$

对 $t\in Z_p, t^2\neq a$，我们用 $p(t)$ 表示 $C(Z_p)$ 上由(3)，(4)确定的点，原点 O 记为 $p(\infty)$.

令 $H=\{t\in Z_p \mid t^2\neq a\}\cup\{\infty\}$. 显然(3)，(4)给出了 H 与$C(Z_p)$之间的一一对应.

现在来定义 $C(Z_p)$上点的加法$\oplus$. 对任意 $p\in C(Z_p)$，
定义

$$p\oplus p(\infty)=p(\infty)\oplus p=p, \tag{5}$$

设 $p(t_1), p(t_2)\in C(Z_p)$，其中 $t_1,t_2\in H$，且 $t_1,t_2\neq\infty$. 定义$p(t_1)\oplus p(t_2)=p(t^1)$，其中

$$t^1=\begin{cases}\dfrac{t_1t_2+a}{t_1+t_2}, & t_1+t_2\neq0,\\ \infty & t_1+t_2=0.\end{cases} \tag{6}$$

容易验证，当 $t_1+t_2\neq0$ 时，有$(t^1)^2-a=\dfrac{(t_1{}^2-a)(t_2{}^2-a)}{(t_1+t_2)^2}\neq0$，因此，$t^1\in H, p(t^1)\in C(Z_p)$.

显然$\oplus$是交换的，由(5)知 $p(\infty)$为$\oplus$的零元，此外，对$p(t)\in C(Z_p)$存

在负元

$$\ominus p(\infty)=p(\infty),\ominus p(t)=p(-t),t\in H,t\neq\infty.$$

下证$\oplus$是可结合的. 设 $p(t_i)\in C(Z_p),t_i\in H,i=1,2,3$. 容易验证,当 t_i 之一为∞时,有

$$(p(t_1)\oplus p(t_2))\oplus p(t_3)=p(t_1)\oplus(p(t_2)\oplus p(t_3)). \tag{7}$$

(i)若 $t_1+t_2\neq 0$,则

$$(p(t_1)\oplus p(t_2))\oplus p(t_3)=p\left(\frac{t_1t_2+a}{t_1+t_2}\right)\oplus p(t_3)$$

$$=\begin{cases}p\left(\dfrac{t_1t_2t_3+a(t_1+t_2+t_3)}{t_1t_2+t_2t_3+t_3t_1+a}\right), & t_1t_2+t_2t_3+t_3t_1+a\neq 0,\\ p(\infty), & t_1t_2+t_2t_3+t_3t_1+a=0.\end{cases}$$

(ii)若 $t_2+t_3\neq 0$,则

$$p(t_1)\oplus(p(t_2)\oplus p(t_3))=p(t_1)\oplus p\left(\frac{t_2t_3+a}{t_2+t_3}\right)$$

$$=\begin{cases}p\left(\dfrac{t_1t_2t_3+a(t_1+t_2+t_3)}{t_1t_2+t_2t_3+t_3t_1+a}\right), & t_1t_2+t_2t_3+t_3t_1+a\neq 0,\\ p(\infty), & t_1t_2+t_2t_3+t_3t_1+a=0.\end{cases}$$

因此,若 $t_1+t_2\neq 0$,且 $t_2+t_3\neq 0$,则(7)成立.

若 $t_1+t_2=0,t_2+t_3\neq 0$,则

$$(p(t_1)\oplus p(t_2))\oplus p(t_3)=p(\infty)\oplus p(t_3)=p(t_3),$$

$$p(t_1)\oplus(p(t_2)\oplus p(t_3))=p\left(\frac{t_3(a-{t_1}^2)}{a-{t_1}^2}\right)=p(t_3),$$

于是(7)成立. 显然 $t_1+t_2\neq 0,t_2+t_3=0$ 时(7)也成立.

若 $t_1+t_2=0,t_2+t_3=0$,则

$$(p(t_1)\oplus p(t_2))\oplus p(t_3)=p(t_3),$$

$$p(t_1)\oplus(p(t_2)\oplus p(t_3))=p(t_1)=p(t_3),$$

(7)也成立. 因此,$(C(Z_p),\oplus,p(\infty))$构成加群.

并且 $C(Z_p)$的基数为

$$|C(Z_p)|=\begin{cases}p-1,\text{当}\left(\dfrac{a}{p}\right)=1,\\ p+1,\text{当}\left(\dfrac{a}{p}\right)=-1,\end{cases}$$

其中$\left(\dfrac{a}{p}\right)$表示 legendre 符号.

下面讨论利用圆锥曲线分解整数. 设 n 为奇合数,p 为 n 的素因子. 自然 p 是未知的,我们的目的是要找到 p. 圆锥曲线法与 Willams 的 $p+1$ 法、ECM 是类似的. 任取一条在 Z_p 上的圆锥曲线 $C(Z_p)$,在 $C(Z_p)$上任取一点 p,对

一个适当的正整数 m，计算 mp. 如果 $|C(Z_p)|\mid m$，则 $mp=p(\infty)$，且当 t_1, $t_2\neq\infty$ 时，$p(t_1)\oplus p(t_2)=p(\infty)\Longleftrightarrow t_1+t_2=0$. 自然，因 p 是未知的，我们用 $\bmod n$ 的算术来代替 $\bmod p$ 的算术.

在给出具体的算法之前，我们先指出下面一点：可以用一对整数 λ、μ 来代替参数 t. 实际上，设 $t_1\equiv\lambda_1 u_1^{-1}$, $t_2\equiv\lambda_2 u_2^{-1}$, $t^1\equiv\lambda u^{-1}(\bmod p)$，其中 u_1, u_2, $u\not\equiv 0(\bmod p)$，且 u_1^{-1}, u_2^{-1}, u^{-1} 分别表示 u_1, u_2, u 的逆 $(\bmod p)$. 由(6)可得

$$\frac{\lambda}{u}\equiv\frac{\lambda_1\lambda_2+au_1u_2}{\lambda_1u_2+\lambda_2u_1}(\bmod p).$$

不妨令

$$\lambda=\lambda_1\lambda_2+au_1u_2, \tag{8}$$

$$u=\lambda_1u_2+\lambda_2u_1, \tag{9}$$

显然 $t^1=\infty\Longleftrightarrow t_1+t_2=0\Longleftrightarrow\lambda_1\mu_2+\lambda_2u_1\equiv 0(\bmod p)$. 因此，我们只需检验是否有 $1<\gcd\{\lambda_1u_2+\lambda_2u_1, n\}<n$ 即可. 采用参数 t，则需计算 $(t_1+t_2)^{-1}$ $(\bmod n)$，这需要时间 $O(\log n)^3$. 采用数对 λ、u，则只需计算加法和乘法 $(\bmod n)$，所需时间为 $O(\log n)^2$.

圆锥曲线分解整数算法：

(i)取整数 a，使 Jacobi 符号 $\left(\frac{a}{n}\right)=-1$；

(ii)任取整数对 λ_0, u_0，如果 $\gcd\{\lambda_0u_0, n\}>1$，则找到 n 的一个因子(产生这种情况的可能性极小). 否则作第(iii)步；

(iii)适当选取正整数 B，令 $m=\prod\limits_{p_i^{\alpha_i}\leqslant B}p_i^{\alpha_i}$，其中 p_i 为第 i 个素数. 按照(8)，(9)，利用重复加倍的方法计算 $mp\left(\frac{\lambda_0}{u_0}\right)=p\left(\frac{\lambda}{u}\right)$. 如果 $1<\gcd\{u, n\}<n$，则找到 n 的一个真因子. 否则，适当增大 B 再试.

在利用圆锥曲线法之先，最好先用 $p-1$ 法试分解. 圆锥曲线法作第二阶段计算.

上面的算法已在 $M340$ 机上实现，用它探求不超过 10^{20} 的素因子是有效的.

利用圆锥曲线还可以按下面的方法作奇数 n 的素性判别.

圆锥曲线素性判别算法：

(i)适当地取整数 a, λ_0, u_0；

(ii)若 $\left(\frac{a}{n}\right)=1$，令 $m=n-1$，

若 $\left(\frac{a}{n}\right)=-1$,则令 $m=n+1$;

(iii)计算 $mp\left(\frac{\lambda_0}{u_0}\right)=p\left(\frac{\lambda}{u}\right)$;

(iv)若 $u\neq 0(\bmod n)$,则 n 为合数,否则,n 为对参数 a,λ_0,u_0 的一个圆锥伪素数.

5.7.4 $P-1$ 方法

我们将 1974 年提出的 Pollard 的 $p-1$ 方法作为有时能应用到大整数的一个简单算法的例子予以介绍.

算法如下:输入 n 和 B.

(1)$a=2$;

(2)对 $j=2$ 到 B 做 $a=a^j(\bmod n)$;

(3)$d=\gcd\{a-1,n\}$;

(4)若 $1<d<n$,那么 d 是 n 的因子(成功),否则失败.

它有两个输入,待分解的奇整数 n,界 B.下面就是在 $p-1$ 算法中将出现的情况:假设 p 是 n 的素因子,且对每个满足 $q\mid p-1$ 的素数幂 q,有 $q\leqslant B$,那么它必有 $p-1\mid B!$.

在第 2)步的 for 循环结束时 $a\equiv 2^{B!}(\bmod n)$,
因为 $p\mid n$,所以 $a\equiv 2^{B!}(\bmod p)$.又

$$a^{p-1}\equiv 1(\bmod p),$$

而 $(p-1)\mid B!$,所以 $a\equiv 1(\bmod p)$,即 $p\mid(a-1)$ 且 $p\mid n$,所以 $p\mid d=\gcd\{a-1,n\}$.

整数 d 将是 n 的非平凡因子(除非在第 3 步 $a=1$),这样就找到了非平凡因子 d,如果 d 和 n/d 是合数,我们将分解它们.

例 5.21 设 $n=15770708441$,如果使用 $B=180$ 的 $p-1$ 算法,那么我们发现在第 3)步中 $a=11620221425$,计算出的 d 为 135979.事实上,n 的完全分解为

$$15770708441=135979\times 115979.$$

分解成功.

因为 135978 仅有小的素因子 $135978=2\times 3\times 131\times 173$ 因此 $B\geqslant 173$,将有 $135978\mid B!$,这正是所期望的.

如果对某个固定的整数 i,B 是 $O((\log n)^i)$,那么这个算法实际上是多项式时间算法.然而对于这样选择的 B,成功的概率将是非常小的.另一方面,如果我们极大地增加 B 的大小,比如说增到 $\sqrt{n}$,那么该算法将会成功,但它还没有试除法快.

因此,该方法的缺点是它要求 n 的素因子 p 满足:$p-1$ 仅有"小的"素因子.可以非常容易地构造出 RSA 的模 $n=pq$ 来阻止这个因数分解法.$p=2p_1+1, q=2q_1+1, p_1, q_1$ 为素数.那么 RSA 模 $n=pq$ 将能阻止 $p-1$ 因数分解法.

80 年代中期由 Lenstra 提出的更强的椭圆曲线因数分解法事实上是 $p-1$ 方法的扩展.

§5.8 对 RSA 体制中小指数的攻击

设 $\langle N, e\rangle$ 代表一个 RSA 公开密钥体制,其中 $N=pq$, p, q 是两个大素数,e 满足同余式:

$$ed \equiv 1(\bmod \Phi(N)), 1<e, d<\Phi(N), \tag{1}$$

e 称加密指数.是公开的,e 也称公钥指数;d 是解密指数,是保密的,d 也称私钥指数.

对 RSA 小私钥指数 d 的攻击,主要是 Wiener 的工作.1990 年,Wiener 利用数论中连分数的一个基本性质,证明了如下的结果:

定理 5.28 设 $N=pq$, $\langle N, e\rangle$ 代表一个 RSA 公开密钥体制,e 是加密指数,d 是私钥指数,如果 $q<p<2q$, $d<\frac{1}{3}N^{\frac{1}{4}}$,则密码分析者可通过 N, e,有效地求出 d.

证明 由(1)知,存在整数 k,使 $ed-k\Phi(N)=1$,又因为 $\Phi(N)=(p-1)(q-1)=N-p-q+1$, $N=pq>q^2$, $q<\sqrt{N}$, $p<2\sqrt{N}$,故有

$$N-\Phi(N)=p+q-1<3\sqrt{N},$$

于是

$$\begin{aligned}\left|\frac{e}{N}-\frac{k}{d}\right| &= \left|\frac{ed-kN-k\Phi(N)+k\Phi(N)}{Nd}\right| \\ &= \left|\frac{1-k(N-\Phi(N))}{Nd}\right| < \frac{k(N-\Phi(N))}{Nd} < \frac{3k}{d\sqrt{N}}.\end{aligned}$$

由于 $k\Phi(N)=ed-1<ed$, $e<\Phi(N)$,故

$$k<d<\frac{1}{3}N^{\frac{1}{4}},$$

$$\left|\frac{e}{N}-\frac{k}{d}\right| < \frac{1}{d\sqrt[4]{N}} < \frac{1}{3d^2}, (k, d)=1. \tag{2}$$

根据连分数的一个基本性质,由(2)可知 $\frac{k}{d}$ 是 $\frac{e}{N}$ 展成简单连分数的某个渐近分数,它可以有效算出. □

对小公钥指数的攻击，我们这里介绍 1998 年，Hastad 的对广播通信的攻击. Hastad 证明了下面的定理：

定理 5.29 设 $N_1, N_2, \cdots, N_k$ 是两两互素的正整数，$q_i(x) \in Z_{N_i}[x]$ 是 k 个最大次数为 n 的多项式，这里 Z_{N_i} 表示整数模 N_i 的剩余类环，$i=1,\cdots,k$. 如果有唯一的一个 $M < \min_i(N_i)$ 满足 $q_i(M) \equiv 0 (\bmod N_i)$，$i=1,2,\cdots,k$，和 $k>n$，那么，对于给足的公开密钥体制 $\langle N_i, q_i(x) \rangle$，$i=1,\cdots,k$，由密文 $q_i(M) \equiv 0 (\bmod N_i)$ $i=1,\cdots,k$，密码分析者能有效求出 M.

由于定理 5.29 的证明需要引入更多的东西，这里不准备介绍了，我们仅仅证明定理 5.29 的一个特例.

定理 5.30 设 k 个部门的 k 个 RSA 公钥密码体制为：$\langle N_i, e \rangle$ $i=1,\cdots,k$，如果 $k \geqslant e$，当向 k 个部门同时发明文 M，并用每个部门的 $\langle N_i, e \rangle$ 对 M 加密，则密码分析者可通过任意的 e 个密文有效求出 M.

证明 设用第 i 部门的 RSA 公钥体制 $\langle N_i, e \rangle$ 对 M 加密所得到的密文为：

$$M_i \equiv M^e (\bmod N_i), i=1,\cdots,k,$$

这里 $0 < M_i < N_i$，$i=1,\cdots,k$.

不失一般，取前 e 个同余式

$$M_i \equiv M^e (\bmod N_i), i=1,\cdots,e,$$

由于 $N_1,\cdots,N_e$ 两两互素，对 $M_1,\cdots,M_e$，用孙子定理，我们有唯一解 M' 满足 $0 < M' < N_1 \cdots N_e$，使

$$M' \equiv M_i (\bmod N_i), i=1,\cdots,e,$$

即

$$M' \equiv M^e (\bmod N_i), i=1,\cdots,e,$$

故有

$$M' \equiv M^e (\bmod N_1 \cdots N_e). \tag{3}$$

由于明文 $M < N_i$，$i=1,\cdots,e$，故 $M^e < N_1 \cdots N_e$，(3)式给出 $M' = M^e$，即得 $M = \sqrt[e]{M'}$，故 M 可有效求出. □

§5.9 Rabin 密码体制

前面讨论了 RSA 公钥密码体制，若 n 被分解成功，则 RSA 便被攻破，即 RSA 的破译难度不超过大数分解. 但还不能证明对 RSA 攻击的难度和分解 n 相当，故对 RSA 攻击的困难程度不比大数分解更难. 当然，若从求 $\Phi(n)$ 入手对 RSA 进行攻击，它的难度和分解 n 相当.

Rabin 提出对 RSA 的一种修正方案,它有两个值得注意的特点:

1. 它不是以一一对应的单向陷门函数为基础,因此,对应于同一个密文,有两个以上的可能的明文,这种不确定性,增加了密码分析的困难.

2. 破译 Rabin 密文等价于对大整数 n 的分解.

RSA 是选择加密密钥 e 满足 $1<e<\Phi(n)$,且 $(e,\Phi(n))=1$. Rabin 密码体制是取 $e=2$.

加密算法: $c\equiv m^2 \pmod{n}$,更一般地

$$c\equiv m(m+b)\pmod{n}\ (0\leqslant b<n \text{ 的整数}),$$

其中 m 是明文对应数据, c 是密文对应数据, m, c 都属于 Z_n,和 RSA 一样也是分组密码体制 $n=pq$, p, q 为奇素数. 在 Rabin 系统中为了容易实现一般取 $p\equiv q\equiv 3 \pmod{4}$,其余对 p、q 的要求与 RSA 一样.

令 QR_n 表示模 n 的平方剩余的集合,即若整数 a 满足 $(a,n)=1$,且存在 $x\in Z$ 使得 $x^2\equiv a\pmod{n}$,则称 a 为模 n 的平方剩余,否则为非平方剩余,用 Jacobi 符号和 Legendre 符号表示即为 $\left(\frac{a}{n}\right)=1$, $\left(\frac{a}{p}\right)=1$ 且 $\left(\frac{a}{q}\right)=1$.

解密算法:已知 c 求 m 导致解

$$m^2\equiv c\pmod{n}.$$

又

$$n=pq,$$

也即

$$\begin{cases} x^2\equiv c\pmod{p},\\ x^2\equiv c\pmod{q}. \end{cases}$$

由于

$$\left(\frac{c}{p}\right)=\left(\frac{c}{q}\right)=1,$$

所以每一个都将有两个解,即

$$x\equiv m\pmod{p},\ x\equiv -m\pmod{p},$$
$$x\equiv m\pmod{q},\ x\equiv -m\pmod{q}.$$

经过一组合可得 4 个同余方程组

$$\begin{cases} x\equiv m\pmod{p},\\ x\equiv m\pmod{q}, \end{cases}\quad \begin{cases} x\equiv m\pmod{p},\\ x\equiv -m\pmod{q}, \end{cases}$$
$$\begin{cases} x\equiv -m\pmod{p},\\ x\equiv m\pmod{q}, \end{cases}\quad \begin{cases} x\equiv -m\pmod{p},\\ x\equiv -m\pmod{q}. \end{cases}$$

根据中国剩余定理 $x^2\equiv c\pmod{n}$ 将有 4 个解,也就是说 Rabin 密码的已知密文对应的明文不唯一,有 4 种可能结果,其中一个有确切意义的即为所求明

文，也可以用某种方式在明文后面补加几位数字做为识别码，用它们从四个可能的明文中确定出正确的明文.

下面给出一个定理说明对 Rabin 密码攻击的困难程度等价于分解 n.

定理 5.31 求解方程 $x^2 \equiv a(\bmod n)$ (1)与分解 n 是等价的.

证明 "$\Leftarrow$"若从 n 分解出 p, q，则只要解如下方程组：

$$\begin{cases} x^2 \equiv a(\bmod p), & (2) \\ x^2 \equiv a(\bmod q), & (3) \end{cases}$$

当 $p \equiv q \equiv 3(\bmod 4)$时，有一个简单公式来计算模 p 平方剩余的平方根.

$x \equiv \pm a^{(p+1)/4}$是(2)的两个解，因为

$$\left(\pm a^{\frac{(p+1)}{4}}\right)^2 \equiv a^{\frac{p+1}{2}} \equiv a^{\frac{p-1}{2}} \cdot a \equiv a(\bmod p) \quad \left(\left(\frac{a}{p}\right) = 1\right),$$

同理 $x \equiv \pm a^{\frac{q+1}{4}}$ 是(3)的两个解.

然后利用中国剩余定理可直接得到 a 模 n 的 4 个平方根.

"$\Rightarrow$"反过来，若能求解(1) $\pm x, \pm y (x \neq y)(\bmod n)$为(1)的解.

由于

$$x^2 \equiv y^2(\bmod n), \quad n \mid (x^2 - y^2) = (x+y)(x-y),$$

又

$$x \not\equiv y(\bmod n),$$

所以

$$\gcd\{n, x+y\} = p \text{ 或 } q,$$
$$\gcd\{n, x-y\} = q \text{ 或 } p.$$

由此即得 n 的分解. □

§5.10 RSA 在有限域 F_p 上多项式上的推广

5.10.1 F_p 上的多项式

设 p 是一个素数，$F_p = \{0, 1, \cdots, p-1\}$ 表示元素个数为 p 的有限域. 熟知，其运算为整数模 p 的运算. 对于系数在 F_p 上的多项式，我们可以象整数那样引入最高公因式和同余的概念. 我们下面所指多项式均为 F_p 上的多项式.

定义 5.9 设 $h(x), h_1(x), f_1(x), f_2(x)$均为 Z_p 上多项式，若 $h(x) \mid f_1(x), h(x) \mid f_2(x)$，并且对任意的$h_1(x) \mid f_1(x), h_1(x) \mid f_2(x)$均有$\partial(h_1(x)) \leqslant \partial(h(x))$，其中符号$\partial(h(x))$表示 $h(x)$的最高次数，则称$h(x)$为 $f_1(x), f_2(x)$的最高公因式. 记为 $h(x) = (f_1(x), f_2(x))$. 若$(f_1(x), f_2(x)) = 1$，称 $f_1(x)$与 $f_2(x)$互素.

定义 5.10 设 $f(x)$，$f_1(x)$，$f_2(x)$ 均为 F_p 上的多项式，若满足 $f(x)\mid(f_1(x)-f_2(x))$，则称 $f_1(x)$，$f_2(x)$ 对模 $f(x)$ 同余，记为

$$f_1(x)\equiv f_2(x)\ (\mathrm{mod} f(x)).$$

于是，如果存在一个 F_p 上的 n 次不可约多项式 $m(x)$，$n>0$，取 $m(x)$ 为模，对 F_p 上的全体多项式进行等价分类，那么它的剩余类形如

$$a_{n-1}x^{n-1}+a_{n-2}x^{n-2}+\cdots+a_1x+a_0,a_i\in Z_p,\\ i=0,\cdots,n-1, \tag{1}$$

含有 p^n 个不同的多项式.

(1) 叫做模 $m(x)$ 的一组完全剩余系，除去 0 叫做模 $m(x)$ 的一组缩系.对于一般的 F_p 上的 n 次多项式 $f(x)$，(1) 也是模 $f(x)$ 的一组完全剩余系，其中与 $f(x)$ 互素的全体多项式叫做模 $f(x)$ 的一组缩系.

我们定义(1)中的加法和乘法与多项式的相同，但所得和、积要用 $m(x)$ 去除.在这样的定义下，运算是封闭的.在这两个运算下，$m(x)$ 的剩余系(1)构成一个含 p^n 个元素的有限域，它可记为 F_{p^n}.对于任给整数 $n>0$ 和素数 p，存在 F_p 上的 n 次不可约多项式(有关内容见参考文献[7]).

下面我们把欧拉函数和欧拉定理推广到 F_p 上的多项式环 $F_p[x]$ 中去.

定义 5.11 $\Phi(p,f(x))$ 为 $f(x)$ 的一组完全剩余系中与 $f(x)$ 互素的多项式的个数.

我们有以下定理.

定理 5.32 设 $f(x)$ 是 F_p 上的 n 次多项式，其标准分解为

$$f(x)=p_1^{l_1}(x)\cdots p_k^{l_k}(x),$$

$p_i(x)$ 为不可约多项式，且 $p_i(x)$ 的次数为 $\partial(p_i(x))=n_i(i=1,\cdots,k)$，则有

(1) $\Phi(p,f(x))=p^n\prod_{i=1}^{k}\left(1-\dfrac{1}{p^{n_i}}\right)$；

(2) 如果 $(g(x),f(x))=1$，则 $g(x)^{\Phi(p\cdot f(x))}\equiv 1(\mathrm{mod} f(x))$.

证明 首先证明 $(g(x),h(x))=1$ 时，$\Phi(p,g(x)h(x))=\Phi(p,g(x))\cdot\Phi(p,h(x))$.因为任一次数 $<\partial(g(x)h(x))$ 的多项式 $q(x)$，若 $(q(x),g(x)h(x))=1$，则有唯一对多项式 $u(x)$，$v(x)$ 满足 $q(x)\equiv u(x)(\mathrm{mod} g(x))$，$q(x)\equiv v(x)(\mathrm{mod}\ h(x))$，其中 $\partial(u(x))<\partial(g(x))$，$(u(x),g(x))=1$，$\partial(v(x))<\partial(h(x))$，$(v(x),h(x))=1$.如果 $q_1(x)\neq q(x)$，$\partial(q_1(x))<\partial(g(x)h(x))$，那么 $q_1(x)$ 所对应的一对 $\{u_1(x),v_1(x)\}$ 与 $\{u(x),v(x)\}$ 不同，否则推出 $q_1(x)\equiv q(x)(\mathrm{mod}\ g(x)h(x))$，则有 $q_1(x)=q(x)$ 与所设不合.反之，任给一对 $\{u(x),v(x)\}$，则由孙子定理，同余式组

$$\begin{cases} X \equiv u(x)(\bmod g(x)), \\ X \equiv v(x)(\bmod h(x)) \end{cases}$$

有唯一解 $q(x)$ 模 $g(x)h(x)$. 因为 $(u(x),g(x))=1$ 和 $(v(x),h(x))=1$,故 $(q(x),g(x)h(x))=1$,于是 $g(x)h(x)$ 的缩系与二元集 $\{u(x),v(x)\}$(其中 $u(x)$ 和 $v(x)$ 分别过 $g(x)$ 和 $h(x)$ 的缩系)一一对应,这就证明了 $\Phi(p,g(x)h(x))=\Phi(p,g(x))\Phi(p,h(x))$.

现在计算 $\Phi(p,p_i^{l_i}(x))$. $\partial(p_i^{l_i}(x))=n_il_i$,次数 $<n_il_i$ 的多项式共 $p^{l_in_i}$ 个,记次数 $<n_il_i$ 又是 $p_i(x)$ 的倍式 $p_i(x)q_i(x)$ 的多项式的个数为 N,那么 $\Phi(p,p_i^{l_i}(x))=p^{l_in_i}-N$,而 N 等于次数 $<n_il_i-n_i$ 的多项式 $q_i(x)$ 的个数 $p^{l_in_i-n_i}$,所以

$$\Phi(p,p_i^{l_i}(x))=p^{l_in_i}-p^{l_in_i-n_i}=p^{l_in_i}\left(1-\frac{1}{p^{n_i}}\right).$$

故

$$\Phi(p,f(x))=\prod_{i=1}^{k}p^{l_in_i}\left(1-\frac{1}{p^{n_i}}\right)=p^n\prod_{i=1}^{k}\left(1-\frac{1}{p^{n_i}}\right).$$

这就证明了(1).

如果 $(g(x),f(x))=1$,设 $f_1(x),\cdots,f_t(x)$, $t=\Phi(p,f(x))$ 是 $f(x)$ 的一组缩系,与整数的情形类似,$g(x)f_1(x),\cdots,g(x)f_t(x)$ 亦过 $f(x)$ 的一组缩系,则

$$\prod_{i=1}^{t}g(x)f_i(x)\equiv\prod_{i=1}^{t}f_i(x)(\bmod f(x)),$$

即得

$$g(x)^{\Phi(p,f(x))}\equiv 1(\bmod f(x)).$$

这就证明了(2). □

5.10.2 RSA 在 F_p 上的多项式上的推广

设 $m>0$ 是一个整数,p 是一个素数,$m=a_hp^h+a_{h-1}p^{h-1}+\cdots+a_0$,整数 a_j 满足 $0\leqslant a_j<p$, $j=0,1,\cdots,h-1$, $1\leqslant a_h<p$ (简记为 $m=[a_h,a_{h-1},\cdots,a_0]_p$),任给区间 $[1,M]$,选取有限域 F_p 上的一个 n 次多项式 $g(x)=g_1^{l_1}(x)\cdots g_k^{l_k}(x)$,使得对任一 $m\in[1,M]$, $m=[a_h,\cdots,a_0]_p$,均有 $(g(x),a_hx^h+\cdots+a_1x+a_0)=1$ 和 $n>h$,这里 $l_j\geqslant 1$, $g_j(x)$ 是 F_p 上的 m_j 次不可约多项式,$j=1,\cdots,k$. 于是 $\Phi(p,g(x))=p^n\prod_{i=1}^{k}\left(1-\frac{1}{p^{m_i}}\right)$,再设 $s>0$,

$$(s,\Phi(p,g(x)))=1.$$

于是有整数 l 满足

$$sl \equiv 1\ (\mathrm{mod}\,\varphi(p,g(x)),0<l<\Phi(p,g(x)).$$

将 $s,g(x)$,区间$[1,M]$,有限域 F_p 公开作为公开钥,而 $l,\Phi(p,g(x))$保密作为保密钥,即 $K_e=\langle s,g(x),[1,M],p\rangle,K_d=\langle l,\Phi(p,g(x))\rangle$.

加密算法:将对 $m\in[1,M],m=[a_h,\cdots,a_0]_p$,计算多项式$(a_hx^h+\cdots+a_0)^s$ 模 $g(x)$的余式 $b_tx^t+\cdots+b_0$,记为

$$\langle(a_hx^h+\cdots+a_0)^s\rangle_{g(x)}=b_tx^t+\cdots+b_0, \tag{2}$$

则 $c=E(m)=[b_t,b_{t-1},\cdots,b_0]_p$.

解密算法:计算多项式$(b_tx^t+\cdots+b_0)^l$ 模 $g(x)$的余式 $a_hx^h+\cdots+a_0$,记为

$$\langle(b_tx^t+\cdots+b_0)^l\rangle_{g(x)}=a_hx^h+\cdots+a_0, \tag{3}$$

则 $m=D(C)=[a_h,\cdots,a_0]_p$.

下面证明上述加密脱密过程是正确的,这只需证明脱密运算 D 能恢复明文即可.即

$$\begin{aligned}&\langle(b_tx^t+\cdots+b_0)^l\rangle_{g(x)}\\&=\langle(a_hx^h+\cdots+a_0)^{sl}\rangle_{g(x)}\\&=\langle(a_hx^h+\cdots+a_0)^{q\Phi(p,g(x))+1}\rangle_{g(x)},\end{aligned}$$

其中 q 为整数.

因为对任一 $m\in[1,M],m=[a_h,\cdots,a_0]_p$ 均有$(g(x),a_hx^h+\cdots+a_0)=1$.所以

$$(a_hx^h+\cdots+a_0)^{q\Phi(p,g(x))}\equiv 1(\mathrm{mod}(g(x))),$$

$$\langle(a_hx^h+\cdots+a_0)^{q\Phi(p,g(x))+1}\rangle_{g(x)}=a_hx^h+\cdots+a_0.$$

即 $D(C)=m$ 得证.

(2)和(3)式是多项式相乘然后求模 $g(x)$的余式,这是容易计算的. F_p 上的多项式相乘,就是求 F_p 上的序列的卷积,它也可用快速数论变换来计算(参看孙琦等,快速数论变换,科学出版社,1980 年).然而,Berlekamp 曾经给出 $F_p[x]$上 n 次多项式分解的算法,其计算量为 $O(pn^3)$,这样对给定的 p 而言,这一算法确实给出了 $F_p[x]$上多项式分解的多项式算法,因此,这个密码体制是不安全的.但当 p 很大时,实际分解 $F_p[x]$上的多项式依然十分困难,因此,仍可以构作安全的密码体制.这个例子告诉我们,理论上,可以认为具有多项式时间的算法是有效的,但在实际问题中往往不是这样.例如,如果一个算法的计算量是 $O(n^c)$,这当然是多项式时间的算法,但是,在具体计算时,当 $c\leqslant 5$ 时,我们才认为这个算法是有效的.

习　　题

1. 用欧几里得算法求 67(mod119)的逆元.

2. 求解下列线性同余式:

(1) $11x \equiv 28 \pmod{37}$;

(2) $42x \equiv 90 \pmod{156}$.

3. 利用 Wilson 定理计算:

(1) $65! \pmod{67} = ?$

(2) 设 p 是素数, $(p-2)! \pmod{p} = ?$

4. 写一计算机程序判断 a 是否有 mod$m$ 的逆元,若有并计算出逆元.

5. 写一计算机程序求 mod$m$ 的线性同余式.

6. 求解下列同余方程组:

(1) $\begin{cases} x \equiv 2 \pmod{3}, \\ x \equiv 1 \pmod{5}, \\ x \equiv 1 \pmod{7}; \end{cases}$　　(2) $\begin{cases} x \equiv 7 \pmod{9}, \\ x \equiv 0 \pmod{10}, \\ x \equiv 3 \pmod{7}. \end{cases}$

7. 在一篮子中有 n 个苹果,若每次拿出 2,3,4,5,6 个苹果,然后篮子中分别剩下 1,2,3,4,5 个苹果,若每次拿出 7 个苹果,则篮子中无苹果剩下,求篮子中含有苹果的最少个数为多少?

8. 证明 $13 \mid (2^{50} + 3^{50})$.

9. $3^{372} \equiv ? \pmod{37}$.

10. 证明对任意整数 n, $7 \nmid (n^2 + 1)$.

11. 计算 $\Phi(29 \cdot 5^2)$.

12. 找出所有正整数 n 使得 $\phi(n) = 6$.

13. 求 1999^{1999} 的最末两位数字.

14. 利用 Euler 定理求 3 mod40 的逆?

15. 计算下列 Legendre 符号:

(1) $\left(\frac{2}{59}\right)$;　　(2) $\left(\frac{6}{53}\right)$;　　(3) $\left(\frac{65}{107}\right)$;

(4) $\left(\frac{220}{997}\right)$;　　(5) $\left(\frac{45}{93}\right)$;　　(6) $\left(\frac{1069}{1995}\right)$.

16. 证明 $\left(\frac{3}{p}\right)\left(\frac{p}{3}\right) = (-1)^{\frac{p-1}{2}}$, p 是大于 3 的奇素数.

17. 对任意整数 x, 计算 $x^2 - 10$ 的所有可能素因子.

18. 写一个计算 Jacobi 符号的程序,这个程序除分解 2 的幂次外,不做任何分解,计算下列 Jacobi 符号来测试你的程序:

$$\left(\frac{210}{513}\right), \left(\frac{126}{987}\right).$$

19. 已知 RSA 密码体制的公开钥为 $n = 2881$, $e = 13$, 试对明文 best wisheas 加密.

20. 已知 RSA 密码体制中 $n=13289$,公钥指数 $e=7849$,密钥指数 $d=2713$,试分解整数 n.

21. 这个练习展示了所谓的协议失败. 它提供了一个例子,如果密码体制的使用不慎重,敌人不需要知道密钥,就能解密密文(因为敌人不确定密钥,所以准确地说这不能称为密码分析). 教训是,为了保证"安全"通信,使用"安全"密码体制并不过分.

假设用户 A 有一个具有大模数 n 的 RSA 密码体制,这个模数不能在合理的时间内被分解,假设通过把每一个字母表示为 0 至 25 之间的一个整数(即 $a \longleftrightarrow 0, b \longleftrightarrow 1$ 等等),然后将作为一个单个字母的每一个模 26 的剩余加密,用户 B 以这种方式送一个消息给用户 A.

(1)描述攻击者怎样容易地解密以这种方式加密的消息.

(2)在不分解模的情况下,通过解密下列密文(它用 RSA 密码体制加密,这里 $n=19721, e=25$)来说明这个攻击.

365,0,4845,14930,2608,2608,0.

22. 已知 $n=pq=10088821, \Phi(n)=10082272$,求 n 的分解.

23. 假设用户 A 利用 RSA 改进方案,要将传统密码体制中所用的随机密钥 $K=457$ 经不保密信道传给用户 B,设用户 A 的公开密钥加密-解密参数为:

$$p_a=43, q_a=47, n_a=2021, e_a=29.$$

设用户 B 的公开密钥加密 \ 解密参数为:

$$p_b=31, q_b=37, n_b=1147, e_b=17.$$

设发方 A 的随机加密 \ 解密参数:

$$p_s=53, q_s=59, n_s=3127, e_s=23.$$

收方 B 的随机加密 \ 解密参数为:

$$p_s=53, q_s=59, n_s=3127, e_r=61.$$

写出收发双方之间信号的变换过程.

24. 写一个 Solovay-Strassen 概率性素数判定程序.

25. 写一个 Miller-Rabin 概率性素数测定程序,并检验 $n=15790321$ 关于 $a=2$ 通过 Miller 检验,$n=117371$ 关于 $a=2$ 与 $a=3$ 通过 Miller 检验.

26. 用广义的 Fermat 分解因数法求 68987 的真因数.

27. 用连分数因数分解法分解 $n=4141$.

28. 写一程序实现圆锥曲线分解算法.

29. 用圆锥曲线分解法分解 $n=137703491$.

30. 用 $p-1$ 方法分解下列整数:

(1) $n=1073$;(2) $n=2479$;(3) $n=23489$,

31. 假设在 Rabin 密码体制中 $p=43, q=59$ 完成下列计算:

(1)确定 1 模 n 的四个平方根,$n=pq$;

(2)计算加密 $c=e_k(2347)$;

(3)对这个给定的密文 c 确定 4 个可能的解密.

第六章　其它公钥密码体制

§6.1　背包公钥系统

当 Diffie 和 Hellman 提出公钥密码系统的设想时还没有一个这样的实例,两年后首先由 Merkle 和 Hellman 提出一个基于组合数学中背包问题的公钥密码系统.

背包问题:已知一长度为 b 的背包,及厚度分别为 $a_1,a_2,\cdots,a_n$ 的 n 个物品,假定这些物品的半径和背包相同,要求从这 n 个物品中选取若干个正好装满这背包.这问题导致求 $x_i=0$ 或 $1,i=1,2,\cdots,n$.使其满足 $\sum\limits_{i=1}^{n}a_ix_i=b$ 其中 $a_1,a_2,\cdots,a_n$ 和 b 都是正整数.

背包问题是著名的难题,至今还没有好的求解方法.若对 2^n 种所有可能性进行穷举搜索,实际上是不可能的.例 $n=100,2^{100}\approx 1.27\times 10^{30}$.算法复杂性理论已经证明:背包问题属于 NP 完全类,也就是说它是 NP 类问题中难度最大的一类.这一类问题还没有有效的算法,对 2^n 种可能穷举搜索不是好算法,因为它不可能在实际允许时间内完成.

取 $a=(a_1,a_2,\cdots,a_n)$ 作为加密密钥加以公开,其中 $a_1,a_2,\cdots,a_n$ 为整数,$m=m_1m_2\cdots m_n$ 是 n 位 0,1 明文符号串,利用公钥加密如下:$c=a_1m_1+a_2m_2+\cdots+a_nm_n$.从密文求明文等价于解背包问题.

例 6.1　$a=(28,32,11,8,71,51,43)$,$m=0100101$,

所以 $c=32+71+43=146$,即得密文 $c=146$.

第三者无法从收到的这些密文推出 $m_1,m_2,\cdots,m_7$.但是真正的接收者又如何解密呢?对于特殊的一组 $a_1,a_2,\cdots,a_n$ 若满足条件

$$a_j>\sum_{i=1}^{j-1}a_i,\quad j=2,\cdots,n,$$

则求解要较之一般容易得多.

若 $a_1,a_2,\cdots,a_n$ 满足 $a_j>\sum\limits_{i=1}^{j-1}a_i$,$j=2,\cdots,n$ 则序列 $a_1,a_2,\cdots,a_n$ 称为是超递增序列.

例 6.2　设 $a=(2,4,7,15,30)$,求解 $2x_1+4x_2+7x_3+15x_4+30x_5=39$.

因为 $2+4+7+15=28<39$,所以

$$x_5=1,\quad 2x_1+4x_2+7x_3+15x_4=9.$$

又 $2+4+7=13<9$,所以

$$x_4=0,\quad 2x_1+4x_2+7x_3=9, x_1=x_3=1, x_2=0.$$

一般说来,对于满足不等式 $a_j > \sum_{i=1}^{j-1} a_i$,$j=2,\cdots,n$ 解 $a_1x_1+a_2x_2+\cdots+a_nx_n=b$ 容易.

首先 $x_n=\begin{cases}1, 若\ b\geqslant a_n,\\ 0, 若\ b<a_n.\end{cases}$

因为若 $b\geqslant a_n$ 时 $x_n=0$,则 $\sum_{i=1}^{n} a_ix_i \leqslant \sum_{i=1}^{n-1} a_i < a_n \leqslant b$ 矛盾.一般有

$$x_j=\begin{cases}1, 若\ b-\sum_{i=j+1}^{n} a_ix_i \geqslant a_j, j=n-1,\cdots,1,\\ 0, 若\ b-\sum_{i=j+1}^{n} a_ix_i < a_j.\end{cases}$$

因为若 $b-\sum_{i=j+1}^{n} a_ix_i \geqslant a_j$ 时有 $x_j=0$,则

$$\sum_{i=1}^{n} a_ix_i \leqslant \sum_{i=1}^{j-1} a_i + \sum_{i=j+1}^{n} a_ix_i < a_j + \sum_{i=j+1}^{n} a_ix_i \leqslant b \text{ 矛盾.}$$

当然,不能采用超递增序列本身作为公钥予以公开.因为截获了密文也同样容易破译得明文.设法将超递增序列转换成足够复杂的序列,将后者公开.而真正的接收者可以通过该变换的逆变换将它还原为超递增序列的形式,从而求出解.第三者无法知道变换及其逆变换,在多项式时间内也无法导出这变换.为说明这个道理,设$(a_1,a_2,\cdots,a_n)$是超递增序列,取整数 w 和 m,其中

$$m>2a_n, (w,m)=1,\quad w\overline{w}\equiv 1 \pmod m,$$

$\overline{w}$ 为 w 模 m 的逆.作变换 $b_i\equiv wa_i \pmod m$, $i=1,2,\cdots,n$.于是得一序列 $b_1,b_2,\cdots,b_n$.一般该序列不再是超递增的.将$(b_1,b_2,\cdots,b_n)$公开.

对于 $\sum_{i=1}^{n} b_ix_i=b$ 只要在等式两边乘以 $\overline{w}$,得

$$\sum_{i=1}^{n} \overline{w}b_ix_i \equiv \sum_{i=1}^{n} a_ix_i \equiv \overline{w}b \equiv b_0 \pmod m.$$

因为

$$b_0<m, \sum_{i=1}^{n} a_i < m,$$

所以 $\sum_{i=1}^{n} a_i x_i = b_0$ 容易解密.

下面用一个小例子来解释背包密码体制中的加密和解密运算.

例 6.3 假设 $a=(2,5,9,21,45,103,215,450,946)$是一个秘密的超递增序列,取

$$
\begin{aligned}
&m=2003, w=1289, \text{于是可得}\\
&b_1 \equiv 1289\times 2 \equiv 575 \pmod{2003},\\
&b_2 \equiv 1289\times 5 \equiv 436 \pmod{2003},\\
&b_3 \equiv 1289\times 9 \equiv 1586 \pmod{2003},\\
&b_4 \equiv 1289\times 21 \equiv 1030 \pmod{2003},\\
&b_5 \equiv 1289\times 45 \equiv 1921 \pmod{2003},\\
&b_6 \equiv 1289\times 103 \equiv 569 \pmod{2003},\\
&b_7 \equiv 1289\times 215 \equiv 721 \pmod{2003},\\
&b_8 \equiv 1289\times 450 \equiv 1183 \pmod{2003},\\
&b_9 \equiv 1289\times 946 \equiv 1570 \pmod{2003}.
\end{aligned}
$$

将(575,436,1586,1030,1921,569,721,1183,1570)公开作为加密钥.

现在如果 A 想加密明文 $m=101100111$,他计算 $c=575+1586+1030+721+1183+1570=6665$.

当 B 接收到密文 c 时,他首先计算

$$
w^{-1}c \pmod{m} = 317\times 6665 \equiv 1643 \pmod{2003}.
$$

(其中 $w^{-1}w\equiv 1 \pmod{m}$,利用欧几里得算法可求得 w^{-1}.)

于是 B 将解 $2x_1+5x_2+9x_3+21x_4+45x_5+103x_6+215x_7+450x_8+946x_9=1643$. 得明文 $m=101100111$.

上述背包密码系统工作如下:每一用户选一长为 n 的超递增序列 $a_1,a_2,\cdots,a_n$. 选用 m 和 w,其中 $m>2a_n$, $(w,m)=1$. 作 $b_i\equiv wa_i \pmod{m}$, $i=1,\cdots,n$ 将$(b_1,b_2,\cdots,b_n)$公开. 若要传输明文 m,先将 m 的字母转换成 0,1 符号串,将所得到的符号串分裂成长为 n 的块. 若最末块长不是 n,可用短块加密技术处理. 对每一块明文 $m_1,\cdots,m_n$ 给出对应的密文

$$
c = b_1m_1 + b_2m_2 + \cdots + b_nm_n.
$$

如若不知道 m 和 w,则解密问题将导致解一个困难的背包问题.

Merkle 和 Hellman 的背包公钥密码利用变换虽将超递增序列的特性隐蔽起来,但得到的序列毕竟不是"正宗的". 终究露出了尾巴,两年后被 Shamir 抓住并将它破译.

§6.2 群论中有关概念和结果

下面我们将叙述群论中的有关概念和结果.这些结果是相当简单的,在这里我们不给出证明.

定义 6.1 一个非空集合 G 对于一个叫做乘法的代数运算来说作成一个群,假如

(1)G 对于乘法来说是封闭的;

(2)对于 G 中任意三个元 a,b,c 结合律成立:

$$a(bc)=(ab)c;$$

(3)G 里至少存在一个左单位元 e,能让

$$ea=a$$

对于 G 的任何元 a 都成立;

(4)对于 G 的每一个元 a,在 G 里至少存在一个左逆元 a^{-1},能让

$$a^{-1}a=e.$$

定义 6.2 一个群叫做有限群,假如这个群的元的个数只有有限个.不然的话,这个群叫做无限群.一个有限群的元的个数叫做这个群的阶.一个群叫做交换群,假如 $ab=ba$ 对于 G 的任意两个元 a,b 都成立.

定义 6.3 对于一个(有限)乘法群 G,定义一个元素 $g\in G$ 的阶为满足 $g^m=1$ 的最小正整数 m 的值.

定义 6.4 若一个群 G 的每一个元都是 G 的某一个固定元 a 的乘方,我们就把 G 叫做循环群;我们也说,G 是由元 a 所生成的,并且用符号

$$G=(a)$$

来表示,a 叫做 G 的一个生成元.

定理 6.1(拉格朗日定理) 假设 G 是一个阶为 n 的乘法群,$g\in G$ 那么 g 的阶整除 n.

至此,我们知道,如果 p 是一个素数,那么 Z_p^* 是一个阶为 $p-1$ 的群,且 Z_p^* 中任何元素有一个整除 $p-1$ 的阶,然而,如果 p 是一个素数,那么事实上群 Z_p^* 是一个循环群:存在一个元素 $\alpha\in Z_p^*$,它的阶等于 $p-1$.我们不证明这个非常重要的事实,但为了将来引用,我们以定理的形式记录它.

定理 6.2 如果 p 是一个素数,那么 Z_p^* 是一个循环群.

定义 6.5 设 p 为素数,$\alpha\in Z_p^*$ 是一个阶为 $p-1$ 的元素,则称 α 为模 p 的本原元.

于是可看到 α 是本原元当且仅当

$$\{\alpha^i,0\leqslant i\leqslant p-2\}=Z_p^*.$$

现假设 p 是一个素数，α 是模 p 的本原元，任何一个 $\beta \in Z_p^*$ 能唯一地写成 $\beta = \alpha^i, 0 \leqslant i \leqslant p-2$. 不难证明 $\beta = \alpha^i$ 的阶为

$$\frac{p-1}{\gcd\{p-1, i\}}.$$

这样，β 也是本原元当且仅当 $\gcd\{p-1, i\} = 1$，这就证明了模 p 的本原元的数目是 $\Phi(p-1)$.

例 6.4 设 $p = 13$，通过连续计算 2 的幂次，我们能验证 2 是一个模 13 的本原元：

$$\begin{array}{lll} 2^0(\bmod 13) = 1, & 2^1(\bmod 13) = 2, & 2^2(\bmod 13) = 4, \\ 2^3(\bmod 13) = 8, & 2^4(\bmod 13) = 3, & 2^5(\bmod 13) = 6, \\ 2^6(\bmod 13) = 12, & 2^7(\bmod 13) = 11, & 2^8(\bmod 13) = 9, \\ 2^9(\bmod 13) = 5, & 2^{10}(\bmod 13) = 10, & 2^{11}(\bmod 13) = 7. \end{array}$$

元素 2^i 是本原元当且仅当 $\gcd\{i, 12\} = 1$，即当且仅当 $i = 1, 5, 7, 11$. 因此模 13 的本原元是 2,6,7 和 11.

§6.3 离散对数公钥密码体制

若 p 是素数，$\alpha \in Z_p^*$ 是模 p 的本原元，$\beta \in Z_p^*$，在 Z_p 上已知 a 计算 $\alpha^a \equiv \beta(\bmod p)$ 有有效算法(平方-和-乘法). 反之已知 β 求 a，则 a 用 $\log_\alpha \beta$ 表示，也称之为求离散对数. 已知 β 求 a 不如已知 a 求 β 那么容易了，有一些密码体制就是利用求离散对数的困难性.

若 p 是大素数，Z_p 中的离散对数问题已做为许多研究的主题. 如果仔细选择 p 的话，一般认为这个问题是困难的，特别是对于离散对数问题不存在多项式时间算法. 为了阻止已知攻击，p 至少有 150 位十进制数字，且 $p-1$ 将至少有一个"大的"素因子. 在密码学中的离散对数问题是找到离散对数是(可能)困难的，但离散对数的逆运算能使用以前描述的平方-和-乘法来有效地计算. 另一种表达是，对于适当的素数 p，模 p 的指数是一个单向函数.

Elgamal 已开发出一个基于离散对数问题的公钥密码体制，它的描述如下：

设 p 是一个素数，满足 Z_p 中离散对数问题是难处理的，$\alpha \in Z_p^*$ 是本原元，定义

$$K = \{(p, \alpha, a, \beta) : \beta = \alpha^a(\bmod p)\},$$

值 p, α 和 β 是公开的，a 是保密的.

对 $K = (p, \alpha, a, \beta)$，对一个秘密随机数 $k \in Z_{p-1}$，定义

$$C = (c_1, c_2) = e_K(m, k),$$

其中 $c_1=\alpha^k(\bmod p)$ 和 $c_2=m\beta^k(\bmod p)$.

对 $c_1,c_2\in Z_p^*$,定义解密变换为

$$\begin{aligned} d_K(c_1,c_2) &= c_2\cdot(c_1^a)^{-1}(\bmod p) \\ &= m\beta^k\cdot(\alpha^{ka})^{-1}(\bmod p) \\ &= m\alpha^{ak}\cdot(\alpha^{ka})^{-1}(\bmod p) = m. \end{aligned}$$

在 ELGamal 公钥体制中公开钥为 $K_e=(p,\alpha,\beta)$,秘密钥为 $K_d=(a,k)$.明文为 m,密文为 (c_1,c_2).

ELGamal 公钥密码体制是非确定性的,因为密文依赖于明文 m 和选择的随机值 k,所以加密相同的明文将产生许多密文.

明文 m 通过乘以 β^k 来掩盖,产生 c_2,值 α^k 也作为密文一部分进行传送,知道秘密指数 a 能从 α^k 中计算出 β^k,那么他能通过 c_2 除去 β^k 来"去掉掩盖"而得到明文 m.

例 设 $p=2579,\alpha=2,a=765$,有

$$\beta = 2^{765}(\bmod 2579) \equiv 949.$$

设明文 $m=1299$,加密时任选 $K=853$,于是

$$c_1=2^{853}(\bmod 2579)=435,$$

$$c_2=1299\times 949^{853}(\bmod 2579)=2396,$$

所以密文为(435,2396).

解密:$m=2396\times(435^{765})^{-1}(\bmod 2579)=1299$.

§6.4 离散对数问题的算法

我们假设 p 是素数,α 是模 p 的本原元,我们取 p 和 α 固定,因此离散对数问题能表达为:给定 $\beta\in Z_p^*$,找到唯一的指数 a,$0\leqslant a\leqslant p-2$,满足 $\alpha^a\equiv\beta(\bmod p)$.

显然,离散对数问题能在时间 $O(p)$ 和空间 $O(1)$ 内穷举搜索找到解(忽略对数因子).通过预计算所有可能值 $\alpha^a(\bmod p)$,然后以第二坐标排序该有序对 $(a,\alpha^a(\bmod p))$,我们能在 $O(1)$ 时间内采用 $O(p)$ 个预计算和 $O(p)$ 个存贮来解离散对数问题(再次忽略对数因子),我们描述的第一个非平凡的算法是 Shanks 提出的时间存贮算法.

一、Shanks 算法

记 $m=[\sqrt{p-1}]$,Shanks 算法描述如下:

1.计算 $\alpha^{mj}(\bmod p)$,$0\leqslant j\leqslant m-1$,$j\in Z$;

2.用第二个坐标来排序 m 个有序对 $(j,\alpha^{mj}(\bmod p))$,得到表 L_1;

3. 计算 $\beta\alpha^{-i}(\bmod p), 0\leqslant i\leqslant m-1, i\in Z$;

4. 用第二个坐标来排序 m 个有序对$(i,\beta\alpha^{-i}(\bmod p))$得到表 L_2;

5. 寻查一对$(j,y)\in L_1$ 和一对$(i,y)\in L_2$(即有一个相同坐标的对);

6. 定义 $\log_\alpha\beta=mj+i(\bmod(p-1))$.

首先,如果$(j,y)\in L_1$ 和$(i,y)\in L_2$,那么

$$\alpha^{mj}\equiv y\equiv\beta\alpha^{-i}(\bmod p),$$

故

$$\beta=\alpha^{mj+i}.$$

正是所期望的值.

另外 $m=[\sqrt{p-1}]$,对任 $0\leqslant a\leqslant p-2$ 有

$$a=qm+r, 0\leqslant r<m, q\leqslant\frac{a}{m}<m,$$

$$a=mj+i, 0\leqslant i<m, j\leqslant\frac{a}{m}<m.$$

即对任何 β,我们可写成

$$\log_\alpha\beta=mj+i,\quad 0\leqslant i,j\leqslant m-1,$$

因此,在第 5 步中搜索是成功的.

该算法在$O(m)$个存储空间,在$O(m)$时间内是不难实现的(忽略对数因子),注意在第 5 步能在一次(同时)通过两张表 L_1 和 L_2 来完成.

下面用一个小例子来说明

例 6.5 设 $p=809$,求 $\log_3 525$.

解 因为

$$m=[\sqrt{808}]=29,$$

所以

$$\alpha^m(\bmod 809)=3^{29}(\bmod 809)=99.$$

首先计算有序对$(j,99^j(\bmod 809)), 0\leqslant j\leqslant 28$,我们得到下表 L_1:

(0,1)	(1,99)	(2,93)	(3,308)	(4,559)
(5,329)	(6,211)	(7,664)	(8,207)	(9,268)
(10,644)	(11,654)	(12,26)	(13,147)	(14,800)
(15,727)	(16,781)	(17,464)	(18,632)	(19,275)
(20,528)	(21,496)	(22,564)	(23,15)	(24,676)
(25,586)	(26,575)	(27,295)	(28,81)	

第二个表包含有序对$(i,525\times(3^i)^{-1}(\bmod 809)), 0\leqslant i\leqslant 28$:

(0,525)	(1,175)	(2,328)	(3,379)	(4,396)
(5,132)	(6,44)	(7,554)	(8,724)	(9,511)

(10,440)　(11,686)　(12,768)　(13,256)　(14,355)
(15,388)　(16,399)　(17,133)　(18,314)　(19,644)
(20,754)　(21,521)　(22,713)　(23,777)　(24,259)
(25,356)　(26,658)　(27,489)　(28,163)

现在我们通过同时处理这两张排序表,找到在 L_1 中的(10,664)和 L_2 中的(19,664),因此,我们能计算

$$\log_3{}^{525} = 19 + 29 \times 10 = 309,$$

很容易验证 $3^{309} \equiv 525 \pmod{809}$.

二、Pohlig－Hellman 算法:

当 $p-1$ 的所有因数都是小素数时可用此方法.

对于除尽 $p-1$ 的素数 q_i,计算

$$r_{q_i,j} \equiv \alpha^{j(p-1)/q_i} \pmod{p}, \quad j = 0,1,\cdots,q_i - 1.$$

我们的目的在于寻找 a,$0 \leqslant a \leqslant p-2$,使得

$$\alpha^a \equiv \beta \pmod{p}.$$

若 $p-1 = q_1^{\alpha_1} q_2^{\alpha_2} \cdots q_k^{\alpha_k}$,只要计算下面 k 个值也就足够了,即

$$a \pmod{q_i^{\alpha_i}}, \quad i = 1,2,\cdots,k.$$

因为通过中国剩余定理可求得 a.

设 $a \equiv a_0 + a_1 q_i + \cdots + a_{\alpha_i - 1} q_i^{\alpha_i - 1} \pmod{q_i^{\alpha_i}}$,$0 \leqslant a_i < q_i$,$i = 0,1,\cdots,\alpha_i - 1$.为求 a,先计算

$$\beta^{(p-1)/q_i} \pmod{p},$$

因为

$$\beta^{p-1} \equiv 1 \pmod{p},$$

又

$$\beta \equiv \alpha^a \pmod{p},$$

所以

$$\begin{aligned}\beta^{(p-1)/q_i} &\equiv \alpha^{a(p-1)/q_i} \\ &\equiv \alpha^{(a_0 + a_1 q_i + \cdots + a_{\alpha_i - 1} q_i^{\alpha_i - 1})(p-1)/q_i} \\ &\equiv \alpha^{a_0 (p-1)/q_i} \pmod{p}.\end{aligned}$$

于是用 $\beta^{(p-1)/q_i}$ 与 $\{r_{q_i,j}\}$,$0 \leqslant j < q_i$ 比较可得

$$r_{q_i,j} \equiv \beta^{(p-1)/q_i} \pmod{p}.$$

令 $a_0 = j$.进而求 a_1,令 $a = a_0 + E(q_i)$,则

$$\beta \equiv \alpha^a \equiv \alpha^{a_0 + E(q_i)} \pmod{p},$$

即

$$\frac{\beta}{\alpha^{a_0}} \equiv \alpha^{E(q_i)} (\bmod p).$$

令

$$\beta_1 = \frac{\beta}{\alpha^{a_0}}, \text{则 } \beta_1 \equiv \alpha^{E(q_i)} (\bmod p).$$

其中$E(q_i) = a_1 q_i + a_2 q_i^2 + \cdots + a_{\alpha_{i-1}} q^{\alpha_i - 1} (\bmod q_i^{\alpha_i})$.

因为

$$\beta_1^{(p-1)/q_i} \equiv \alpha^{E(q_i)(p-1)/q_i} \equiv 1 (\bmod p),$$

所以

$$\begin{aligned}\beta_1^{(p-1)/q_i^2} &\equiv \alpha^{(a-a_0)(p-1)/q_i^2} \\ &\equiv \alpha^{(a_1 + a_2 q_i + \cdots + a_{\alpha_i - 1} q_i^{\alpha_i - 2})(p-1)/q_i} \\ &\equiv \alpha^{a_1 (p-1)/q_i} \equiv r_{q_i, a_1} (\bmod p).\end{aligned}$$

即 $a_1 = j$,使得 $\beta_1^{(p-1)/q_i^2} \equiv r_{q_i, j} (\bmod p)$.

重复以上过程可得 $a_0, a_1, \cdots, a_{\alpha_i - 1}$. 求 a_i 的步骤是递归进行下列的过程.

令

$$\beta_i = \beta / \alpha^{a_0 + a_1 q_i + \cdots + a_{i-1} q_i^{i-1}},$$

$$\beta_i \equiv \alpha^{E_i(q_i)} (\bmod p),$$

其中$E_i(q_i) = a_i q_i^i + \cdots + a_{\alpha_i - 1} q_i^{\alpha_i - 1} (\bmod q_i^{\alpha_i})$.

$$\beta_i^{(p-1)/q_i^i} \equiv 1 (\bmod p),$$

$$\begin{aligned}\beta_i^{(p-1)/q_i^{i+1}} &\equiv \alpha^{(a_i + a_{i+1} q_i + \cdots + a_{\alpha_i - 1} q_i^{\alpha_i - i - 1})(p-1)/q_i} \\ &\equiv \alpha^{a_i (p-1)/q_i} \equiv r_{q_i, a_i} (\bmod p),\end{aligned}$$

即存在 $r_{q_i, j} \equiv \beta_i^{(p-1)/q_i^{i+1}} (\bmod p)$时,令 $a_i = j, i = 0, 1, \cdots, \alpha_i - 1$.

这样解决了 $a (\bmod q_i^{\alpha_i})$的计算,其中 $q_i^{\alpha_i} \mid p-1$,以上的步骤只当 $p-1$ 的因子是小素数时才有可能.

例 6.6 $p = 37$,求 lb28.

解 因为 $37 - 1 = 36 = 2^2 \times 3^2$,先计算

$$r_{q,j} \equiv \alpha^{j(p-1)/q} (\bmod p), j = 0, 1, \cdots, q-1.$$

$$r_{2,0} \equiv 2^{0 \times 36/2} \equiv 1 (\bmod 37),$$

$$r_{2,1} \equiv 2^{1 \times 36/2} \equiv -1 (\bmod 37),$$

$$r_{3,0} \equiv 2^{0 \times 36/3} \equiv 1 (\bmod 37),$$

$$r_{3,1}\equiv 2^{36/3}\equiv 26(\bmod 37),$$
$$r_{3,2}\equiv 2^{2\times 36/3}\equiv 10(\bmod 37).$$

现在就 q 为 2 和 3 分别讨论如下：

当 $q=2$ 时，设 $a\equiv a_0+2a_1(\bmod 2^2)$，

$a_0=\{j\mid 28^{36/2}=r_{q,j}(\bmod 37)\}=\{j\mid 28^{18}\equiv 1(\bmod 37)\}=0$，

$a_1=\{j\mid 28^{36/2^2}\equiv -1(\bmod 37)\}=1$，

所以

$$a\equiv 2(\bmod 2^2).$$

当 $q=3$ 时，设 $a\equiv a_0+3a_1(\bmod 3^2)$，

$$a_0=\{j\mid 28^{36/3}\equiv 26(\bmod 37)\}=1,$$
$$a_1=\{j\mid 14^{36/3^2}\equiv 10(\bmod 37)\}=2,$$

所以

$$a\equiv 1+3\times 2=7(\bmod 3^2).$$

所以

$$\begin{cases}a\equiv 2\ (\bmod 2^2),\\ a\equiv 7\ (\bmod 3^2).\end{cases}$$

解得

$$a\equiv 34\ (\bmod 36).$$
$$2^{34}\equiv 28\ (\bmod 37).$$

三、指标计算方法

离散对数的指标计算方法与最好因子分解算法有许多相似之处，在这一节我们做一个简单地总结. 该方法使用了一个因子基，象以前一样，它是一个"小"素数集合 B，假设 $B=\{p_1,p_2,\cdots,p_B\}$.

第一步(预处理步)是找到因子基中 B 个素数的离散对数.

第二步是利用已知因子基中元素的离散对数来计算期望元素 β 的离散对数.

在预处理阶段，我们构造 $c=B+10$ 个模 p 同余式如下：

$\alpha^{x_j}\equiv p_1^{a_{1j}}p_2^{a_{2j}}\cdots p_B^{a_{Bj}}(\bmod p),1\leqslant j\leqslant c.$

注意这些同余式能等价写为

$x_j\equiv a_{1j}\log_\alpha p_1+a_{2j}\log_\alpha p_2+\cdots+a_{Bj}\log_\alpha p_B(\bmod(p-1)),1\leqslant j\leqslant c.$

给定 B 个"未知数"$\log_\alpha p_i(1\leqslant i\leqslant B)$的 c 个同余式，我们期望这里有唯一的模 $p-1$ 的解. 如果是这种情况，那么我们能计算因子基中元素的离散对数.

我们怎样产生期望的同余式呢？一个基本方法是取随机值 x，计算 $\alpha^x \pmod p$，然后确定 $\alpha^x \pmod p$ 的所有因子是否都在 B 中(例如，使用试除法).

现在，我们已成功地进行了预计算步，我们能计算期望对数 $\log_\alpha\beta$，选择一个随机整数 s $(1 \leqslant s \leqslant p-2)$ 并计算

$$r \equiv \beta\alpha^s \pmod p.$$

现打算在因子基 B 中分解 r，如果这样做，那么我们得到如下的同余式：

$$\beta\alpha^s \equiv {p_1}^{c_1}{p_2}^{c_2}\cdots {p_B}^{c_B} \pmod p.$$

这个能等价写成

$$\log_\alpha\beta + s = c_1\log_\alpha p_1 + c_2\log_\alpha p_2 + \cdots + c_\beta\log_\alpha p_B (\mathrm{mod}(p-1)).$$

因为除 $\log_\alpha\beta$ 外，其它都是已知的，故我们很容易解 $\log_\alpha\beta$.

用下面一个设计精巧的小例子来解释这个算法中的两个步骤：

例6.7 假设 $p = 10007$，$\alpha = 5$ 为模 p 的本原元，$B = \{2,3,5,7\}$ 作为因子基，因为 $\log_5 5 = 1$，所以需要确定因子基元素中的三个对数.

当 $x = 4063$ 时，$5^{4063}(\mathrm{mod}10007) = 42 = 2 \times 3 \times 7$，这就产生同余式

$$\log_5 2 + \log_5 2 + \log_5 7 = 4063(\mathrm{mod}10006).$$

又因

$$5^{5136}(\mathrm{mod}10007) = 54 = 2 \times 3^3,$$

所以

$$\log_5 2 + 3\log_5 3 = 5136(\mathrm{mod}10006).$$

又

$$5^{9865}(\mathrm{mod}10007) = 189 = 3^3 \times 7,$$

所以

$$3\log_5 3 + \log_5 7 = 9865(\mathrm{mod}10006).$$

现在有三个未知数的三个同余方程，因此这里将有唯一解

$$\log_5 2 = 6587, \log_5 3 = 6190, \log_5 7 = 1301.$$

现假设我们期望计算 $\log_5 9451$，假设我们选择了“随机”指数 $s = 7736$，且计算

$$9451 \times 5^{7736}(\mathrm{mod}10007) = 8400 = 2^4 \times 3^1 \times 5^2 \times 7^1,$$

它的因子全在 B 内，所以我们得到

$$\begin{aligned}\log_5 9451 &= 4\log_5 2 + \log_5 3 + 2\log_5 5 + \log_5 7 - s(\mathrm{mod}10006)\\ &= 4 \times 6578 + 6190 + 2 + 1301 - 7736\\ &\equiv 6057(\mathrm{mod}10006).\end{aligned}$$

为了验证，我们检查 $5^{6057} \equiv 9451(\mathrm{mod}10007)$，所以

$$\log_5 9451 = 6057.$$

§6.5　概率公钥体制

设有一个公钥密码系统,加解密函数分别为 E,D.由于 E 是公开的,任何人都可事先计算出任一明文的密文$E(m)$.设想破译者可能对某些关键信息感兴趣,则他可事先将这些信息加密后存储起来,一旦以后截获得密文,就直接在所存储的密文中进行查找,从而求得相应明文.

上面只是列举了确定型公钥系统不安全的一个简单方面.所谓确定型公钥系统(DPKC)是指:任一明文的密文都是由公钥唯一确定的.这种 DPKC 存在很多缺陷,不能达到严格的安全保密要求.

1982 年左右,Goldwasser 和 Micali 等人提出了概率加密的概念,较好地克服了 DPKC 的本质缺陷.概率加密的目标是从密文中(在多项式时间内)不能计算有关明文的任何信息.这个目标能通过公钥密码体制来实现,在此体制中加密是一个概率算法而不是确定算法.因此,对每一个明文有"许多"可能的加密,所以不可能测试给定的一个密文是否是一个特定明文的加密.

设 n 是某一正整数,$\left(\frac{x}{n}\right)$表示 $x \pmod n$ 的 Jacobi 符号,若 $n=p_1^{\alpha_1}p_2^{\alpha_2}\cdots p_k^{\alpha_k}$,其中 p_i 是素数,$i=1,\cdots,k$.则$\left(\frac{a}{n}\right)=\left(\frac{a}{p_1}\right)^{\alpha_1}\left(\frac{a}{p_2}\right)^{\alpha_2}\cdots\left(\frac{a}{p_k}\right)^{\alpha_k}$.$\left(\frac{a}{p_i}\right)$叫 $a \pmod{p_i}$的 Legendre 符号,即

$$\left(\frac{a}{p_i}\right)=\begin{cases}0, p_i \mid a, & \\ 1, & \text{若 } a \text{ 是 } \bmod p_i \text{ 的平方剩余}, \\ -1, & \text{若 } a \text{ 不是 } \bmod p_i \text{ 的平方剩余}.\end{cases}$$

若 $n=pq$,p,q 是两个不同的素数,回顾一下 Jacobi 符号

$$\left(\frac{x}{n}\right)=\begin{cases}0, & \text{若 } \gcd\{x,n\}>1, \\ 1, & \text{若}\left(\frac{x}{p}\right)=\left(\frac{x}{q}\right)=1 \text{ 或}\left(\frac{x}{p}\right)=\left(\frac{x}{q}\right)=-1, \\ -1, & \text{若}\left(\frac{x}{p}\right)\text{和}\left(\frac{x}{q}\right)\text{中一个为 } 1\text{,另一个为 } -1.\end{cases}$$

用 $QR(n)$来记模 n 的平方剩余,即

$$QR(n)=\{x^2 \pmod n : x\in Z_n^*\}.$$

回顾一下 x 是模 n 的平方剩余当且仅当

$$\left(\frac{x}{p}\right)=\left(\frac{x}{q}\right)=1.$$

定义 $\widetilde{QR}(n)=\{x\in Z_n{}^*:\left(\frac{x}{n}\right)=1 \text{ 但}\left(\frac{x}{p}\right)=\left(\frac{x}{q}\right)=-1\}$,元素 $x\in$

$\widetilde{QR}(n)$称为模 n 的伪平方.

令 $Z_n^* = \{x \mid 1 \leqslant x < n, (x,n)=1\}$,

$$Z_n' = \{x \mid 1 \leqslant x < n, \left(\frac{x}{n}\right) = 1\}.$$

在 Z_n' 上定义 Q_n 如下:

$$Q_n(x) = \begin{cases} 1, & \text{若 } x \text{ 是 mod} n \text{ 的平方剩余}, \\ 0, & \text{若 } x \text{ 不是 mod} n \text{ 的平方剩余}. \end{cases}$$

平方剩余问题:n 是两个未知素数 p 和 q 的乘积,一个满足$\left(\frac{x}{n}\right)=1$的整数 $x \in Z_n^*$,问 x 是 mod$n$ 的平方剩余吗?

注意到当 n 是素数或 n 是合数但 n 的素因子已知时,Q_n 很容易计算,而当 n 的素因子未知时,Q_n 很难计算(这就是有名的平方剩余假设).可看到平方剩余问题需要我们区别模 n 的平方剩余和模 n 的伪平方,这不比分解 n 更困难.因如果 $n=pq$ 能够分解,那计算$\left(\frac{x}{p}\right)$将是简单的事情,给定$\left(\frac{x}{n}\right)=1$可证明 x 是 mod$n$ 的平方剩余当且仅当$\left(\frac{x}{p}\right)=1$.

如果不知道 n 的因子,那么似乎没有任何一个有效的方法来解平方剩余问题,所以如果因子分解 n 不可行的话,那么这个问题将是难解的,GM 提出的概率公钥体制就是基于平方剩余问题.

一、GM 概率公钥系统

当给定安全参数 k(k 是正偶数)时,用户 A 如下构造一个概率公钥密码系统:

1.随机选取两个互异素数 p,q,$|p|=|q|=k/2$,其中$|p|$表示 p 的二进制表示长度,即$|p|=[\log_2 p]$.

2.令 $n=pq$.

3.选取模 n 的伪平方 $y \in Z_n'$,用户 A 将$\{n,y\}$公开,$\{p,q\}$保密.

假设用户 B 要向 A 发送消息 $m=m_1m_2\cdots m_l$, $m_i=0$ 或 1, $i=1,\cdots,l$.则他加密如下:

(1)对 $i=1,\cdots,l$,执行(2)~(3);

(2)任选 $x \in Z_n{}^*$;

(3)若 $m_i=1$,则 $e_i \equiv x^2 \pmod n$,否则 $e_i \equiv x^2 y \pmod n$;

(4)B 将密文 $C=E(m)=(e_1,e_2,\cdots,e_l)$传送给 A.

显然,m 的密文不再是唯一的,而是依赖于(2)中各个随机量 x 的选取.

A 收到密文$(e_1,e_2,\cdots,e_l)$后,解密如下:

(1)对 $i=1,\cdots,l$,执行(2);

(2) $m_i = Q_n(e_i)$;

(3)得明文 $m_1 m_2 \cdots m_l = m$.

可以证明,上述 GM 方法有很强的安全性.但是,一个长为 l 比特的明文经加密后变成了 lk 比特的密文,数据膨胀率(密文与明文长度之比)为 k.通常 $k \approx 664$,因而为了传送比如 100bit 的明文,必须传送一个长达 66400bit 的密文,这在实际中是不能容忍的,如此的低效率使得 GM 方法没有太大的实用价值.

例 6.8 取 $p=67, q=71, p, q$ 均为 7 位二进制数,则 $n=4757$.

取 $y=11$,则 $\left(\frac{11}{4757}\right)=1$,但 $\left(\frac{11}{67}\right)=\left(\frac{11}{71}\right)=-1$.将{4757,11}公开,{67,71}保密.

加密:设明文 $m=1101$,任取 $x \in Z_n{}^*$.

若 $x_1=137, m_1=1, \quad e_1 \equiv x_1^2 (\bmod 4757)=4498$,

$x_2=50, \; m_2=1, \quad e_2 \equiv x_2^2 (\bmod 4757)=2500$,

$x_3=73, \; m_3=0, \quad e_3 \equiv x_3^2 y (\bmod 4757)=1535$,

$x_4=37, \; m_4=1, \quad e_4 \equiv 37^2 (\bmod 4757)=1369$,

所以密文 $C=(4498, 2500, 1535, 1369)$.

解密:只需计算 $\left(\frac{e_i}{p}\right)=1$ 或 -1,若 $\left(\frac{e_i}{p}\right)=1$, $m_i=1$,若 $\left(\frac{e_i}{p}\right)=-1$,则 $m_i=0$.

由于 $\left(\frac{4498}{p}\right)=\left(\frac{2500}{67}\right)=\left(\frac{1369}{67}\right)=1$,有 $m_1=m_2=m_4=1$.而 $\left(\frac{1535}{p}\right)=-1$,所以 $m_3=0$.于是明文 $m=1101$.

二、BBS 方法

这是 L.Blum, M.Blum, M.Shub 等人在 1982 年提出的.当给定安全参数 k(k 是正偶数)时,设 $|p|=|q|=k/2$, $p \equiv q \equiv 3 \pmod 4$,这种素数称为 Blum 数,是 M.Blum 最早对这种数在密码学中的应用作了研究,令 $n=pq$,设明文 $m=m_1 m_2 \cdots m_l$, $m_i=0$ 或 1, $i=1, \cdots, l$.

加密如下:

(1)任选 $x \in Z_n^*$;

(2)令 $x_0 \equiv x^2 \pmod n$;

(3)对 $i=1, \cdots, l$,执行(4),(5);

(4) $x_i = x_{i-1}^2 (\bmod n)$;

(5) $b_i = x_i$ 的最后一位,即 $b_i \equiv x_i \pmod 2$;

(6) $x_{l+1} \equiv x_l{}^2 \pmod n$;

(7)得密文 $c=E(m)=(m\oplus b,x_{l+1})$,其中 $b=b_1b_2\cdots b_l$,$\oplus$表示逐位模 2 相加.

解密很简单,由 x_{l+1}逐次恢复 $x_l,x_{l-1},\cdots,x_1$(求平方根)抽取 $b_lb_{l-1}\cdots b_1$,得 $b=b_1b_2\cdots b_l$,与$E(m)$的第一分量模 2 相加即得 m,此加密体制的数据膨胀率为 $1+\frac{k}{l}$.

注:因为 $n=pq$,$p\equiv q\equiv 3\pmod 4$,因此对任何平方剩余 x 有 4 个 $\bmod n$ 的平方根,但有唯一一个 x 的平方根,它也是平方剩余,这个平方根称为主平方根.

回顾一下,当 $p\equiv q\equiv 3\pmod 4$,任何平方剩余 x 模 p 的平方根是 $\pm x^{\frac{p+1}{4}}$,使用 Legendre 符号,我们有

$$\left(\frac{x^{\frac{p+1}{4}}}{p}\right)=\left(\frac{x}{p}\right)^{\frac{p+1}{4}}=1.$$

这就证明了 $x^{\frac{p+1}{4}}$是 $x\pmod p$的主平方根,类似地 $x^{\frac{q+1}{4}}$是$x\pmod q$的主平方根,应用中国剩余定理,我们能找到 $x\pmod n$的主平方根.

例 6.9 若 $p=43,q=47$,则 $n=2021$.若明文 $m=1101$.

加密:(1)任取 $x\in Z_n^*$,如 $x=13$;

(2)$x_0\equiv x^2\pmod n=169$;

(3)对 $i=1,2,3,4$,$x_i\equiv x_{i-1}^2\pmod n$得

$$x_1=267,x_2=554,x_3=1745,x_4=1399.$$

于是 $b=1011$;

(4)$x_5\equiv x_4^2\pmod n=873$;

(5)密文 $C=E(m)=(m\oplus b,x_5)=(0110,873)$.

解密:

$$\begin{cases}x_4\equiv 873^{\frac{43+1}{4}}\equiv 23\pmod{43},\\ x_4\equiv 873^{\frac{47+1}{4}}\equiv 36\pmod{47},\end{cases}$$

得

$$x_4\equiv 1399\pmod{2021},$$
$$x_4=1399.$$

同理可得 $x_3=1745,x_2=554,x_1=267$,于是得 $b=1011$.所以

$$m=0110\oplus 1011=1101.$$

§6.6　关于 F_q 上的椭圆曲线

设 $q=p^l$，$p>3$ 素数，F_q 上的椭圆曲线是指

$$E_1: y^2 = x^3 + ax + b, a, b \in F_q \tag{1}$$

的解$(x,y)\in {F_q}^2$ 的集合加上一个无穷远点 O 记为$E(F_q)$，这里 $p\nmid\Delta=-16\cdot(4a^3+27b^2)$.

设 $E=E_1$，下面在 $E(F_q)$中引入运算$\oplus$，使之 $E(F_q)$构成一个有限阿贝尔群. 设 $M=(x_1,y_1)$，$N=(x_2,y_2)$是 $E(F_q)$上任意两点，l 是 MN 的连线. 若 M 和N 重合于一点，即 $M=N$，则 l 便退化为M 点的切线. 设 l 和曲线相交于另一点R，l'是R 点和无穷远点O 的连线，也就是说 l'是过R 点引 y 轴平行线，l'和曲线交于另一点；对称，这从(1)式中只含 y^2 项可知.

若 M 和N 关于x 轴对称或重合于x 轴，则 MN 垂直于x 轴，这时 l 和椭圆曲线交于无穷远点。图 6－1 显示了椭圆曲线$E(F_q)$中 $M\oplus N$ 的几何解释.

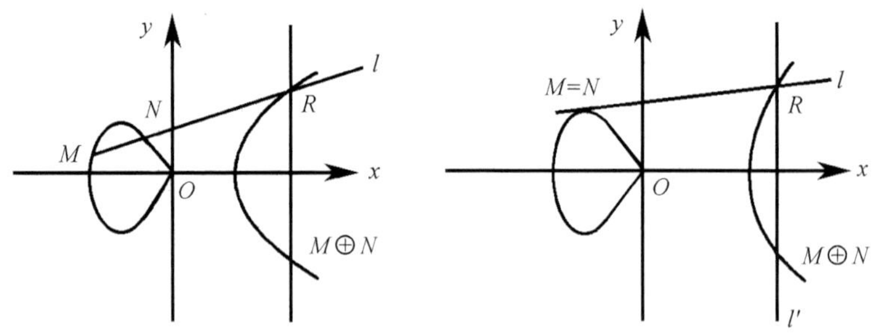

图 6－1

设 $M=(x_1,y_1)$，$N=(x_2,y_2)$，通过代数方法可以具体算出 $M\oplus N=(x^*,y^*)$. 如果 $x_1=x_2$ 和 $y_2=-y_1$，那么 $M\oplus N=O$，否则若 $R=(x_3,y_3)$，则

$$\begin{cases} x^* = \lambda^2 - x_1 - x_2, \\ y^* = -y_1 + \lambda(x_1 - x^*). \end{cases} \tag{2}$$

且

$$\lambda = \begin{cases} \dfrac{y_2 - y_1}{x_2 - x_1}, & 若\ M \neq N, \\ \dfrac{3x_1^2 + a}{2y_1}, & 若\ M = N. \end{cases}$$

下面我们来推导(2).

过 M 和 N 点的直线 l 设为

$$y = kx + c,$$

其中

$$k = \frac{y_2 - y_1}{x_2 - x_1}, \quad c = y_1 - kx_1.$$

以此代入曲线 E_1 的方程得

$$(kx + c)^2 = x^3 + ax + b.$$

即

$$x^3 - (kx + c)^2 + ax + b = 0.$$

由于 x_1, x_2 是它的两个根,若 MN 直线交曲线E 于点$R = (x_3, y_3)$,根据根与系数的关系

$$x_1 + x_2 + x_3 = k^2,$$

有

$$x_3 = k^2 - x_1 - x_2, \quad y_3 = kx_3 + c.$$

若

$$M \oplus N = (x^*, y^*) = (x_3, -y_3) = (x_3, -(kx_3 + c)),$$

即

$$x^* = x_3 = \left(\frac{y_2 - y_1}{x_2 - x_1}\right)^2 - x_1 - x_2,$$

$$y^* = -y_1 + \left(\frac{y_2 - y_1}{x_2 - x_1}\right)(x_1 - x_3).$$

若 $M = N$,对 $y^2 = x^3 + ax + b$,求 x 的导数

$$2y\frac{\mathrm{d}y}{\mathrm{d}x} = 3x^2 + a,$$

$$\frac{\mathrm{d}y}{\mathrm{d}x} = \frac{3x^2 + a}{2y},$$

$$y'|_{x = x_1} = \frac{3x_1^2 + a}{2y_1} = k,$$

其中

$$c = y_1 - kx_1 = y_1 - \left(\frac{3x_1^2 + a}{2y_1}\right)x_1.$$

代入曲线 E_1 的方程得

$$\left(\frac{3x_1^2 + a}{2y_1}x + c\right)^2 = x^3 + ax + b.$$

根据根与系数的关系有

$$x_1 + x_2 + x_3 = 2x_1 + x_3 = \left(\frac{3x_1^2 + a}{2y_1}\right)^2.$$

所以

$$x_3 = \left(\frac{3x_1^2 + a}{2y_1}\right)^2 - 2x_1.$$

故得 $M = N = (x_1, y_1)$时，$M \oplus N = (x^*, y^*)$.

$$\begin{cases} x^* = \left(\dfrac{3x_1^2 + a}{2y_1}\right)^2 - 2x_1 = x_3, \\ y^* = -y_1 + \left(\dfrac{3x_1^2 + a}{2y_1}\right)(x_1 - x_3). \end{cases}$$

这就证明了(2).

最后对所有 $M \in E(F_q)$，定义

$$M \oplus O = O \oplus M = M.$$

采用这种加法定义，在 $E(F_q)$中，运算"$\oplus$"是封闭的，而且满足：

(1)对 $\forall M, N, R \in E(F_q)$有$(M \oplus N) \oplus R = M \oplus (N \oplus R)$；

(2)对 $\forall M \in E(F_q)$有 $M \oplus O = O \oplus M = M$，这里 O 是$E(F_q)$的无穷远点；

(3)对 $\forall M \in E(F_q)$，$\exists N \in E(F_q)$使 $M \oplus N = O$，这里的 N 记为 $-M$；

(4)对 $\forall M, N \in E(F_q)$有 $M \oplus N = N \oplus M$.

这说明 $E(F_q)$上定义的加法构成群，而且是有单位元 O 的可交换群(阿贝尔群). 由于计算十分复杂，这里略去证明过程. 这个群的逆元素是非常容易计算的，对任意$(x, y) \in E(F_q)$，(x, y)的逆 $-(x, y) = (x, -y)$.

例 6.10 设 E 是Z_{11}上的椭圆曲线 $y^2 = x^3 + x + 6$，首先我们确定 E 中的点. 这个能通过寻找每一个点 $x \in Z_{11}$，计算 $x^3 + x + 6 \pmod{11}$，然后企图对 y 解方程 $y^2 \equiv x^3 + x + 6 \pmod{11}$来实现. 对每一个给定的 x，我们能通过应用欧拉准则测试 $Z \equiv x^3 + x + 6 \pmod{11}$是否是一个二次剩余. 回顾一下，对素数 $p \equiv 3 \pmod 4$，有一个明显的公式计算模 p 二次剩余的平方根，应用这个公式我们有二次剩余 Z 的平方根为

$$\pm Z^{(11+1)/4} \pmod{11} = \pm Z^3 \pmod{11}.$$

这个计算结果列在表 6－1 中.

这样 E 有 13 个点，因为任何素数阶的群都是循环的，这就证明了 E 与 Z_{13}同构，且除开无穷远点外，任何一个点都是 E 的生成元. 假设我们取生成元 $a = (2,7)$，那么我们能计算 a 的"n 次"(因为群运算是加法，所以我们把它写为 a 的倍数)，为计算 $2a = (2,7) + (2,7)$，我们首先计算：

表 6-1　Z_{11}上的椭圆曲线 $y^2 = x^3 + x + 6$ 的点

x	$x^3 + x + 6 \pmod{11}$	是 $QR(11)$?	y
0	6	不是	
1	8	不是	
2	5	是	4,7
3	3	是	5,6
4	8	不是	
5	4	是	2,9
6	8	不是	
7	4	是	2,9
8	9	是	3,8
9	7	不是	
10	4	是	2,9

$$\begin{aligned}\lambda &= (3 \times 2^2 + 1)(2 \times 7)^{-1} \pmod{11}\\ &= 2 \times 3^{-1} \pmod{11}\\ &= 2 \times 4 \pmod{11}\\ &= 8,\end{aligned}$$

那么我们有

$$x_3 = 8^2 - 2 - 2 \pmod{11} = 5$$

和

$$y_3 = 8(2 - 5) - 7 \pmod{11} = 2.$$

所以 $2a = (5,2)$.

下一个倍数将是 $3a = 2a + a = (5,2) + (2,7)$. 我们再次以计算 λ 开始，此时它的计算如下：

$$\begin{aligned}\lambda &= (7 - 2)(2 - 5)^{-1} \pmod{11}\\ &= 5 \times 8^{-1} \pmod{11}\\ &= 5 \times 7 \pmod{11}\\ &= 2,\end{aligned}$$

那么我们有

$$x_3 = 2^2 - 5 - 2 \pmod{11} = 8$$

和

$$y_3 = 2(5-8) - 2(\mathrm{mod}\ 11) = 3.$$

所以 $3a=(8,3)$.

按照这种方法继续做下去,剩下的倍数计算如下:

$$\begin{array}{lll} a=(2,7), & 2a=(5,2), & 3a=(8,3), \\ 4a=(10,2), & 5a=(3,6), & 6a=(7,9), \\ 7a=(7,2), & 8a=(3,5), & 9a=(10,9), \\ 10a=(8,8), & 11a=(5,9), & 12a=(2,4). \end{array}$$

由此 $a=(2,7)$实际上是一个本原元.

设 $q=2^m$ 时,整数 $m>0$,讨论 F_{2^m}上的一类用得较多的椭圆曲线,这类椭圆曲线是指:

E_2: $y^2+a_3y=x^3+a_4x+a_6, a_3, a_4, a_6 \in F_{2^m}$(4)的解$(x,y)\in F_{2^m}^2$ 的集合加上一个无穷远点 O,记为 $E(F_{2^m})$.

$E(F_{2^m})$中运算$\oplus$定义与 $E(F_q)$中一致,设 $M=(x_1,y_1), N=(x_2,y_2)$是 $E(F_{2^m})$上任意两点,同 $E(F_q)$中一样可以推出 $M\oplus N$ 的计算公式,在这里过程略去,我们只给出具体结果.

若设 $M=(x_1,y_1)\in E(F_{2^m})$,则 $-(x_1,y_1)=(x_1,y_1+a_3), N=(x_2, y_2)\in E(F_{2^m})$,且 $M\neq -N$,则 $M\oplus N=(x^*,y^*)$,其中

$$x^* = \begin{cases} \left(\dfrac{y_1+y_2}{x_1+x_2}\right)^2 + x_1 + x_2, & M \neq N, \\ \dfrac{x_1^4+a_4^2}{a_3^2}, & M = N, \end{cases}$$

$$y^* = \begin{cases} \left(\dfrac{y_1+y_2}{x_1+x_2}\right)(x_1+x^*) + y_1 + a_3, & M \neq N, \\ \left(\dfrac{x_1^2+a_4}{a_3}\right)(x_1+x^*) + y_1 + a_3, & M = N. \end{cases}$$

采用这种加法定义,可证明 $E(F_{2^m})$是一个有单位元 O 的阿贝尔群(证明略).

对于以上这两类椭圆曲线 E_1 和 E_2,我们可统一记为$E(F_q)$,其中 $q=p^m$,整数 $m>0$, p 为不等于 3 的素数. 下面我们用$^\# E(F_q)$表示 $E(F_q)$中点的数目,要计算$^\# E(F_q)$的精确值是十分困难的,但下面的结果给出了$^\# E(F_q)$的一个界.

定理 6.3(Hasse) 设$^\# E(F_q)=q+1-t$,则$|t|\leqslant 2\sqrt{q}$.

定理 6.3 说明 $E(F_q)$是一个有限阿贝尔群. 下面讨论对于任一 t 满足 $|t|\leqslant 2\sqrt{q}$,是否存在一条椭圆曲线 $E(F_q)$使得$^\# E(F_q)=q+1-t$,下一定理给出了结论.

定理 6.4 设 $q=p^m$,p 为素数,存在一条 F_q 上的椭圆曲线 E,使得 $^{\#}E(F_q)=q+1-t$ 的充要条件是下列之一条件成立:

(1) $t\not\equiv 0 \pmod p$,且 $t^2\leqslant 4q$.

(2) m 是奇数且下列之一条件成立:

(i) $t=0$;

(ii) $t^2=2q$ 且 $p=2$;

(iii) $t^2=3q$ 且 $p=3$.

(3) m 是偶数且下列之一条件成立:

(i) $t^2=4q$;

(ii) $t^2=q$ 且 $p\not\equiv 1 \pmod 3$;

(iii) $t=0$ 且 $p\not\equiv 1 \pmod 4$.

设 M 是 $E(F_q)$ 中任一点,因为下面的点

$$\cdots,-2M,-M,0,M,2M,\cdots$$

均在 $E(F_q)$ 中,故必有 $s,t\in Z$,$s>t$ 使得 $sM=tM$,即 $(s-t)M=O$,定义最小的正整数 n 满足 $nM=O$ 为点 M 的周期.若存在 $M\in E(F_q)$ 使得 M 的周期为 $^{\#}E(F_q)$,则 M 称为 $E(F_q)$ 的本原元或生成元,此时 $E(F_q)$ 即称为循环群.一般说,对任意 $M\in E(F_q)$,设 M 的周期为 n,则集 $\{O,M,2M,\cdots,(n-1)M\}$ 构成 $E(F_q)$ 的一个子群,称为由 M 生成的群.要在椭圆曲线上建立公钥体制,我们的目的是想找到 $E(F_q)$ 的一个循环子群 A,在此群中离散对数问题是难处理的.在群 A 中相应的离散对数问题是:给定 $M,N\in A$,求 $S\in Z$,$S>0$ 使得 $N=SM$.已知整数 $S>0$,计算 SM 非常容易,将 S 写成二进整数,即设 $S=S_0+S_1\cdot 2+\cdots+S_{k-1}\cdot 2^{k-1}$,$S_i=0$ 或 $1(i=0,1,\cdots,k-1)$.则有

$$SM=((\cdots((S_{k-1}M)\cdot 2+S_{k-2}\cdot M)2+\cdots)\cdot 2+S_1M)\cdot 2+S_0M.$$

这个计算量只有 $O(\log S)$,但是反过来已知 $M,N\in A$,求整数 $S>0$ 满足 $N=SM$ 却是非常困难的问题.所以我们想知道关于群 $E(F_q)$ 的一些结构问题,下列定理给出了关于 $E(F_q)$ 的群结构的一些有用信息.

定理 6.5 设 $q=p^l$,p 是大于 3 的素数,整数 $l>0$,$E(F_q)$ 是一个有限阿贝尔群,且 $E(F_q)\cong Z_{n_1}\times Z_{n_2}$,其中 Z_{n_1},Z_{n_2} 分别代表 n_1 阶,n_2 阶循环群,这里 $n_2|n_1$,$n_2|p-1$,故 $E(F_q)$ 有一个阶为 n_1 的循环子群,如果 $n_2=1$,则 $E(F_q)$ 为循环群.

我们在讨论 Z_p^* 中的离散对数问题时知道,当 $|Z_p^*|=p-1$ 仅含小素因子时,有快速算法计算离散对数.类似地,$E(F_q)$ 中的离散对数问题,当 $^{\#}E(F_q)$ 仅含小素因子时,也有快速算法求解.所以,在设计 $E(F_q)$ 上的密码体制时,常常是要求 $^{\#}E(F_q)$ 含有大素数因子.下面有几个可供利用的结果:

定理 6.6 设$^{\#}E(F_q)=q+1-t$,

(1)如果 $t^2=q,2q$ 或者 $3q$,则 $E(F_q)$是循环群.

(2)若 $t^2=4q$,当 $t=2\sqrt{q}$时,$E(F_q)\cong Z_{\sqrt{q}-1}\times Z_{\sqrt{q}-1}$;

当 $t=-2\sqrt{q}$时,$E(F_q)\cong Z_{\sqrt{q}+1}\times Z_{\sqrt{q}+1}$.

(3)若 $t=0$ 且 $q\not\equiv 3(\mathrm{mod}\ 4)$,则 $E(F_q)$是循环群;

若 $t=0$ 且 $q\equiv 3(\mathrm{mod}\ 4)$,则 $E(F_q)$是循环群或者 $E(F_q)\cong Z_{(q+1)/2}\times Z_2$.

推论 (1) 设 $E_1:y^2=x^3+b$ 是 F_q 上椭圆曲线,其中 q 是奇数且 $q\equiv 2(\mathrm{mod}\ 3)$,则$^{\#}E_1(F_q)=q+1$ 且 $E_1(F_q)\cong Z_{q+1}$.

(2)设 $E_2:y^2=x^3-x$ 是F_q 上椭圆曲线,其中 $q\equiv 3(\mathrm{mod}\ 4)$,则$^{\#}E_2(F_q)=q+1$ 且 $E_2(F_q)\cong Z_{(q+1)/2}\times Z_2$;

(3)设 $E_3:y^2=x^3+x$ 是 F_q 上椭圆曲线,且 $q\equiv 3(\mathrm{mod}\ 4)$,则$^{\#}E_3(F_q)=q+1$ 且 $E_3(F_q)\cong Z_{q+1}$.

定理 6.7 (1)设 $E_1:y^2+y=x^3$ 是 F_{2^m}上椭圆曲线,其中 m 为奇数,则$^{\#}E_1(F_{2^m})=q+1$ 且 $E_1(F_{2^m})$为循环群;

(2)设 $E_2:y^2+y=x^3+x$ 是F_{2^m}上椭圆曲线;

当 $m\equiv 1,7(\mathrm{mod}\ 8)$时,则$^{\#}E_2(F_{2^m})=q+1+\sqrt{2q}$,且为循环群.

当 $m\equiv 3,5(\mathrm{mod}\ 8)$时,则$^{\#}E_2(F_{2^m})=q+1-\sqrt{2q}$, 且为循环群.

(3) 设 E_3: $y^2+y=x^3+x+1$ 是 F_{2^m}上椭圆曲线:

当 $m\equiv 1$, 7 (mod 8) 时, 则$^{\#}E_3$ (F_{2^m}) $=q+1-\sqrt{2q}$, 且为循环群.

当 $m\equiv 3$, 5 (mod 8) 时, 则$^{\#}E_3$ (F_{2^m}) $=q+1+\sqrt{2q}$, 且为循环群.

§6.7 $E(F_q)$中密码体制与明文嵌入方法

一、$E(F_q)$中离散对数公钥体制

设$E(F_q)$为循环群或有一循环子群 A, 在其中离散对数是难处理的. 若 $\alpha\in E(F_q)$是一个固定的点满足: α 的周期含有足够大的素因子.

首先任选一数 a, 计算 $\beta=a\alpha$, 将 β, α, $E(F_q)$公开, a 保密. 再将明文 m 嵌入到椭圆曲线$E(F_q)$上 p_m 点和任选一随机数k, k 保密.

加密: 令 $y_1=k\alpha$, $y_2=p_m+k\beta$, 则密文 $c=$ (y_1, y_2).

解密: 先计算 $ay_1=a(k\alpha)=k(a\alpha)=k\beta$, 则 $p_m=y_2-ay_1$.

二、椭圆曲线$E(F_q)$上的 Massey-Omura 体制

1. Massey-Omura 体制

Massey 与 Omura 提出了一种互换式公钥体制，体制的设计是别致的．设 Z_p 是一公认的有限域，在其中离散对数问题是困难的．在通信网中大家共同使用 Z_p，每一用户（例如用户 A）选取一整数 e_A，$0<e_A<p-1$ 使得 $(e_A,\ p-1)=1$，由 Euclid 算法很容易求出 e_A 模 $p-1$ 的逆 d_A 即 $e_Ad_A\equiv1$ $(\bmod\ (p-1))$．则通信网络中用户 A 欲向用户 B 发送明文 $0<m\leqslant p-1$，他们之间进行以下操作：

(1) A 计算 $m^{e_A}\equiv c_1\ (\bmod\ p)$，并将 c_1 传送给 B；

(2) B 收到 c_1 后，计算 $c_1^{e_B}\equiv c_2\ (\bmod\ p)$，并将 c_2 返回给 A；

(3) A 收到 c_2 后，计算 $c_2^{d_A}\equiv c_3\ (\bmod\ p)$，并将 c_3 返回给 B；

(4) B 收到 c_3 后，计算 $c_3^{d_B}\equiv m$，即解出了明文 m．

这是因为 $c_3^{d_B}\equiv c_2^{d_Ad_B}\equiv c_1^{e_Bd_Ad_B}\equiv c_1^{d_A}\equiv m^{e_Ad_A}\equiv m\ (\bmod\ p)$．

2．椭圆曲线上的 Massey-Omura 体制

设 $^\#E(F_q)$ 为一大素数，且在 $E(F_q)$ 离散对数是难处理的；假设 $E(F_q)$ 是通信网络中大家共同使用的椭圆曲线．每一用户（例如用户 A）选取一整数 e_A，$1<e_A<{}^\#E(F_q)$，$(e_A,{}^\#E(F_q))=1$，d_A 是 e_A 模 $^\#E(F_q)$ 的逆，即 $e_Ad_A\equiv1\ (\bmod\ {}^\#E(F_q))$．则通信网络中用户 A 欲向用户 B 发送明文 m，他们之间进行以下操作：

(1) 用户 A 首先将明文 m 嵌入到椭圆曲线 $E(F_q)$ 上 p_m 点；

(2) A 计算 $e_Ap_m=c_1$，并将 c_1 传送给 B；

(3) B 收到 c_1 后，计算 $e_Bc_1=c_2$，并将 c_2 返回给 A；

(4) A 收到 c_2 后，计算 $d_Ac_2=c_3$，并将 c_3 返回给 B；

(5) B 收到 c_3 后，计算 $d_Bc_3=p_m$，即解出了明文 m．

这是因为 $d_Bc_3=d_Bd_Ac_2=d_Bd_Ae_Bc_1=d_Ac_1=d_Ae_Ap_m=p_m$．

三、$E(F_q)$ 中明文嵌入方法

在 $E(F_q)$ 密码体制中，一个重要的问题是如何将明文 m 嵌入 $E(F_q)$ 中，而且已知 p_m 还要迅速地求出 m（即译码要快速）．

通常明文 m 嵌入 $E(F_q)$ 中使用如下的概率算法（这里 p 为奇素数）：设 $m\in(0,\ M]$，选取固定的 k 使得 $p>Mk$．令 $x_j=mk+j$ $(j=1,\ \cdots,\ k-1)$，代入

$$f(x)=x^3+ax+b,\quad a,b\in F_p,$$

依次算出 $f(x_j)$ $(j=1,\ \cdots,\ k-1)$．一般取 $k=30$（最坏情况 $k=50$），即可使某个 $f(x_j)$ $(1\leqslant j\leqslant k-1)$ 为 F_p 上的平方 y_j^2．这是因为 $f(x)$ 为模 p 的平方剩余与非平方剩余各一半，所以 k 次找到 y_j^2 的概率不少于 $1-\left(\frac{1}{2}\right)^k$．于是明文 m 以极大的概率嵌入椭圆曲线 $E(F_q)$ 中．译码时，只需要

计算$[x_j/k]$即得 m.

但是，无论怎样，使用概率算法总会出现某些明文不能嵌入到椭圆曲线上的情形. 1989 年孙琦与肖戎对 F_p 上由 $y^2=f(x)=x^3-\Delta x$ 定义的椭圆曲线$E(F_p)$，这里 $p\equiv 3 \pmod 4$ 是素数，$p\nmid\Delta$，给出了一种确定型的明文嵌入方法.

设明文为 m，$0\leqslant m<p$，定义映射 σ：

$$\sigma(m)=\begin{cases}(m,\min\{\langle r(m)\rangle_p,p-\langle r(m)\rangle_p\}), & \text{若}\left(\dfrac{f(m)}{p}\right)=1,\\ (p-m,\max\{\langle r(-m)\rangle_p,p-\langle r(-m)\rangle_p\}), & \text{若}\left(\dfrac{f(m)}{p}\right)=-1,\\ (m,0), & \text{若 } m^2\equiv\Delta \pmod p,\\ (0,0), & \text{若 } m=0,\end{cases}$$

这里 $r(x)=f(x)^{\frac{p+1}{4}}$，$\langle a\rangle_p$ 表示整数a 模 p 的最小非负剩余，$\left(\dfrac{n}{p}\right)$表示 Legendre 符号.

若$\left(\dfrac{f(m)}{p}\right)=1$，由 $p\equiv 3 \pmod 4$，我们有$(f(m)^{\frac{p+1}{4}})^2\equiv f(m) \pmod p$，故 $\sigma(m)=(m,\min\{\langle r(m)\rangle_p,p-\langle r(m)\rangle_p\})\in E$. 若$\left(\dfrac{f(m)}{p}\right)=-1$，则有$\left(\dfrac{f(-m)}{p}\right)=1$；故仍有：$\sigma(m)=(p-m,\max\{\langle r(-m)\rangle_p,p-\langle r(-m)\rangle_p\})\in E$. 若 $m^2\equiv\Delta \pmod p$，则$(m,0)\in E$. 若 $m=0$，则$(0,0)\in E$.

以上说明了对任意给定的明文 m，$0\leqslant m<p$，均能通过映射 σ 把明文嵌入到椭圆曲线$E(F_p)$上. 这一明文嵌入方法是容易实现的，而且其译码也易于实现.

设 $p_m=(x,y)\in E(F_p)$，则

$$m=\begin{cases}x, & \text{当 } 0\leqslant y\leqslant\dfrac{p-1}{2},\\ p-x, & \text{当 }\dfrac{p+1}{2}\leqslant y\leqslant p-1.\end{cases}$$

但是，对一般的椭圆曲线 $E(F_q)$还没有给出确定型的明文嵌入方法. 于是在椭圆曲线 $E(F_q)$上实现离散对数公钥体制和 Massey - Omura 体制有一些实际困难. Menezes 和 Vanstone 找到了一个更有效的改进方法. 在这个改进中，椭圆曲线作为“伪装”，明文和密文允许是任意(非零)域元素的有序对(即它们不必是 E 中的点). Menezes - Vanstone 密码体制描述如下：

设椭圆曲线 $E(F_q)$($p>3$ 素数)包含一个循环子群 A，在 A 中离散对数问题是难处理的. 着先选取 $\alpha\in E$，$0<a\leqslant\# A-1$，计算 $\beta=a\alpha$，将 α、β 值公

开，a 保密.

设明文 $m=(m_1,m_2)\in Z_p^*\times Z_p^*$，即 m_1,m_2 均属于 Z_p^*，加密如下：

(1)选取一随机数 k，$0\leqslant k\leqslant \# A-1$，$k$ 保密.

(2)$e_k(m)=(y_0,y_1,y_2)$，

其中：$y_0=k\alpha$，

$k\beta=(c_1,c_2)$，

$y_1\equiv c_1m_1 \pmod p$，

$y_2\equiv c_2m_2 \pmod p$.

则密文 $c=(y_0,y_1,y_2)$.

解密：$d_k(c)=(y_1c_1^{-1} \pmod p, y_2c_2^{-1} \pmod p)$.

下面我们来看例 6.10 中的曲线 $y^2\equiv x^3+x+6 \pmod{11}$，于是在 Menezes - Vanstone 密码体制中允许 $10\times 10=100$ 个明文，而在原始体制中仅有 13 个明文，我们利用该曲线来解释此体制的加密和解密.

例 6.11 设 $\alpha=(5,2)$，用户 A 选择秘密数 $a=3$，所以 $\beta=3\alpha=3\times(5,2)=(7,9)$，用户 A 将 α、β 公开，a 保密.

若用户 B 想加密明文 $m=(4,3)\in Z_{11}^*\times Z_{11}^*$，$m$ 不是 E 中点，若 B 选择随机值 $k=5$，则 B 加密如下：

$$y_0=5\alpha=5(5,2)=(8,8),$$

$$k\beta=5(7,9)=(10,2)=(c_1,c_2),$$

$$y_1\equiv c_1\times 4 \pmod{11}=10\times 4\equiv 7 \pmod{11},$$

$$y_2\equiv c_2\times 3 \pmod{11}=2\times 3\equiv 6 \pmod{11},$$

则密文 $c=(y_0,y_1,y_2)$.

则用户 A 收到密文 c 后，解密如下：

$$ay_0=ak\alpha=k\beta,$$

$$ay_0=3(8,8)=(10,2)=(c_1,c_2),$$

$$y_1c_1^{-1} \pmod{11}\equiv 7\times 10^{-1}\equiv 4 \pmod{11},$$

$$y_2c_1^{-1} \pmod{11}\equiv 6\times 2^{-1}\equiv 3 \pmod{11},$$

即

$$d_k(c^1)=(4,3)=m.$$

§6.8 有限域 F_p 上圆锥曲线的公钥密码系统

一、F_p 上的圆锥曲线

设 p 为奇素数，$Z_p=\{0,1,\cdots,p-1\}$ 为 p 元有限域，$F_p^*=\{1,2,\cdots,p-$

1}.考虑仿射平面 $A^2(F_p)$上的圆锥曲线

$$C(F_p): y^2 = ax^2 - bx, \quad a, b \in F_p^*. \tag{1}$$

显然原点 $O(0,0)$在 $C(F_p)$上.

若 $x \neq 0$,令 $y = xt$,由(1)得

$$x(a - t^2) = b. \tag{2}$$

若 $t^2 = a$,则(2)不成立.

若 $t^2 \neq a$,则

$$x = b/(a - t^2), \tag{3}$$

$$y = bt/(a - t^2). \tag{4}$$

对 $t \in F_p, t^2 \neq a$,我们用 $p(t)$表示 $C(F_p)$上由(3),(4)确定的点,原点 O 记为 $p(\infty)$.

令 $H = \{t \in F_p | t^2 \neq a\} U \{\infty\}$.显然(3),(4)给出了 H 与$C(F_p)$之间的一一对应.

对于 $C(F_p)$上点的加法$\oplus$与 5.7.3 节中完全一样.即对于任意 $p \in C(F_p)$,定义

$$p \oplus p(\infty) = p(\infty) \oplus p = p.$$

设 $p(t_1), p(t_2) \in C(F_p)$,其中 $t_1, t_2 \in H$,且 $t_1, t_2 \neq \infty$.定义

$$p(t_1) \oplus p(t_2) = p(t'),\text{其中}$$

$$t' = \begin{cases} \dfrac{t_1 t_2 + a}{t_1 + t_2}, & t_1 + t_2 \neq 0, \\ \infty, & t_1 + t_2 = 0. \end{cases}$$

在 5.7.3 节中已证明$(C(F_p), \oplus, p(\infty))$构成加群,且 $C(F_p)$的基数为

$$|C(F_p)| = \begin{cases} p - 1, \text{当}\left(\dfrac{a}{p}\right) = 1, \\ p + 1, \text{当}\left(\dfrac{a}{p}\right) = -1. \end{cases}$$

其中$\left(\dfrac{a}{p}\right)$表示 Legendre 符号.

二、$C(F_p)$上离散对数问题、明文嵌入与译码算法

在 $C(F_p)$中,相应的离散对数问题是:给定两个点 $p(t_1), p(t_2) \in C(F_p)$,这里 $t_1, t_2 \in H$,求出 $x \in N$ 使得$p(t_1) = xp(t_2)$,这里

$$xp(t_2) = \underbrace{p(t_2) \oplus \cdots \oplus p(t_2)}_{x\text{个}p(t_2)}.$$

所谓明文嵌入问题,是指将原始明文 m 变换为$C(F_p)$中的点 $p(m)$,这里 $m \in H^*, H^* = H \setminus \{\infty\}$.将 $p(m)$称为明码,它由明文 m 编码而得.

编码算法(这里及以后恒设 Legendre 符号$\left(\frac{a}{p}\right)=-1$,因而在 F_p 中 $m^2\neq a$):

对 $m\in H^*$,计算

$$x_m\equiv b(a-m^2)^{-1}(\mathrm{mod}\ p),b\in F_p^*,$$
$$y_m\equiv bm(a-m^2)^{-1}(\mathrm{mod}\ p),b\in F_p^*.$$

则有

$$p(m)=(x_m,y_m).$$

译码算法　计算 $y_m x_m^{-1}$, $m\equiv y_m x_m^{-1}(\mathrm{mod}\ p)$.

例 6.12　设有限域为 $F_7=\{0,1,\cdots,6\}$,圆锥曲线为

$$C(F_7):y^2=5x^2-2x.$$

显然 Legendre 符号$\left(\frac{5}{7}\right)=-1$. 设明文 $m=6\in H^*$,则知

$$x_6\equiv 2\times(5-6^2)^{-1}\equiv 2\times 4^{-1}\equiv 4(\mathrm{mod}7),$$
$$y_6\equiv 2\times 6\times 2\equiv 3(\mathrm{mod}7).$$

即得 $p(6)=(4,3)$. 反之,在知道 $p(6)=(4,3)$时,译码过程为

$$m\equiv 3\times 4^{-1}\equiv 6(\mathrm{mod}7).$$

此外,我们还有

$$\begin{aligned}
(4,3)&=p(6)=(4,3),\\
2(4,3)&=p(6)\oplus p(6)=p(4)=(3,5),\\
3(4,3)&=p(4)\oplus p(6)=p(5)=(2,3),\\
4(4,3)&=p(5)\oplus p(6)=p(0)=(6,0),\\
5(4,3)&=p(0)\oplus p(6)=p(2)=(2,4),\\
6(4,3)&=p(2)\oplus p(6)=p(3)=(3,2),\\
7(4,3)&=p(3)\oplus p(6)=p(1)=(4,4),\\
8(4,3)&=p(1)\oplus p(6)=p(\infty)=(0,0).
\end{aligned}$$

一般地,对于给定的 $s\in N$,计算 $sp(m)$是非常容易的,例如设

$$s=s_0+s_1\cdot 2+\cdots+s_{k-1}\cdot 2^{k-1},s_i\in\{0,1\},(i=0,1,\cdots,k-1)$$

是 s 的二进制表示,则

$$sp(m)=((\cdots(s_{k-1}p(m))2\oplus s_{k-2}p(m))2\oplus\cdots)2\oplus s_1\ p(m))2\oplus s_0 p(m).$$

这个计算量只有 $O(\lg s)$.

但是,对给定的 $p(m_1),p(m_2)$,求离散对数 $x\in N$ 使$xp(m_1)=p(m_2)$却是非常困难的. 例如当 $p+1$(当 Legendre 符号$\left(\frac{a}{p}\right)=1$ 时相应地为 $p-1$)含有大素数因子 q 时,计算离散对数算法的复杂性是 $O(q\lg(p+1))$;所以,

要计算 $C(F_p)$ 上离散对数，必需选取素数 p 非常大，且 $p+1=2q$（相应地 $p-1=2q$），这里 q 为素数.

三、圆锥曲线公钥密码系统

1. $C(F_p)$ 中离散对数公钥体制

1985 年，ElGamal 基于有限域 F_p 上的离散对数问题，提出了一个公钥密码系统. 该系统的圆锥曲线模拟如下：

设 $p+1$ 含有大素数因子，例如 $p=2q-1$，q 也是大素数，在 F_p^* 中选取 a 使得 $\left(\frac{a}{p}\right)=-1$，且任选 $b\in F_p^*$ 构成如式(1)所示的圆锥曲线 $C(F_p)$. 再任选 $a_0\in N$，$a_0<p+1$ 和 $G\in C(F_p)$，其中 G 的周期含有足够大的素因子. 计算

$$a_0G = y.$$

于是有如下的公钥密码系统：

公钥：$C(F_p), G, y$；

密钥：a_0；

明文：$p(m)$，这里 $P:H\to C(F_p)$ 是由式(3)与(4)产生的 $C(F_p)$ 上的点，即由原始明文 m 产生的明码；

密文：$C=(C_1, C_2)$，这里

$$C_1=rG, C_2=p(m)\oplus ry,$$

其中 $r\in N$，$r<p+1$ 是任选的随机数.

解密算法：

第一步，计算

$$a_0C_1 = r(a_0G) = ry;$$

第二步，计算

$$C_2\ominus a_0C_1 = p(m)\oplus(ry\ominus ry) = p(m)\oplus p(\infty) = p(m).$$

这样，由 $p(m)$ 使用译码算法即得原始明文 m.

显然，破译密码的主要手段是计算离散对数. 由于此时 $|C(F_p)|=p+1$ 含有大素数因子，故这是十分困难的事情.

2. Massey-Omura 系统的圆锥曲线模拟

Massey-Omura 系统是一种互换式公钥密码系统，它的圆锥曲线模拟为：

选取大素数 p 以及 $a, b\in F_p^*$ 与前同，公开 p 与 $C(F_p)$. 每一用户（例如 A）选取一个 $e_A\in N$，$e_A<p+1$ 且 $(e_A, p+1)=1$. 由 Euclid 算法很容易求出一个 d_A 满足

$$e_Ad_A\equiv 1(\bmod p+1), 0<d_A<p+1.$$

于是，用户 A 欲向用户 B 发送明码 $p(m)\in C(F_p)$，则他们之间进行以下步

骤：

第一步，A 计算 $e_A p(m)=C_1$，并发送给 B；

第二步，B 计算 $e_B C_1=C_2$，并发送给 A；

第三步，A 计算 $d_A C_2=C_3$，并发送给 B；

第四步，B 计算 $d_B C_3=p(m)$，既获得了 A 发送的明码$p(m)$.

这里第四步证明如下：

$$d_B C_3 = d_B d_A C_2 = d_B d_A e_B C_1 = d_A C_1 = d_A e_A p(m) = p(m).$$

在这个过程中，用到如下结论：设 $p(m)\in C(F_p)$，因为 $|C(F_p)|=p+1$，故 $(p+1)p(m)=p(\infty)$.

不难看出，$C(F_p)$中的离散对数问题非常困难，明文 $m \longrightarrow p(m)$的编码十分容易，$p(m)\longrightarrow m$ 的译码更简单，所以在设计具体实用的密码系统时，圆锥曲线密码系统较 Koblitz 的椭圆曲线密码系统更为简洁与方便. 然而，戴宗铎、裴定一等证明了圆锥曲线公钥体制的安全性等价于有限域中离散对数公钥体制或者不比有限域中离散对数公钥体制具有更强的安全性. 因此，这一密码体制在应用时，有局限性.

§6.9 双密钥公开钥密码体制

自从 1976 年 Diffie 和 Hellman 首次提出公开钥密码体制以来，已有多种公开钥密码体制问世，其中比较出名的有 1978 年由 R. L. Rivest 等人提出的 RSA 体制，它是基于大整数分解特别困难的假设. 1985 年根据求离散对数特别困难的假设又提出一种称之为 ElGamal 的公开钥密码体制. 这两种体制都各有一个秘密密钥，因子分解的时间复杂度为 $O(\exp(c\sqrt{\lg n\lg\lg n}))$，求离散对数的时间复杂度为 $O(\exp(c\sqrt{\lg p\lg\lg p}))$，其中 c 为常数，p 为大素数，是求离散对数的模，n 是两个大素数之积，是 RSA 求余运算的模，只要 p 和 n 是同等数量级的，则它们有相同的安全性.

显然，要增加 RSA 和 ElGamal 的安全性只有使 p 和 n 足够大，当密码学的攻击者找到有效的分解因子或求离散对数的方法时，可使这些体制被各个击破. 但是如果把这两种体制结合起来，那么要同时攻破这两种体制几乎是不可能的了.

一、双密钥公开钥密码系统的密钥生成

每个用户选择一个大素数 p，使 $p=2p'q'+1$，$p'=2p''+1$，$q'=2q''+1$，这里 p'，q'，p''，q''都是大素数. 随机地选择一个模 p 的本原元 a 及整数 $x\in[1,p-1]$，然后用下式计算出 d 和 y.

$$3\times d\equiv 1(\bmod \Phi(\Phi(p))),\tag{1}$$

$$y \equiv a^x (\bmod\ p). \tag{2}$$

这里 $\Phi(\cdot)$是欧拉函数,用户的公开密钥是$(p, a, y, 3)$,秘密密钥是(p', q', x, d).所谓双密钥指的是秘密密钥 d 和 x.

从(1)式使我们想起 RSA,它是先选定解密密钥 d,用 $e \cdot d \equiv 1(\bmod \Phi(n))$求加密密钥 e.这里用常数 3 代替了 e,用 $\Phi(p)$代替了 n.它是先选择加密密钥 e 为 3,用(1)式计算出解密密钥 d,两者基本相同,而且公开钥 e 的值不一定是 3.

设 K_{AB}为用户 A、B 之间进行通信对话用的公开密钥,若 A 为通信的发起者,则 A 取 B 的公开密钥$(p_B, a_B, y_B, 3)$,而用户 B 保存着自己的秘密密钥(p'_B, q'_B, x_B, d_B).用户 A 随机地选择一个秘密密钥 $k \in [1, p_B - 1]$,且使 k 满足 $\gcd(k, \phi(p_B)) = 1$ 的条件.用户 A 依下列各式计算出 K_{AB}, Z_A 和 C:

$$K_{AB} \equiv y_B^k (\bmod\ p_B),$$

$$Z_A \equiv a_B^k (\bmod\ p_B),$$

$$C \equiv Z_A^3 (\bmod\ p_B - 1).$$

并且将 C 值传送给用户 B.而用户 B 收到 C 值后,再用秘密密钥 d_B 和 x_B 计算出 Z_A 和 K_{AB}:

$$Z_A \equiv C^{d_B} (\bmod\ p_B - 1),$$

$$K_{AB} \equiv Z_A^{x_B} (\bmod\ p_B).$$

从上面的计算过程看出,用户 B 要得到 K_{AB},必须要有双密钥 d_B 和 x_B.由 $3 \cdot d_B \equiv 1(\bmod \Phi(\Phi(p_B)))$求解 d_B 是因子分解问题,它是 RSA 的基本特性,只不过这里是将$(p-1)/2$ 这个大整数分解为两个大素数因子 p'和 q'.而由 y_B 求 x_B 是求离散对数问题,这是 ElGamal 的基本特性.由于求离散对数的模 p 和被分解的大整数$(p-1)/2$ 属同一数量级,故求 d_B 和 x_B 有相同的时间复杂度.

二、双密钥的公开钥的加密、解密的方法

1. 加密

设用户 A 向用户 B 传送待加密的明文序列$\{m_1, m_2, \cdots, m_i, \cdots\}$,$A$ 用已经生成的公用对话密钥 K_{AB},再用迭代方法生成对明文数据块 m_i 加密的一对密钥 $K_{i,1}$和 $K_{i,2}$:

$$K_{i,1} \equiv K_{i-1,1} K_{AB} \equiv K_{AB}^i (\bmod\ p_B),$$

$$K_{i,2} \equiv a_B^{K_{i,1}} (\bmod\ p_B).$$

这里 $K_{0,1} = 1$.

对明文数据块 m_i 加密的步骤如下:

$$C'_i \equiv m_i^3 (\bmod\ p_B - 1),$$

$$C_i \equiv K_{i,2} C'_i (\bmod\ p_B).$$

将得到的密文序列$\{C_1, C_2, \cdots, C_i, \cdots\}$传送给用户 B.

2. 解密

用户 B 首先用自己的秘密密钥d_B 和x_B 计算出Z_A 和K_{AB}:

$$Z_A \equiv C^{d_B} (\bmod\ p_B - 1),$$

$$K_{AB} \equiv Z_A^{x_B} (\bmod\ p_B).$$

再用 K_{AB}计算出$K_{i,1}$和 $K_{i,2}$.

用户 B 对密文数据块C_i 的解密步骤为:

$$C'_i \equiv C_i K_{i,2}^{-1} (\bmod\ p_B),$$

$$m_i \equiv {C'_i}^{d_B} (\bmod\ p_B - 1).$$

其中 $K_{i,2}^{-1}$是 $K_{i,2}$模 p_B 的乘法逆.

3. 加密、解密的性能分析

(1)在本体制中,对一个数据块 m_i 的加密需要一个幂指数取模运算,由于指数为 3,故此运算量可以忽略,而解密一个数据块 C_i,则需要 2 个幂指数取模运算,这个运算量仅相当于 RSA 或 ElGamal 的单个运算量.

(2)密文信息块 C_i 与明文信息块m_i 大小相同,这点比 ElGamal 体制好,因为 ElGamal 的密文比明文长一倍.

(3)K_{AB}也是模p_B 的本原元,数据块加密密钥 $K_{i,1}$和 $K_{i,2}$的长度周期为$p_B - 1$. 由本原元的各定义可知 $K_{i,1}$(或 $K_{i,2}$)的各个值 $K_{1,1}, K_{2,1}, K_{3,1}, \cdots$(或 $K_{1,2}, K_{2,2}, K_{3,2} \cdots$)是互不模 p_B 同余,即对每个信息块的加密钥 $K_{i,1}$和$K_{i,2}$是互不相同的,这足以保证其安全性.

§6.10 公钥密码系统的应用

使用公开钥密码系统时,不需要传送解密钥的秘密通道,这使它比传统密码系统更便于实际应用.

在使用公钥密码系统时每个用户都要产生两个密钥,公开加密钥和秘密解密钥,而加密钥是公开的,这对于以密文形式传送信息提供了极大的便利.例如,可以将所有用户的加密算法及公开钥建一个库 PKDB,PKDB 为网络所有用户共享,供传送信息使用.

一、传送信息

接收者	加密算法	公开钥
A	RSA 公钥体制	$Ke_A=(n_A,e_A)$
B	RSA 公钥体制	$Ke_B=(n_B,e_B)$
C	背包公钥体制	$Ke_C=(a_1,a_2,\cdots a_n)$

PKDB 库

若 A 要将消息 M 传送给 B:

1. 确保 M 的秘密性

A 方:(1)A 查找 PKDB,找出 B 的公开钥 Ke_B;

(2)加密 M:$C=E(M,K_{e_B})$;

(3)把 C 发送给 B.

B 方:B 收到密文 C 后,用自己保密的解密钥 K_{d_B} 对 C 解密

$$M=D(C,K_{d_B})=D(E(M,K_{e_B}),K_{d_B}).$$

因为 K_{d_B} 只有 B 拥有,其它人没有,故只有 B 能正确解密出 M.

但以上协议不能保证真实性,因为任何人均可找到 K_{e_B},于是第三者可向 B 发伪消息,而 B 不能识别.

2. 确保真实性

A 方:(1)A 用自己保密的解密钥 K_{d_A} 对 M 解密,即 $S=D(M,K_{d_A})$;

(2)A 把 S 发送给 B;

B 方:(1)B 去查找 PKDB,找出 A 的公开钥 K_{e_A};

(2)B 用 K_{e_A} 进行加密,还原成 M,即

$$M=E(S,K_{e_A})=E(D(M,K_{d_A}),K_{e_A}).$$

以上协议可以确保真实性,因为只有 A 拥有 K_{d_A},但此协议不能保密,因为任何人都可从 PKDB 中查出 K_{e_A},于是都可得到 M.

3. 同时确保秘密性和真实性

A 方:(1)A 用自己保密的解密钥 K_{d_A} 对 M 解密得 $S=D(M,K_{d_A})$;

(2)A 查找 PKDB,找出 B 的公开钥 K_{e_B},对 S 进行加密 $C=E(S,K_{e_B})$;

(3)A 将 C 发送给 B.

B 方:(1)B 收到 C 之后,用自己保密的 K_{d_B} 对 C 进行解密得 $S=D(C,K_{d_B})$;

(2)B 再查找 PKDB,找出 A 的公开钥 K_{e_A},对 S 进行加密还原成 M,$M=E(S,K_{e_A})$.

以上协议可确保真实性，因为只有用 K_{e_A} 才能解密，故可确认为 A 所发，由 K_{e_A} 求不出 K_{d_A}，别人不能篡改．以上协议还可确保秘密性，因为只有 B 才有 K_{d_B}，才能解密．此协议可修改为让 A 先用 B 的 K_{e_B} 加密，然后用自己的 K_{d_A} 解密后传送．

二、信息集合加密

假设 S 是由 n 个信息 $f_1,\cdots,f_n$ 组成的集合，又设按某种对应关系使这 n 个信息与 n 个整数对应，为简便计，将用 $f_i(1\leqslant i\leqslant n)$ 同时表示它所对应的整数．

下面叙述一种对 S 的加密方法，满足这样的条件：可以从密文得到信息 f_i，对它进行修改，同时，不影响其它信息 $f_j(j\neq i)$ 的保密．

取正整数 $m_1,\cdots,m_n$，使得

$$m_i > f_i \quad (1\leqslant i\leqslant n), \quad (m_i,m_j)=1 \quad (i\neq j),$$

于是 S 的密文 C 要求满足

$$C\equiv f_i(\bmod m_i), i=1,\cdots,n.$$

可利用中国剩余定理求解这个同余方程组．

令 $M=m_1m_2\cdots m_n$，　$M_i=\dfrac{M}{m_i}, i=1,\cdots,n$．

$M_iy_i\equiv 1(\bmod m_i)$，　$i=1,\cdots,n$．

则 $C\equiv E(S)\equiv\sum\limits_{i=1}^{n}M_iy_if_i(\bmod M)$，取 $0\leqslant C<M$．作为 S 的密文．

于是若要从密文 C 中求出 f_i，可利用公式

$$f_i\equiv\sum_{i=1}^{n}M_iy_if_i(\bmod m_i), \quad 0\leqslant f_i<m_i.$$

在这一加密方法中，$m_i,M_i,y_i(1\leqslant i\leqslant n)$ 都是保密的．显然

(1)只有掌握 m_i，才能由 C 得到 f_i；

(2)在掌握 m_i 的条件下，可以求出 f_i，并且可以在修改 f_i 成 f'_i 之后，重新对 $f_1,\cdots,f_{i-1},f'_i,f_{i+1},\cdots,f_n$ 组成的新集合 S' 加密；

(3)无论求出 f_i 或对 f_i 进行修改，对其它信息 $f_j(j\neq i)$ 均无影响．

例 6.13　设某数据库含四段文字：$f_1=(0111)_2=7, f_2=(1001)_2=9, f_3=(1100)_2=12, f_4=(1111)_2=15$，取

$$m_1=11, m_2=13, m_3=17, m_4=19,$$

则

$M=11\times 13\times 17\times 19=46189$，

$M_1=13\times 17\times 19=4199, M_2=11\times 17\times 19=3553$，

$M_3=11\times 13\times 19=2717, M_4=11\times 13\times 17=2431$．

$M_1y_1 \equiv 1 \pmod{m_1}$即 $4199y_1 \equiv 1 \pmod{11}$.

得

$$y_1 = 7$$

同理

$$y_2 = 10, \quad y_3 = 11, \quad y_4 = 18.$$

对集合 $S = \{7,9,12,15\}$ 加密,得到

$$\begin{aligned} C &= \sum_{i=1}^{4} M_i y_i f_i \\ &= 4199 \times 7 \times 7 + 3553 \times 10 \times 9 + 2717 \times 11 \times 12 \\ &\quad + 2431 \times 18 \times 15 \\ &\equiv 16298 \pmod{46189}. \end{aligned}$$

所以

$$C = 16298.$$

若要求出 f_2,则由

$$f_2 \equiv 16298 \equiv 9 \pmod{13}$$

得到 $f_2 = 9$. 若要将 f_2 改变成 10,并且将新的数据库加密,则 $s' = \{7,10,12,15\}$ 对应的密文是

$$\begin{aligned} C' &= 4199 \times 7 \times 7 + 3553 \times 10 \times 10 + 2717 \times 11 \times 12 \\ &\quad + 2431 \times 18 \times 15 \\ &\equiv 5639 \pmod{46189}, \end{aligned}$$

所以

$$C' = 5639.$$

三、秘密共管

为了保存一个信息 M,使它不被盗取或丢失,可以采用共管的办法,即建立由 M 决定的 r 个子信息,使得从其中的 $s(s \leqslant r)$ 个子信息求出 M 是计算上容易的,同时,当子信息的个数少于 s 时,求出 M 却是计算上困难的.

为此,取素数 $p > M$,又取两两互素的自然数 $m_1, \cdots, m_r$, $m_1 < m_2 < \cdots < m_r$, $p \nmid m_1 m_2 \cdots m_r$,并且

$$m_1 m_2 \cdots m_s > p m_r m_{r-1} \cdots m_{r-s+2}.$$

随机地选取正整数 t,

$$t < \frac{m_1 m_2 \cdots m_s}{p} - 1.$$

令 $M_0 = M + tp$,由于

$$0 \leqslant M_0 < p + tp = (t+1)p < m_1 m_2 \cdots m_s,$$

所以

$$0 \leqslant M_0 \leqslant m_1 m_2 \cdots m_s - 1.$$

令 $E_i \equiv M_0 (\bmod\ m_i), i=1,\cdots,r$.

下面说明 $E_1,\cdots,E_r$ 是满足前述要求的子信息.

(1)由 s 个 E_i 可以容易地求出 M.

设这 s 个子信息是 $E_{i1},\cdots,E_{is}$,则由孙子定理可知,存在唯一的 M_0, $0 \leqslant M_0 < m_{i1} m_{i2} \cdots m_{is}$. 满足方程组

$$\begin{cases} M_0 \equiv E_{i1} (\bmod m_{i1}), \\ M_0 \equiv E_{i2} (\bmod m_{i2}), \\ \cdots\cdots \\ M_0 \equiv E_{is} (\bmod\ m_{is}). \end{cases}$$

因为 $0 \leqslant M_0 < m_1 m_2 \cdots m_s \leqslant m_{i1} m_{i2} \cdots m_{is}$. 所以可以确定 M_0,因 $M = M_0 - tp$,所以可以确定 M.

(2)设仅知 $E_{j1},\cdots,E_{jl}$, $l \leqslant s-1$,则无法确定 M.

事实上,方程组

$$\begin{cases} M_0 \equiv E_{j1} (\bmod m_{j1}), \\ M_0 \equiv E_{j2} (\bmod m_{j2}), \\ \cdots\cdots \\ M_0 \equiv E_{jl} (\bmod\ m_{jl}). \end{cases}$$

通过孙子定理可以确定 $-M_0$ 模 $m_{j1} m_{j2} \cdots m_{jl}$ 的最小正剩余 x_0.

因而我们只能知道

$$M_0 = x_0 + x m_{j1} m_{j2} \cdots m_{jl},$$

其中 $0 \leqslant x < m_1 m_2 \cdots m_s / m_{j1} m_{j2} \cdots m_{jl}$. 由

$$m_1 m_2 \cdots m_s > p m_r m_{r-1} \cdots m_{r-s+2},$$

有

$$m_1 m_2 \cdots m_s / m_{j1} m_{j2} \cdots m_{jl} > p.$$

所以知道 $l(l<s)$ 个子信息不能确定 M.

例 6.14 设 $M=5, s=2, r=3$,取 $p=7, m_1=11, m_2=12, m_3=17$. 则

$$m_1 m_2 = 11 \times 12 = 132 > p m_3 = 7 \times 17 = 119.$$

随意选

$$t = 14 < \frac{132}{7} - 1,$$

令 $M_0 = M + tp = 5 + 14 \times 7 = 103$,

$$E_1 \equiv 103 \equiv 4 \pmod{11},$$
$$E_2 \equiv 103 \equiv 7 \pmod{12},$$
$$E_3 \equiv 103 \equiv 1 \pmod{17}.$$

由三个子信息 E_1, E_2 与 E_3 中的任意两个都可以确定出 M. 例如,假设已知 $E_1 = 4, E_2 = 7$,利用孙子定理,得到方程组

$$\begin{cases} M_0 \equiv 4 \pmod{11}, \\ M_0 \equiv 7 \pmod{12} \end{cases}$$

的解 $M_0 = 103 \pmod{132}$,于是

$$M = M_0 - tp = 103 - 14 \times 7 = 5.$$

习　　题

1. 已知背包公钥系统的超递增序列为(3,4,9,17,35),乘数 $w = 19$,模数 $m = 73$,试对 good night 进行加密.

2. 已知背包公钥系统的超递增序列为(3,4,8,17,33),乘数 $w = 17$,模数 $m = 67$,试对密文 25,2,72,97 进行解密.

3. 讨论 2 是否为模 17 的一个本原元?

4. 在 ElGamal 公钥体制中取 $p = 19, \alpha = 2, \beta = 22$,在加密时选择的随机值 $k = 7$,试对明文 $m = 19$ 加密.

5. 写一计算机程序实现 ElGamal 公钥密码系统.

6. 设 $p = 29$,求 lb 15.

7. 写一计算机程序实现 Pohlig-Hellman 算法,然后利用该程序计算 Z_{509} 中的 $\log_2^{318}$ 与 Z_{919} 中的 $\log_7^{30}$.

8. 求解下列指数方程:

(1) $7^x \equiv 4 \pmod{17}$;

(2) $59^x \equiv 63 \pmod{71}$;

(3) $3^x \equiv 141 \pmod{331}$.

9. 设用户 A 有一 GM 概率公钥系统,其中参数 $p_a = 53, q_a = 59, n_a = p_a q_a = 3127, y_a = 2$,用户将 $\{n_a, y_a\}$ 公开,而 $\{p_a, q_a\}$ 保密,若用户 B 想对明文 10011 加密后传送给用户 A,请写出加密过程.

10. 在 BBS 方法中,若 $p = 59, q = 67, n = 3953$,试写出对明文 11011 的加密和解密过程.

11. 设 E 是 Z_{11} 上的椭圆曲线:

$$E : y^2 = x^3 - 4x - 3,$$

试计算 E 中所有的点.

12. 已知点 $p = (-2, 2)$ 在椭圆曲线

$$E: y^2 \equiv x^3 - 4x - 3 (\bmod 7) \text{ 上},$$

求 $2p$ 与 $4p$.

13. 设椭圆曲线 $E_1: y^2 \equiv x^3 + 1 (\bmod 7)$,试在 E_1 上找到一点 p,E_1 中所有点均是 p 的倍数.

14. 设 E 是 F_7 上的椭圆曲线 $y^2 = x^3 - 4x - 3$,能证明 $^\# E = 10$ 且 $\alpha = (-2,2)$ 是一个 E 中阶为 10 的元素,定义在 E 上的 Menezes-Vanstone 密码体制的明文空间为 $Z_{10}^* \times Z_{10}^*$,又设秘密数 $a = 7$.

(1)计算 $\beta = a\alpha$;

(2)将明文(5,3)与(4,6)加密.

15. 设 F_7 上的圆锥曲线为 $C(F_7): y^2 = 3x^2 - 2x$ 试求出 $C(F_7)$ 上所有点,然后对明文 $m = 5$ 编码为 $C(F_7)$ 中的点.

16. 设 F_{13} 上的圆锥曲线为 $C(F_{13}): y^2 = 5x^2 - 2x$,选取 $a_0 = 5$ 和 $G = (10,8) \in C(F_{13})$.

(1)计算 $y = a_0 G$;

(2)试用圆锥曲线 $C(F_{13})$ 中离散对数公钥体制对明文 $m = 6$ 加密及解密.

17. 设数据库 A 有 3 个字段,$f_1 = 6, f_2 = 10, f_3 = 13$,取正整数 $m_1 = 7, m_2 = 11, m_3 = 15$,试对集合 $S = \{f_1, f_2, f_3\}$ 加密得密文 C,如若字段 $f_3 = 13$ 改为 $f_3 = 14$,C 应如何修改.

18. 若为了保存信息 $M = 10$,使它不被盗取或丢失,可以采用共管的方法,取 $r = 4, p = 13, s = 2, m_1 = 17, m_2 = 19, m_3 = 20, m_4 = 23$,试求出 M 的 4 个子信息,并检验任意两个子信息可求出 M,但由 1 个子信息无法求出 M.

第七章　数字签名

在人们的工作和生活中，许多事务的处理需要当事者签名．例如，政府的命令、文件、商业的合同，财务方面的取款等都需当事者签名．签名起到认证，核准和生效的作用．

实质上，签名是证明当事者的身份与数据真实性的一种信息．既然签名是一种信息，因此，签名可以用不同的形式来表示．在传统的以书面文件为基础的事务处理中采用书面签名形式，如手签、印章、指印等．书面签名得到司法部门的支持，具有一定的法律意义．在以计算机文件为基础的事务处理中则应采用电子形式的签名，即数字签名．

随着计算机网络、电子邮政、电子支付系统和办公自动化系统的广泛应用，数字签名问题就显得更加突出．在许多应用系统中，数字签名问题不解决是不能实际应用的．

一种完善的签名应满足以下三个条件：

（1）签名者事后不能否认自己的签名；

（2）任何其它人均不能伪造签名；

（3）如果当事双方关于签名真伪发生争执，能够在公正的仲裁者面前通过验证签名来确认其真伪．

手签、印章、指印等书面签名基本上满足以上条件，因而得到司法部门的支持，并具有一定的法律意义．数字签名利用密码技术进行，其安全性取决于密码体制的安全程度，因而可以获得比书面签名更高的安全性．早期的数字签名是利用传统密码来实现的，非常复杂，难以达到与手签相同的效果．自公开密钥密码出现之后，数字签名技术日臻成熟，已走向应用．在这种背景下，美国国家标准与技术研究所 NIST（National Institute of Standard and Technology）于 1991 年 8 月提出了一种数字签名建议标准 DSS（Digital Signature Standard）．这是数字签名获得政府与社会公认并正式广泛应用的前奏．

在书面签名中签名和文件内容彼此是分离的，而在数字签名中签名和文件内容可以是彼此分离的，也可以是不分离的，即经过签名变换后文件内容和签名形成一个整体数据．

利用传统密码和公开密钥密码均可获得数字签名．下面分别介绍这两种获得数字签名的方法．

§7.1 利用公开密钥密码获得数字签名

设$\langle M,C,E,D,K=(K_e,K_d)\rangle$是一个公开密钥密码体制,如果对于全体明文$M$都有

$$E(D(M,K_d),K_e)=M,$$

则可确保数据的真实性,进而如果

$$D(E(M,K_e),K_d)=E(D(M,K_d),K_e)=M,$$

则可同时确保数据的秘密性和真实性.

凡是能够确保数据真实性的公开密钥密码体制都可以用来获得数字签名.如 RSA 密码.

为了获得数字签名,当事双方应首先达成书面协议,协议中应包括签名的产生、验证及纠纷的解决等内容.

用户A和用户B用公开密钥密码体制进行签名通信的过程如下,设用户A为文件M签名发给用户B.

(1)A和B都将自己的公开密钥K_e公开登记,为此作为对方及仲裁者验证签名的数据之一.

(2)A用自己的保密密钥K_{dA}对明文M进行签名

$$S_A=D(M,K_{dA}),$$

S_A即为A对M的签名.注意,这里签名和明文已揉和成一个整体.若不需要保密,则A将S_A发给B.若需要保密,则对签名S_A再作加密处理,即从公钥库中查到B的公开的加密密钥K_{eB},用K_{eB}对S_A再加密

$$C=E(S_A,K_{eB}).$$

最后,A把C发给B,A将S_A或C留底.

(3)B收到报文后,若是不保密通信,则用A的公开密钥K_{eA}对签名进行验证,

$$E(S_A,K_{eA})=E(D(M,K_{dA}),K_{eA})=M.$$

若是保密通信,则先解密再验证签名,

$$D(C,K_{dB})=D(E(S_A,K_{eB}),K_{dB})=S_A,$$

$$E(S_A,K_{eA})=E(D(M,K_{dA}),K_{eA})=M.$$

验证签名的过程即恢复明文的过程,如果能够恢复出正确的M,则说明S_A是A的签名,否则S_A不是A的签名.

B将收到的S_A或C留底.

B给A发回“收到M”的签名信息.

(4)A 收到回执后,同样验证签名,并留底.

因为只有 A 才拥有 K_{dA},而且由公开的 K_{eA} 去计算 K_{dA} 在计算上是不可能的,因此签名操作只有 A 能进行,任何其它人均不能进行.因此,K_{dA} 相当于 A 的印章或指纹,而 S_A 相当于 A 的签名.

事后如果 A、B 双方关于签名的真伪发生争执,则他们应向公正的仲裁者出示自己的留底签名数据,并由仲裁者当众验证签名.如果能够恢复出正确的 M,则说明是 A 的签名,否则不是,从而可以有效地阻止 A 的抵赖或 B 的伪造行为.

应当指出,对于上述签名通信,还有几个有待解决的问题.第一,验证签名的过程就是恢复明文的过程.如果 B 能恢复出正确的 M,则认定是 A 的签名,否则认为不是 A 的签名.因为 B 事先并不知道明文 M,否则就用不着通信,那么 B 怎样判定恢复出的 M 的正确与否呢? 第二,怎样阻止 B 或 A 用 A 以前发给 B 的签名报文,或用 A 发给其他人的签名报文来伪造冒充当前 A 发给 B 的签名报文呢? 仅仅靠签名本身并不能解决这些问题.

对于这两个问题,只要合理设计明文的格式便可以解决.注意,明文格式应是协议的内容之一.一种可行的明文格式如下:

明文二〈发方标识符〉〈收方标识符〉〈报文序号〉〈时间〉〈数据正文〉〈纠错码〉形式上可将 A 发给 B 的第 i 份报文表示为

$$M=(A,B,i,T,D,C).$$

将附加报头信息记为

$$M_1=(A,B,i).$$

A 发给 B 的最终报文为〈M_1,M〉,其中 M_1 为明文形式,M 为密文形式.

由于在明文中加入了发方标识符、收方标识符、时间这样一些附加信息,就使得任何人一眼便可识破 B 或 A 用 A 以前发给 B 的签名报文、或用 A 发给其他人的签名报文来伪造冒充当前 A 发给 B 的签名报文的伪造或抵赖行为.其次,B 收到 A 的签名报文后,只要用 A 的公开密钥 K_{eA} 验证签名并恢复出正确的附加信息 (A,B,i),便可断定 M 是否正确,而附加信息 (A,B,i) 的正确与否 B 是知道的.另外,明文中时间信息应有合理的取值范围,超出范围便知道明文是不正确的.明文中的数据正文显然应有正确的语义,如果发现语义有错误,便可知道明文是不正确的.根据明文中的纠错码也可判别明文的正确与否.因此,在实际签名通信中,结合时间、语义和纠错码进行综合判断可使错判概率更小.

§7.2 利用传统密码获得数字签名

传统密码体制中加密密钥和解密密钥相同或者由加密密钥很容易得到解

密密钥,因而密钥不能公开,故不能象公开密钥密码那样,把密钥公开作为验证签名的信息.但是,利用传统密码体制中的强密码体制,仍然可以获得数字签名,只不过要复杂些.所谓强密码体制就是能够经得起已知明文攻击的体制,即在密码分析者已知大量密文明文对的情况下仍不能求出密钥.DES 就是这样的强密码体制.

假设 A 要发送 $n$bit 的签名消息给 B,其过程如下:

(1)A 首先随机地产生 $2n$ 个密钥,并对密钥保密:

$$K_{10},K_{20},\cdots,K_{n0}$$
$$K_{11},K_{21},\cdots,K_{n1}$$

(2)A 随机地选择 $2n$ 个数据:

$$u_{10},u_{20},\cdots,u_{n0}$$
$$u_{11},u_{21},\cdots,u_{n1}$$

并分别用第一步产生的密钥对这 $2n$ 个数据加密,得到 $2n$ 个密文:

$$U_{10},U_{20},\cdots,U_{n0}$$
$$U_{11},U_{21},\cdots,U_{n1}$$

其中

$$U_{ij} = E(u_{ij},K_{ij}), \quad i = 1,\cdots,n,j = 0,1,$$

A 将这 $2n$ 个数据和 $2n$ 个密文作密文验证信息公开交给 B 和仲裁者.

(3)设 A 要把明文 $M=(m_1,m_2,\cdots,m_n)$ 签名发送给 B,实际上 A 发送给 B 的签名信息是一串密钥序列

$$S_A = (K_1,K_2,\cdots,K_n),$$

其中

$$K_i = \begin{cases} K_{i0}, m_i = 0, \\ K_{i1}, m_i = 1, \end{cases} \quad i = 1,2,\cdots,n,$$

A 将 S_A 留底.

(4)B 收到签名数据后,还原明文,还原明文的过程就是验证签名的过程.

B 用 K_i 分别对 u_{i0} 和 u_{i1} 加密,若得密文 U_{i0},则断定 $m_i=0$,若为 U_{i1},则断定 $m_i=1$.否则说明签名有错误或有篡改伪造行为.

$$m_i = \begin{cases} 0, E(u_{i0},K_i) = U_{i0}, \\ 1, E(u_{i1},K_i) = U_{i1}, \end{cases} \quad i = 1,2,\cdots,n,$$

B 将收到的 S_A 留底.

(5)B 以同样的方法向 A 发回“收到数据”的签名回执.A 也以同样方式验证签名并留底.

上述方法是安全的. B 不能伪造签名和消息,因为 B 要伪造签名或消息都必须知道某一位所对应的两个密钥.而 B 企图获得或伪造密钥的途径不外乎有以下三种:第一,企图从公开的两组验证数据求出相应的密钥,这对于强密码来说在计算上是不可能的.第二,企图寻找一个密钥 K_{ij}', $K_{ij}' \neq K_{ij}$,而有 $U_{ij} = E(u_{ij}, K_{ij}')$,从而用 K_{ij}'来伪造 K_{ij},这对于强密码来说在计算上同样是不可能的.第三,企图用以前的签名来伪造冒充本次的签名,或企图用 A 与其他人的签名通信来伪造冒充与自己的签名通信.应当指出,在这种签名方式中均采用一次一密的工作方式,即对每一个接收对象进行一次签名通信都更换一次密钥和验证数据,因而这种伪造冒充企图也是不能得逞的.

由于 B 不能伪造签名,故 A 也就不能抵赖自己的签名.

如果事后双方关于签名的真实性发生争执,则他们应向公正的仲裁人出示自己的留底数据,由仲裁人当众验证解决纠纷.

注意,这种签名不能保密.因为验证数据 u_{ij}和 U_{ij}是公开的,而且签名为密钥序列,故任何截取签名者均可恢复出明文.为了保密,应在签名之前先加密,然后对密文签名,或先签名,然后对签名加密.

上述签名方案的缺点是明显的.首先,为了获得签名,传输一位信息都要传输一个密钥,数据膨胀严重.其次,一套密钥和验证数据只能使用一次,频繁地更换数据是很烦琐的.因此,在实际上几乎都不能直接使用这种方法.

为了减小数据膨胀,可采用压缩编码技术.对于一个 n 位长的消息 M,首先采用压缩编码技术将其压缩为长 l 位的压缩码,然后按上述方法对压缩码而不是对消息本身签名,从而使签名大大缩短.

采用压缩码签名,必须将消息和签名同时传给对方.收方仅由签名不能恢复出明文,因此签名和明文是分离的.

应当指出,并不是签名压缩得越短越好.签名的压缩是以牺牲部分安全性为代价的,签名压缩得越短,被攻破的可能性越大.其次,并不是随便一个压缩函数都可以用于压缩签名.压缩函数将 n 位的消息压缩成 l 位的压缩码.由于 $n > l$,所以压缩函数是一个多对一的映射,即存在着两个不同的消息 M 和 M',而有 $H(M) = H(M')$, H 为压缩函数.为了确保签名的安全,要求对于给定的 M,找出满足 $H(M) = H(M')$的 M'在计算上是不可能的.否则,因为压缩签名必须将明文 M 和签名 S_A 同时发给收方,不然收方将不能恢复明文,这样收方就可能寻找出 M'并用 M'代替 M.因为 $H(M) = H(M')$,这种伪造是成功的.正因为收方可伪造成功,故发送者同样可抵赖成功.为了寻找这样的 M'需要多大的计算量呢?假设对于给定的 M,分析者用任意选取一个 M'并计算 $H(M) = H(M')$是否成立的实验方式寻找 M',则找到 M'的平均实验次数为 2^{l-1}.因此,只有当压缩码的长度 l 足够大时压缩签名才是安全的.

利用 DES 作为基本运算进行迭代,可以构成几种可行的压缩方案.设明文为 M,首先把 M 划分为 n 个 64bit 的信息块 $M_1, M_2, \cdots, M_n$. $M=(M_1M_2\cdots M_n)$.

1. K 为密钥,则压缩过程就是以下的链接迭代加密过程.

$$\mathrm{DES}(M_1, K) = C_1,$$
$$\mathrm{DES}(M_2 \oplus C_1, K) = C_2,$$
$$\cdots\cdots$$
$$\mathrm{DES}(M_n \oplus C_{n-1}, K) = C_n,$$
$$\mathrm{DES}(M_1 \oplus M_2 \oplus \cdots \oplus M_n \oplus C_n, K) = U.$$

2. K 为一密钥,C_0 为一初始向量,相当于另一个密钥,则压缩过程就是以下的链接迭代加密过程.

$$\mathrm{DES}(M_1 \oplus C_0, K) = C_1,$$
$$\mathrm{DES}(M_2 \oplus C_1, K) = C_2,$$
$$\cdots\cdots$$
$$\mathrm{DES}(M_{n-1} \oplus C_{n-2}, K) = C_{n-1},$$
$$\mathrm{DES}(M_n \oplus C_{n-1}, K) = U.$$

3. K 为一密钥,压缩过程也可通过以下的链接迭代加密过程.

$$\mathrm{DES}(M_1, K) \oplus M_1 = C_1,$$
$$\mathrm{DES}(M_2, C_1) \oplus M_2 = C_2,$$
$$\cdots\cdots$$
$$\mathrm{DES}(M_{n-1}, C_{n-2}) \oplus M_{n-1} = C_{n-1},$$
$$\mathrm{DES}(M_n, C_{n-1}) \oplus M_n = U.$$

以上三种链接迭代加密过程的压缩结果均为 64bit 的压缩码 U,利用这种压缩方案进行签名通信的过程由图 7-1 给出

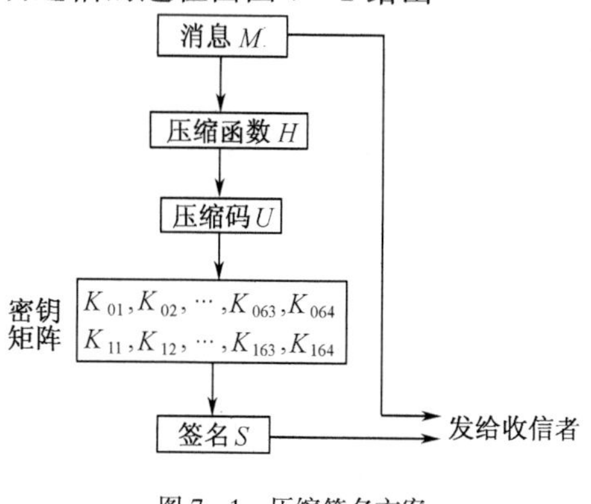

图 7-1 压缩签名方案

§7.3 美国数字签名标准DSS

美国数字签名标准DSS公布在1994年5月19日的联邦记录上，并于1994年12月1日采纳作为标准(然而，它的第一次提出是在1991年8月).

在许多情况下，一个消息可能仅加密和解密一次，所以当消息被加密时它可使用任何已知是安全的密码体制就够了. 另一方面签名的消息能使合法文件(如合同)有效，所以在消息签名后它非常希望很多年都可用来验证这个签名. 所以重要的是取更多的预防措施来考虑该签名方案的安全性，而不是密码体制的安全性.

一、算法准备，DSS的主要参数有:

1. 选择一个素数 p，$2^{511}<p<2^{512}$，$p-1$ 包含一个素因子 q，$2^{159}<q<2^{160}$.

2. 任选一个正整数 h，$0<h<p$，且 h 为 Z_p 的本原元，$g\equiv h^{(p-1)/q}\pmod p>1$.

3. 任选一个正整数 x，$0<x<q$，x 为用户保密的解密钥参数.

4. $y\equiv g^x\pmod p$，其中 $g\in Z_p^*$ 是 $\bmod p$ 的 q 次单位根，y 为用户公开的加密钥参数.

5. 任产生一个随机数 K，$0<K<q$，K 对于每一签名应不同(一次一密).

6. 选择Hash函数多对一压缩函数满足:

(1) $H(A)=H(B)=C$，由 $H(A)=C$ 找出另一 B 很难实现.

(2) 已知 C 求 x 满足 $H(x)=C$ 很难.

其中公开钥为 $\langle p,q,g,y\rangle$，秘密钥为 $\langle x,K\rangle$.

二、数字签名的产生与验证

1. 产生签名:设 m 为待签名的消息

(1) 产生一个随机数 K，$0<K<q$.

(2) 计算

$$r\equiv(g^K(\bmod p))(\bmod q),$$
$$s\equiv[K^{-1}(H(m)+xr)](\bmod q).$$

其中 $K^{-1}K\equiv1\pmod q$，则 $\langle r,s\rangle$ 构成了对信息 m 的数字签名，以下述形式发给对方.

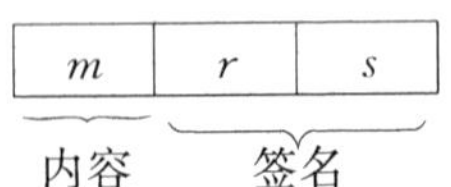

2. 验证过程,设收方收到的为$\langle m', r', s'\rangle$.

(1)格式检查,若$0<r'<q$和$0<s'<q$中有一个不成立,则肯定签名为假.

(2)否则,计算

$$w=(s')^{-1}(\bmod q),$$
$$u_1=(H(m')w)(\bmod q),$$
$$u_2=r'w(\bmod q),$$
$$v=((g^{u_1}\cdot y^{u_2})(\bmod p))(\bmod q).$$

若$v=r'$,则签名为真,否则为假.

可证明当$m=m', r=r', s=s'$时,必然有$v=r'$.

$$\begin{aligned} v &\equiv ((g^{u_1}\cdot y^{u_2})(\bmod p))(\bmod q)\\ &\equiv ((g^{(H(m)w)(\bmod q)}\cdot y^{(rw)(\bmod q)})(\bmod p))(\bmod q)\\ &\equiv ((g^{(H(m)w)(\bmod q)}\cdot g^{(xrw)(\bmod q)})(\bmod p))(\bmod q)\\ &\equiv (g^{(H(m)w+xrw)(\bmod q)}(\bmod p))(\bmod q)\\ &\equiv (g^{K}(\bmod p))(\bmod q)\equiv r\equiv r', \end{aligned}$$

又

$$w=s^{-1}(\bmod q),$$
$$s=[K^{-1}(H(m)+xr)](\bmod q),$$

所以

$$K\equiv wH(m)+xrw(\bmod q).$$

从上可见DSS基于一般的公钥密码体制的理论基础是一个公钥数字签名系统.如果说公钥密码需要一陷门单向函数,而公钥签名系统由于无需加密,只需要单向函数就可以了,所谓单向函数就是已知自变量不难求得函数值,但已知函数值反过来求自变量却是不可能的一类函数.

DSS的实现要解决寻找满足条件$2^{511}<p<2^{512}$的素数p,以及满足条件$2^{159}<q<2^{160}$的$p-1$的素因子q,素因子的产生多采用概率算法.

至于p的产生可按下述步骤进行:

(1)选取素数q满足$2^{159}<q<2^{160}$;

(2)在$((2^{511}-1)/2q,(2^{512}-1)/2q)$之间产生一整数$n$;

(3)$t=2nq+1$;

(4)测试t是否为素数,若t为素数,$p=t$结束,否则转(2).

可见,实际上先产生q,再去生成相应的p,而不是生成p,然后因子分解$p-1$产生q.

例 7.1 取$p=7879=78q+1, q=101$,3是Z_{7879}的一个本原元,所以我

们能取

$$g \equiv 3^{78}(\bmod 7879) = 170,$$
$$x = 75, y \equiv g^x \equiv 170^{75} \equiv 4567(\bmod 7879).$$

假设想签名一个消息 $m=1234$,且他选择 $K=50$. 因为

$$K^{-1}K \equiv 1(\bmod q),$$

所以

$$K^{-1} = 99,$$
$$r = (170^{50}(\bmod 7879))(\bmod 101) = 94,$$
$$s = [99(1234 + 75 \times 94)](\bmod 101) = 97.$$

于是消息 1234 的签名为(94,97).

关于消息 1234 的(94,97)可通过下列计算来验证.

$$ss^{-1} \equiv 1(\bmod 101),$$
$$97s^{-1} \equiv 1(\bmod 101),$$
$$w = s^{-1} = 25,$$
$$u_1 = (1234 \times 25)(\bmod 101) = 45,$$
$$u_2 = (94 \times 25)(\bmod 101) = 27,$$
$$v = ((170^{45} \times 4567^{27})(\bmod 7879))(\bmod 101)$$
$$= 2518(\bmod 101) = 94 = r.$$

当 DSS 在 1991 年提出来时,就受到了几个批评,一个抱怨是 NIST 的选择过程没有公开,通过国家安全局(NSA)提出该标准时没有美国工业的参与,不考虑产生方案的优劣,许多人对“闭门”方式不满.

受到的技术批评方面最严重的是模 p 的大小固定为 512 bit,许多人宁愿模的大小不固定,所以如果需要的话,大的模能使用. 在回答这些意见时,NIST 改变了该标准的描述,使得模的大小允许变化,即任何长度被 64 整除,范围在 512bit 到 1024bit 之间的模都可以使用.

另一个抱怨是 DSS 是一个产生签名比验证签名快得多的方案,因为一个消息仅被签名一次,另一方面,在数年的时间内多次验证签名可能是必要的. NIST 对产生签名、验证签名时间问题的回答是:哪一个更快这并不是一个重要问题,如果两者都能充分快地实现的话.

§7.4 不可否认的签名协议

所谓协议指的是双方或多方通过一系列规定的步骤来完成某项任务,一系列规定指的是自始至终的步骤序列需依序进行. 其实利用公钥密码进行数

字签名就有通信双方约定的协议：

(1)A 先用自己的解密密钥对信息 m 签名得

$$S=D_A(m).$$

(2)A 再用 B 的加密密钥对 S 进行加密得密文

$$C=E_B(S)=E_B(D_A(m)),$$

并将 C 传送给 B.

(3)B 先用他自己掌握的解密密钥对 C 解密得

$$D_B(C)=D_B(E_B(S))=S=D_A(m).$$

(4)B 再用 A 的加密密钥对 S 进行加密，即

$$E_A(S)=E_A(D_A(m))=m.$$

这样 B 可以确认收到的信息 m 的确是 A 送来的，因 S 是由只有 A 才掌握的解密密钥得来的.

为了使 A 了解 B 是否已确实完整收到他发出的信息 m，很自然想到如下协议：

(1)A 送给 B 下面密文

$$C_1 = E_B(D_A(m)).$$

(2)B 收到密文 C_1 后，作

$$E_A(D_B(C_1)) = E_A(D_A(m)) = m.$$

(3)B 送给 A 下面密文

$$C_2 = E_A(D_B(m)).$$

(4)A 收到 C_2 后，作

$$E_B(D_A(C_2)) = \overline{m}.$$

A 将 $\overline{m}$ 与自己发送给 B 的 m 作比较，若 $m=\overline{m}$，说明 B 确已完整收到 A 送去的信息 m.

其实这协议是不安全的，如 F 截获 A 送给 B 的密文 $E_B(D_A(m))=C$，F 将 C 送给 B，并宣称是他自己发送给 B 的，按协议，B 机械执行

$$E_F(D_B(C)) = E_F(D_B(E_B(D_A(m)))) = E_F(D_A(m)),$$

并将它送给 F，F 可以此获得 m.

这个协议只要将 B 收到密文 $E_B(D_A(m))$后不是简单地机械执行“回执”的步骤，而是观察解密的结果是否有意义，若收到的密文解密后得有意义的信息，则将 m 收下，然后给 A 送去“回执”$E_A(D_B(m))$，否则予以拒绝，这样不安全因素可以避免.

一般的数字签名都是由送信方(设为 A)将信息 m 加密签名后送给收信方，任何一个只要知道 A 的公开密钥者都可以对此签名进行验证. 不可否认的签名则要求对它的验证需要 A 参加，B 不能向第三者证明该签名的正确

性.

协议之一:

p 为大素数,g 是其本原元素,p,g 公开,A 的秘密密钥为 x,公开密钥为

$$y \equiv g^x (\bmod p).$$

信息设为 m,A 计算 $z \equiv m^x (\bmod p)$,送(y,z)给收信方(设为 B).

B 的验证步骤:

(1)B 选择两个小于 p 的随机数 a 和 b,

$$c = z^a y^b (\bmod p),$$

并送给 A.

(2)A 计算

$$t = x^{-1} (\bmod (p-1)), \quad d = c^t (\bmod p),$$

并送给 B.

(3)B 验证:$d \equiv m^a g^b (\bmod p)$是否成立,如果成立,则签名有效,否则无效.

协议之二:

本协议与协议之一的不同之处在于验证步骤,其它和前面相同.验证步骤如下:

(1)B 选择小于 p 的两个随机数 a 和 b,并计算

$$c \equiv m^a g^b (\bmod p),$$

B 将 c 送给 A.

(2)A 选择小于 p 的随机数 q,并计算

$$s_1 \equiv c g^q (\bmod p),$$

$$s_2 \equiv (c g^q)^x (\bmod p),$$

并将 s_1,s_2 送给 B.

(3)B 将 a,b 送给 A.

(4)A 将 q 送给 B.

(5)B 验证

$$s_1 \equiv c g^q (\bmod p), \quad s_2 \equiv y^{b+q} z^a (\bmod p)$$

是否成立,若成立签名有效,否则无效.

习　　题

1.在 DSS 数字签名标准中,取 $p = 83 = 2 \times 41 + 1$,$q = 41$,2 是 mod83 的一个本原元,于是 $g \equiv 2^2 \equiv 4 (\bmod 83)$,若取 $x = 57$,则 $y \equiv g^x \equiv 4^{57} = 77 (\bmod 83)$,假设想签名一个消息 $m = 56$,且选择 $k = 23$,计算明文 $m = 56$ 的签名,然后进行验证.

2. 假设用户 A 使用了 $q=101$, $p=7879$, $g=170$, $x=75$ 和 $y=4567$ 的 DSS 数字签名标准,利用随机值 $k=43$ 确定关于消息 $m=3231$ 的用户 A 签名,且说明产生的签名是怎样验证的.

3. 在不可否认签名协议中取 $p=37$, $g=2$ 为 mod37 的本原元,若 $x=31$,则 $y\equiv g^x(\mathrm{mod}\,p)=2^{31}\equiv 22(\mathrm{mod}\ 37)$,试对消息 $m=23$ 签名,然后用验证协议一对其进行验证.

4. 在不可否认签名协议中取 $p=16563$, $g=2$, $x=3457$,则 $y\equiv g^x(\mathrm{mod}\,p)\equiv 2^{3457}=12758(\mathrm{mod}\ 16563)$,试对消息 $m=2019$ 签名,然后用验证协议二对其进行验证.

参 考 文 献

[1] 卢开澄．计算机密码学——计算机网络中的数据保密与安全．清华大学出版社，1998

[2] 张焕国．计算机安全保密技术．机械工业出版社，1994

[3] 卢铁城．信息加密技术．四川科学技术出版社，1989

[4] 柯召，孙琦．数论讲义（上册）．高等教育出版社，1986

[5] 张明志．用圆锥曲线分解整数．四川大学学报（自然科学版），1996：Vol. 33，No. 4，356～359

[6] 曹珍富．基于有限域 F_p 上圆锥曲线的公钥密码系统．密码学进展——CHINACRYPT'98．科学出版社，1998：45～49

[7] 孙琦，肖戎．一类用于实现密码体制的良好椭圆曲线．科学通报，1989：Vol. 34，No. 3，237

[8] 孙琦．关于一类陷门单向函数．科学通报，1985：Vol. 30，No. 15，1196

[9] 王勇，易星，杨建沾．RSA 公开密钥密码体制的密钥生成研究．计算机应用研究，1998：No. 3，21～24

[10] Kumanduri. Romero. Number Theory with Computer Applications. Prentice Hall，1998

[11] Alfred J. Menezes，Ian F. Blake，Xu Hong Gao，Ronald C. Mullin，Scott A. Vanstone，Tomik Yaghoobian. Applications of finite fields. Kluwer Academic Publishers，1993